同步视频+实例文件+配套资源+在线服务

AutoCAD

2022中文版

电气设计一本通

井晓翠·编著

人民邮电出版社

北京

图书在版编目（CIP）数据

AutoCAD 2022中文版电气设计一本通 ／ 井晓翠编著
. -- 北京 ：人民邮电出版社，2022.8
ISBN 978-7-115-58420-5

Ⅰ．①A… Ⅱ．①井… Ⅲ．①电气设备－计算机辅助
设计－AutoCAD软件 Ⅳ．①TM02-39

中国版本图书馆CIP数据核字(2021)第268612号

内 容 提 要

本书依据 AutoCAD 认证考试大纲编写，重点介绍了 AutoCAD 2022 中文版的新功能及其在电气设计应用方面的各种基本操作方法和技巧。全书分为二篇，共 13 章，第一篇为基础知识篇、分别介绍了电气工程图概述，AutoCAD 2022 入门，二维绘制命令，基本绘图工具，编辑命令，文字、表格与尺寸标注，辅助绘图工具；第二篇为电气设计综合实例篇，分别介绍了电路图设计，机械电气设计，电力电气设计，控制电气设计，通信电气设计，建筑电气设计等内容。

本书可作为 AutoCAD 初学者的入门与提高教程，也可作为参加 AutoCAD 认证考试人员的辅导与自学参考书。本书配套电子资源包含全书实例源文件和视频文件等，可以帮助读者更加轻松自如地学习本书知识。

♦ 编　著　井晓翠

责任编辑 李　强

责任印制 马振武

♦ 人民邮电出版社出版发行　北京市丰台区成寿寺路 11 号
邮编　100164　电子邮件　315@ptpress.com.cn
网址　https://www.ptpress.com.cn
固安县铭成印刷有限公司印刷

♦ 开本：787×1092　1/16
印张：23　　　　　　　2022 年 8 月第 1 版
字数：588 千字　　　　2022 年 8 月河北第 1 次印刷

定价：89.80 元

读者服务热线：(010)81055493　印装质量热线：(010)81055316
反盗版热线：(010)81055315
广告经营许可证：京东市监广登字 20170147 号

AutoCAD 是美国 Autodesk 公司推出的集二维绘图、三维设计、渲染及通用数据库管理和互联网通信功能为一体的计算机辅助绘图软件。它自 1982 年被推出以来，从初期的 1.0 版本，经过多次更新和性能完善，不仅在机械、电子和建筑等工程设计领域，而且在地理、气象、航海等需要绘制特殊图形的领域，甚至在乐谱、灯光、广告等领域都得到了多方面的应用，目前已成为 CAD 系统中应用广泛的图形软件之一。本书以 AutoCAD 2022 版本为基础，讲解 AutoCAD 在电气设计中的应用方法和技巧。

一、本书特点

1. 编者专业性强，经验丰富

本书的著作责任者是 Autodesk 中国认证考试中心（ACAA）的首席技术专家，负责 AutoCAD 认证考试大纲的制定和考试题库建设。编者为在高校从事多年计算机图形教学和研究的一线人员，具有丰富的教学实践经验，能够准确地把握学生的实际需求。编者是国内 AutoCAD 图书出版界的知名作者，已经出版的 AutoCAD 相关图书经过市场检验很受读者欢迎。编者总结多年的设计经验和教学的心得体会，结合 AutoCAD 认证考试大纲要求编写此书，内容上具有很强的专业性和针对性。

2. 涵盖面广，详略得当

本书定位为 AutoCAD 2022 在电气设计应用领域功能全貌的教学与自学结合的指导书。所谓功能全貌，不是将 AutoCAD 所有的知识介绍得面面俱到，而是根据认证考试大纲，结合行业需要，将必须掌握的知识讲述清楚。如本书介绍了电气工程图的相关知识、AutoCAD 的基本操作知识、不同种类电气设计的特点和设计过程，并通过几个具体的案例介绍 AutoCAD 在实际电气设计中的具体应用。

3. 实例丰富，循序渐进

本书作为 AutoCAD 软件在电气设计领域应用的图书，编者力求避免空洞的介绍和描述，而是循序渐进，其中多数知识点结合电气设计实例，通过实例操作，读者能加深对知识点的理解，并有助于读者牢固地掌握软件功能。本书中的实例种类非常丰富，既有针对单个知识点的小实例，也有知识点结合的综合实例，还有可供读者练习的上机实例，从而帮助读者加深理解，巩固学习成效。

4．认证实题训练，模拟考试环境

本书大部分章节的最后给出了上机实验和模拟考试的环节，所有的模拟试题均来自 AutoCAD 认证考试题库，具有真实性和针对性。本书特别适合参加 AutoCAD 认证考试人员作为参考书。

二、本书配套电子资源

1．56 段大型高清教学视频（动画演示）

云课

为了方便读者学习，本书针对大多数实例，专门制作了操作过程教学视频（动画演示），读者可以扫描右侧云课二维码学习本书内容。

2．AutoCAD 绘图技巧、快捷命令速查手册等辅助学习资料

本书电子资料附送了 AutoCAD 绘图技巧大全、快捷命令速查手册、常用工具按钮速查手册、常用快捷键速查手册、疑难问题汇总等电子文件，方便读者使用。

3．电气设计常用图块

本书电子资料包含大量电气设计常用图块，读者可直接或对其稍加修改后使用，可大大提高绘图效率。

4．2 套大型图纸设计方案及同步教学视频

为了帮助读者拓宽视野，本书电子资料中特意赠送了某别墅电气综合设计和龙门刨床电气设计 2 套设计图纸集、图纸源文件、视频教学录像（动画演示）。

5．全书实例的源文件和素材

本书电子资料中包含全书实例的源文件素材，可供读者使用和学习。

6．提供认证考试相关资料

本书提供了 AutoCAD 认证考试大纲和 AutoCAD 认证考试样题，可以帮助读者有的放矢地学习，提高相关考试的通过率。

三、本书服务

1．AutoCAD 2022 安装软件的获取

在学习本书前，请先在计算机中安装 AutoCAD 2022 软件（视频文件中不附带软件安装程序），读者可在 Autodesk 官网下载其试用版本，也可在当地电脑城、软件经销商处购买软件。

安装完成后，即可按照本书上的实例进行操作练习。

2．关于本书和配套电子资料的技术问题或有关本书信息的发布

读者遇到有关本书的技术问题，以及获取本书发布的信息可以加入 QQ 群 597056765 进行咨询，也可以将问题发送到邮箱 2243765248@qq.com，编者将及时回复。另外，也可以扫描本页下方二维码下载本书配套电子资源。

本书由井晓翠编写，解江坤对本书进行了全面的审校。在编写过程中编者尽管非常努力，但疏漏之处在所难免，敬请各位读者批评指正。

编 者

关注公众号，输入
关键词 58420，获
取配套电子资源

CONTENTS 目 录

第一篇 基础知识篇

第二篇 电气设计综合实例篇

第一篇
基础知识篇

本篇主要介绍电气设计的基本理论和AutoCAD 2022 的基础知识。

对电气设计基本理论进行介绍的目的是使读者对电气设计的各种基本概念、基本规则有一个感性的认识，了解当前应用于电气设计领域的各种计算机辅助设计软件的功能特点和发展概况，帮助读者进行一个全景式的知识扫描。

对 AutoCAD 2022 的基础知识进行介绍的目的是为下一步电气设计案例讲解进行必要的知识准备。这一部分内容主要介绍 AutoCAD 2022 的基本绘图方法、基本绘图工具的使用及各种电气工程设计模块的绘制方法。

▸▸ 电气工程图概述

▸▸ AutoCAD 2022 入门

▸▸ 二维绘制命令

▸▸ 基本绘图工具

▸▸ 编辑命令

▸▸ 文字、表格与尺寸标注

▸▸ 辅助绘图工具

第1章

电气工程图概述

电气工程图是一种示意性的工程图，主要用图形符号、线框或简化外形表示电气设备或系统中各有关组成部分的连接关系。本章将介绍电气工程相关的基础知识，参照国家标准《电气工程 CAD 制图规则》（GB/T 18135-2008）中常用的有关规定，介绍绘制电气工程图的一般规则，并讲解如何绘制标题栏、建立 A3 幅面的样板文件。

1.1 电气工程图的分类及特点

为了让读者在绘制电气工程图之前对电气工程图的基本概念有所了解，本节将简要介绍电气工程图的一些基础知识，包括电气工程图的应用范围、电气工程图的分类和电气工程图的特点等。

【预习重点】

☑ 了解电气工程图的应用范围。
☑ 了解电气工程图的分类及特点。

1.1.1 电气工程的应用范围

电气工程包含的范围很广，如电力、电子、建筑电气、工业控制电气等工程，不同的应用范围其工程图的要求大致是相同的，但也有特定要求，规模也大小不一。根据应用范围的不同，电气工程大致可分为以下几类。

1. 电力工程

（1）发电工程。根据不同电源的性质，发电工程主要分为火电、水电、核电 3 类。发电工程中的电气工程指的是发电厂电气设备的布置、接线、控制及其他附属项目。

（2）线路工程。用于连接发电厂、变电站和各级电力用户的输电线路，包括内线工程和外线工程。内线工程指室内动力、照明电气线路及其他线路。外线工程指室外电源供电线路，包括架空电力线路、电缆电力线路等。

（3）变电工程。升压变电站将发电站发出的电能进行升压处理，以减少远距离输电的电能损失；降压变电站将电网中的高电压降为各级用户能使用的低电压。

2．电子工程

电子工程主要应用于计算机、电话、广播、闭路电视和通信等众多领域的弱电信号线路和设备。

3．建筑电气工程

建筑电气工程主要应用于工业与民用建筑领域的动力照明、电气设备、防雷接地等，包括各种动力设备、照明灯具、电器及各种电气装置的保护接地、工作接地、防静电接地等。

4．工业控制电气工程

工业控制电气工程主要用于机械、车辆及其他控制领域的电气设备，包括机床电气、电机电气、汽车电气和其他控制电气。

1.1.2　电气工程图的特点

电气工程图有如下特点。

1．电气工程图的主要表现形式为简图

简图是采用标准的图形符号和带注释的框或简化外形表示系统或设备中各组成部分之间相互关系的图。大部分电气工程图采用简图的形式。

2．电气工程图描述的主要内容是电气元件和连接线

一种电气设备主要由电气元件和连接线组成。因此，无论电路图、系统图，还是接线图和平面图都是以电气元件和连接线作为描述的主要内容。也正因为对电气元件和连接线有多种不同的描述方式，从而构成了电气工程图的多样性。

3．电气工程图的基本要素是图形符号、文字符号和项目代号

一个电气系统或装置通常由许多部件、组件构成，这些部件、组件或功能模块称为项目。项目一般由简单的符号表示，这些符号就是图形符号。通常每个图形符号都有相应的文字符号。在同一个图上，为了区别相同的设备，需要给设备编号。设备编号和文字符号一起构成项目代号。

4．电气工程图的两种基本布局方法是功能布局法和位置布局法

功能布局法是指在绘图时，图中各元件的位置只考虑元件之间的功能关系，而不考虑元件实际位置的一种布局方法。电气工程图中的系统图、电路图采用的就是这种方法。

位置布局法是指电气工程图中的元件位置对应元件实际位置的一种布局方法。电气工程中的接线图、设备布置图采用的就是这种方法。

5．电气工程图具有多样性

不同的描述方法，如能量流、逻辑流、信息流、功能流等，形成了不同的电气工程图。系统图、电路图、框图、接线图就是描述能量流和信息流的电气工程图；逻辑图是描述逻辑流的电气工程图；功能表图、程序框图描述的是功能流的电气工程图。

1.1.3 电气工程图的分类

电气工程图一方面可以根据功能和使用场合的不同分为不同的类别，另一方面，各种类别的电气工程图都有某些联系和共同点，不同类别的电气工程图适用于不同的场合，其表达工程含义的侧重点也不尽相同。对于不同专业和在不同场合下，只要是按照同一种用途绘制的电气工程图，不仅在表达方式与方法上必须是统一的，而且在图的分类与属性上也应该一致。

电气工程图用来阐述电气工程的构成和功能，描述电气装置的工作原理，提供安装和维护使用的信息，辅助电气工程研究和指导电气工程施工等。电气工程图的种类与工程的规模有关，较大规模的电气工程通常包含更多种类的电气工程图，从不同的方面表达不同侧重点的工程含义。一般来讲，一个电气工程项目的电气图通常被装订成册，包含以下内容。

1．目录和前言

电气工程图的目录就好比书的目录，便于资料系统化和用户检索、查阅图样，它由序号、图样名称、编号、张数等构成。

电气工程图前言一般包括设计说明、图例、设备材料明细表、工程经费概算等。设计说明的主要目的在于阐述电气工程设计的依据、基本指导思想与原则，还有图样中未能清楚表明的工程特点、安装方法、工艺要求、特定设备的安装使用说明，以及有关的注意事项等的补充说明。图例就是图形符号，一般在前言中只列出本图样涉及的一些特殊图例，通常图例有约定俗成的图形格式，读者可以通过查询国家标准和电气工程手册来获得。设备材料明细表列出该电气工程所需的主要电气设备和材料的名称、型号、规格和数量，可供实验准备、经费预算和购置设备材料时参考。工程经费概算用于大致统计该电气工程项目所需的费用，它可以作为工程经费预算和决算的重要依据。

2．系统图和框图

系统图是一种简图，它由符号或带注释的框绘制而成，用来概略表示系统、分系统、成套装置或设备的基本组成、相互关系及其主要特征，为进一步编制详细的技术文件提供依据，供用户操作和维修时参考。系统图是绘制层次较低的其他各种电气工程图（主要是指电路图）的主要依据。

系统图对布图有很高的要求，强调布局清晰，以利于识别过程和信息的流向。基本的流向应该是从左至右或从上至下，如图 1-1 所示。只有在某些特殊情况下才可例外，例如，当用于表示非电工程中的电气控制系统或电气控制设备的系统图和框图时，可以根据非电工程的流程图来绘制，但图中的控制信号应该与过程的流向相互垂直，以利于识别，如图 1-2 所示。

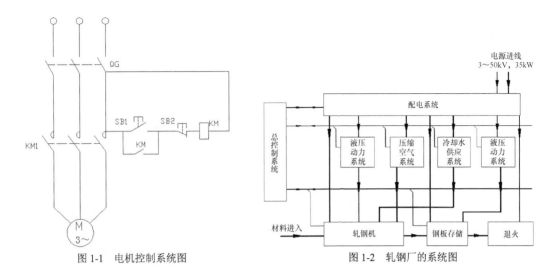

图 1-1 电机控制系统图　　　　　　　　　图 1-2 轧钢厂的系统图

3. 电路图

电路图是用图形符号绘制的，并按工作顺序排列，详细表示电路、设备或成套装置的基本组成部分的连接关系，侧重表达电气工程的逻辑关系，而不考虑其实际位置的一种简图。电路图的用途很广，可用于详细地解读电路、设备或成套装置及其组成部分的作用原理，分析和计算电路特性，为测试和寻找故障提供信息，并可作为编制接线图的依据，简单的电路图还可直接用于接线。

电路图的布图应突出表示功能的组合和性能。每个功能级都应以适当的方式加以区分，突出信息流及各级之间的功能关系，图中使用的图形符号必须具有完整形式，元件画法简单而且要符合国家规范。电路图应根据使用对象的不同需要，增注相应的补充信息，特别是应尽可能地考虑给出维修所需的各种详细资料，例如项目的型号与规格，标明测试点，并给出有关的测试数据（各种检测值）和资料（波形图）等。图 1-3 所示为车床电气设备电路图。

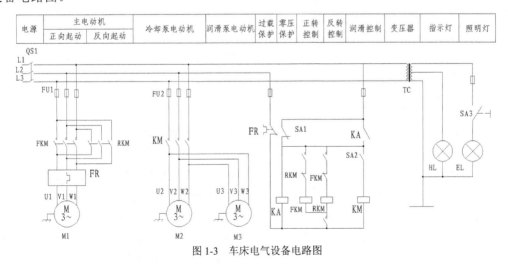

图 1-3 车床电气设备电路图

4. 接线图

接线图是用符号表示成套装置、设备或装置的内/外部各种连接关系的简图，便于安装接线及维护。

接线图中的每个端子都必须标注出元件的端子代号，连接导线的两端子必须在工程中统一编号。接线图布图时，应大体按照各个项目的相对位置进行布置，连接线可以用连续线绘制，也可以用中断线绘制。如图 1-4 所示，不在同一张图的连接线可采用中断画法。

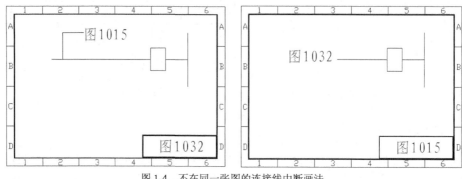

图 1-4　不在同一张图的连接线中断画法

5. 平面图

平面图主要是表示某一电气工程中电气设备、装置和线路的平面布置，一般是在建筑平面的基础上绘制而成的。常见的电气平面图有线路平面图、变电所平面图、照明平面图、弱电系统平面图、防雷与接地平面图等。图 1-5 所示为某车间的电气平面图。

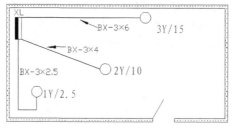

图 1-5　某车间的电气平面图

6. 其他电气工程图

在常见电气工程图中，除了以上提到的系统图、电路图、接线图、平面图，还有以下 4 种图。

（1）设备布置图。设备布置图主要用来表示各种电气设备的布置形式、安装方式及相互间的尺寸关系，通常由平面图、立体图、断面图、剖面图等组成。

（2）设备元件和材料表。设备元件和材料表是把某一电气工程所需的主要设备、元件、材料和有关的数据列成表格，表示其名称、符号、型号、规格和数量等。

（3）大样图。大样图主要用来表示电气工程某一部件、构件的结构，用于指导加工与安装，其中一部分大样图为国家标准。

（4）产品使用说明书用电气图。产品使用说明书用电气图用于注明电气工程中选用的设备和装置，其生产厂家往往在产品使用说明书中附上电气图，这些也是电气工程图的组成部分。

1.2　电气工程 CAD 制图规范

本节简要介绍国家标准《电气工程 CAD 制图规则》（GB/T 18135-2008）中常用的有关规定，同时对其引用的有关标准中的规定加以说明。

【预习重点】

☑　查找电气工程 CAD 制图图纸格式规范。
☑　观察电气工程图中文字、图线与比例。

1.2.1　图纸格式

1. 幅面

电气工程图纸采用的基本幅面有 5 种：A0、A1、A2、A3 和 A4，各图幅的相应尺寸如表 1-1 所示。

表 1-1　图幅尺寸的规定

单位：mm

幅面	A0	A1	A2	A3	A4
长	1189	841	594	420	297
宽	841	594	420	297	210

2. 图框

（1）图框尺寸如表 1-2 所示。在电气图中，确定图框线的尺寸有两个依据：一是图纸是否需要装订；二是图纸幅面的大小。需要装订时，装订的一边就要留出装订边。图 1-6 和图 1-7 所示为不留装订边的图框和留装订边的图框。右下角矩形区域为标题栏所在位置。

（2）图框线宽。对于图框的内框线，应根据不同幅面、不同输出设备采用不同的线宽，如表 1-3 所示。各种图幅的外框线均为宽度为 0.25mm 的实线。

表 1-2　图纸图框尺寸

单位：mm

幅面代号	A0	A1	A2	A3	A4
e	20			10	
c	10			5	
a	25				

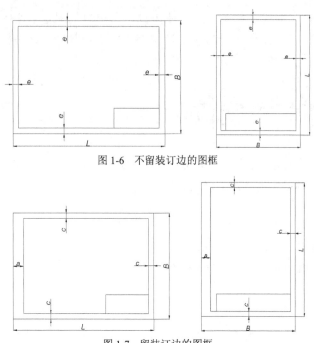

图 1-6　不留装订边的图框

图 1-7　留装订边的图框

表 1-3　图幅内框线宽

单位：mm

幅面	绘图机类型	
	喷墨绘图机	笔式绘图机
A0、A1 及其加长	1.0	0.7
A2、A3、A4 及其加长	0.7	0.5

1.2.2　文字

1．字体

电气工程图样和简图中的汉字字体应为长仿宋体。在 AutoCAD 环境中，汉字字体可采用 Windows 系统所带的 TrueType 字体中的"仿宋_GB2312"。

2．文本尺寸高度

（1）常用的文本尺寸宜在 2.5、3.5、5、7、10、14、20 尺寸中选择，单位为 mm。

（2）字符的宽高比值约为 0.7。

（3）各行文字间的行距不应小于 1.5 倍的字高。

（4）图样中采用的各种文本尺寸如表 1-4 所示。

表 1-4　图样中各种文本的尺寸

单位：mm

文本类型	中文		字母及数字	
	字高	字宽	字高	字宽
标题栏图名	7～10	5～7	5～7	3.5～5
图形图名	7	5	5	3.5
说明抬头	7	5	5	3.5
说明条文	5	3.5	3.5	1.5
图形文字标注	5	3.5	3.5	1.5
图号和日期	5	3.5	3.5	1.5

3．表格中文字和数字的书写方式

（1）数字书写方式：带小数的数字，按小数点对齐；不带小数的数字，按个位对齐。

（2）文本书写方式：正文按左对齐。

1.2.3　图线

1．线宽

根据用途，图线宽度宜在 0.18、0.25、0.35、0.5、0.7、1.0、1.4、2.0 线宽中选择，单位为 mm。图形对象的线宽尽量不多于两种，每种线宽间的比值应不小于 2。

2．图线间距

平行线（包括阴影线）之间的最小距离不小于粗线宽度的两倍，建议不小于 0.7mm。

3．图线样式

根据不同的结构含义，采用不同的图线，具体要求如表 1-5 所示。

表 1-5　图线样式

图线名称	图线样式	图线应用	图线名称	图线样式	图线应用
粗实线	▬▬	电器线路、一次线路	点划线	— · — · —	控制线、信号线、围框图
细实线	——	二次线路、一般线路	点划线、双点划线	—··—··—	原轮廓线
虚线	- - - - -	屏蔽线、机械连线	双点划线	— ·· — ·· —	辅助围框线、36V 以下线路

4．线型比例

线型比例 k 与印制比例宜保持适当关系，当印制比例为 $1:n$ 时，在确定线宽库文件后，线型比例可取 $k \times n$。

1.2.4 比例

推荐比例如表 1-6 所示。

表 1-6 推荐比例

类别	推荐比例		
放大比例	50:1		
	5:1		
原尺寸	1:1		
缩小比例	1:2	1:5	1:10
	1:20	1:50	1:100
	1:200	1:500	1:1000
	1:2000	1:5000	1:10000

第2章

AutoCAD 2022 入门

本章学习 AutoCAD 2022 绘图的基本知识，了解如何设置图形的系统参数、样板图，熟悉创建新的图形文件、打开已有文件的方法等，为后面进入系统学习做准备。

2.1 操作环境简介

操作环境包括和本软件相关的操作界面、绘图系统设置参数等，本节将对这些内容进行简要介绍。

【预习重点】

☑ 安装软件，熟悉软件界面。
☑ 观察光标大小与绘图区颜色。

2.1.1 操作界面

AutoCAD 2022 操作界面是 Auto CAD 显示、编辑图形的区域，一个完整的草图与注释操作界面如图 2-1 所示，包括标题栏、菜单栏、功能区、绘图区、十字光标、导航栏、坐标系图标、命令行窗口、状态栏、布局标签和快速访问工具栏等。

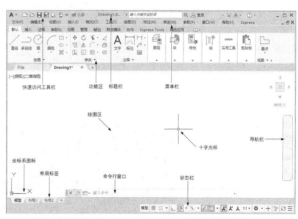

图 2-1　AutoCAD 2022 中文版的操作界面

注意

安装 AutoCAD 2022 软件后，默认操作界面如图 2-2 所示，将光标放置在绘图区中，单击鼠标右键，打开快捷菜单，如图 2-3 所示，①选择"选项"命令，打开"选项"对话框，选择"显示"选项卡，在"窗口元素"选项组的"颜色主题"中②选择"明"，如图 2-4 所示，③单击"确定"按钮，退出对话框，其操作界面如图 2-5 所示。

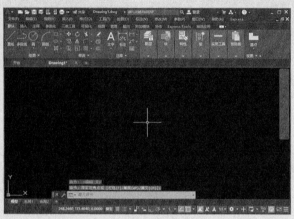

图 2-2　默认操作界面

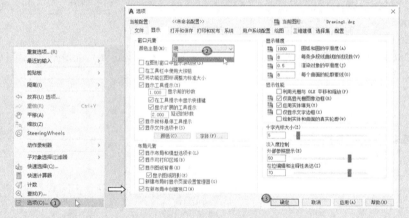

图 2-3　快捷菜单　　　　　　　　图 2-4　"选项"对话框

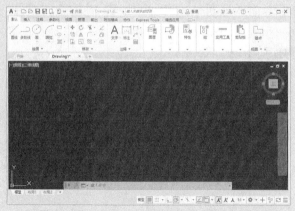

图 2-5　AutoCAD 2022 中文版的"明"操作界面

1．标题栏

AutoCAD 2022 中文版操作界面的最上端是标题栏。在标题栏中，显示了系统当前正在运行的应用程序和用户正在使用的图形文件。第一次启动 AutoCAD 2022 时，在标题栏中将显示 AutoCAD 2022 在启动时创建并打开的名为"Drawing1.dwg"的图形文件，如图 2-1 所示。

> **注意**
>
> 需要将 AutoCAD 的工作空间切换到"草图与注释"模式下（单击操作界面右下角的"切换工作空间"按钮，在弹出的菜单中选择"草图与注释"命令），才能显示如图 2-1 所示的操作界面。本书中所有操作均在"草图与注释"模式下进行。

2．菜单栏

单击 AutoCAD"快速访问"工具栏右侧三角形图标，在下拉菜单中选择"显示菜单栏"命令，如图 2-6 所示，调出后的菜单栏如图 2-7 所示。同其他 Windows 程序一样，AutoCAD 的菜单也是下拉形式的，并且在菜单中包含子菜单。AutoCAD 的菜单栏中包含 12 个子菜单："文件""编辑""视图""插入""格式""工具""绘图""标注""修改""参数""窗口"和"帮助"。这些菜单几乎包含了 AutoCAD 的所有绘图命令，AutoCAD 下拉菜单中的命令一般有以下 3 种。

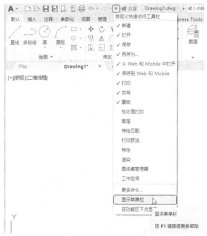

图 2-6　下拉菜单

图 2-7　菜单栏显示界面

（1）带有子菜单的菜单命令。这种类型的菜单命令后面带有小三角形图标。例如，选择菜单栏中的"绘图"菜单，将光标指向其下拉菜单中的"圆"命令，系统就会进一步显示出"圆"子菜单中所包含的命令，如图 2-8 所示。

（2）打开对话框的菜单命令。这种类型的命令后面带有省略号。例如，选择菜单栏中的①"格式"→②"表格样式"命令，如图 2-9 所示，系统就会打开"表格样式"对话框③，如图 2-10 所示。

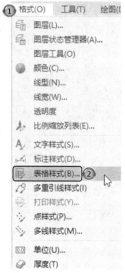

图 2-8　带有子菜单的菜单命令　　　　　　　　　图 2-9　打开对话框的菜单命令

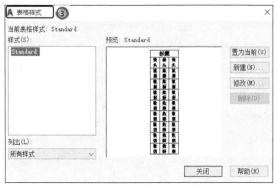

图 2-10　"表格样式"对话框

（3）直接执行操作的菜单命令。这种类型的命令后面既不带有小三角形图标，也不带有省略号，选择该命令将直接进行相应的操作。例如，选择菜单栏中的"视图"→"重画"命令，系统将刷新显示所有视口。

3．工具栏

工具栏是一组按钮工具的集合，选择菜单栏中的"工具"→"工具栏"→"AutoCAD"命令，调出所需要的工具栏，把光标移动到某个按钮上，稍停片刻，在该按钮的一侧会显示相应的功能提示，此时，单击按钮即可启动相应的命令。

（1）设置工具栏。AutoCAD 2022 提供了几十种工具栏，选择菜单栏中的①"工具"→②"工具栏"→③"AutoCAD"命令，调出所需要的工具栏，如图 2-11 所示。单击某一个工具栏名称④，系统自动在界面中打开该工具栏；反之，关闭工具栏。

图 2-11　调出工具栏

（2）工具栏的固定、浮动与打开。工具栏可以在绘图区浮动显示，如图 2-12 所示，此时显示该工具栏标题，也可关闭该工具栏。可以按住鼠标左键拖动浮动工具栏到绘图区边界，使其变为固定工具栏，此时该工具栏标题隐藏。也可以按住鼠标左键把固定工具栏拖出，使其成为浮动工具栏。

有些工具栏按钮的右下角带有一个小三角形，称为下拉按钮，单击后会打开相应的下拉列表，将光标移动到某一按钮上并单击，该按钮就变为当前显示的按钮。单击当前显示的按钮，即可执行相应的命令，如图 2-13 所示。

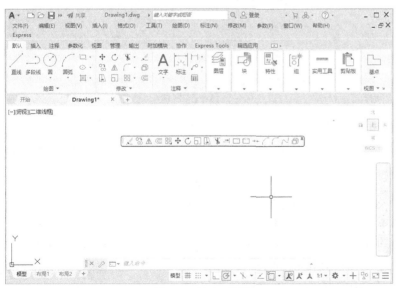

图 2-12　浮动工具栏　　　　　　　　　　　　　　图 2-13　下拉列表

4．快速访问工具栏和交互信息工具栏

快速访问工具栏。该工具栏包括"新建""打开""保存""另存为""从 Web 和 Mobile 中打开""保存到 Web 和 Mobile""打印""放弃""重做"等几个常用的工具。用户也可以单击此工具栏下拉按钮选择需要的工具。

5．功能区

在默认情况下，功能区包括"默认""插入""注释""参数化""视图""管理""输出""附加模块""协作""Express Tools"及"精选应用"选项卡，如图 2-14 所示。所有的选项卡如图 2-15 所示。每个选项卡集成了相关的操作工具，方便了用户的使用。用户可以单击功能区选项的 按钮控制功能的展开与收缩。

图 2-14　默认情况下出现的选项卡

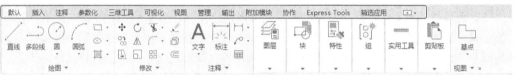

图 2-15　所有的选项卡

（1）设置选项卡。将光标放在面板中任意位置处并单击鼠标右键，打开图 2-16 所示的快捷菜单。单击某一个选项卡名称，系统自动在功能区打开该选项卡。反之，关闭选项卡。调出面板的方法与调出选项板的方法类似，这里不再赘述。

图 2-16　快捷菜单

（2）选项卡中面板的固定与浮动。面板可以在绘图区浮动，如图 2-17 所示，将光标放到浮动面板的右上角，显示"将面板返回到功能区"，如图 2-18 所示。单击此处，使其变为固定面板。也可以按住鼠标左键拖出固定面板，使其成为浮动面板。

【执行方式】

☑ 命令行：ribbon（或 ribbonclose）。

☑ 菜单栏：选择菜单栏中的"工具"→"选项板"→"功能区"命令。

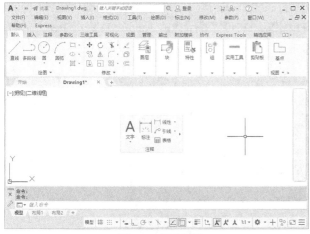

图 2-17　浮动面板

图 2-18　"注释"面板

6．绘图区

绘图区是指在标题栏下方的大片空白区域，绘图区是用户使用 AutoCAD 绘制图形的区域，用户要完成一幅设计图形，主要工作都是在绘图区中完成的。

7．坐标系图标

在绘图区的左下角，有一个箭头指向的图标，称为坐标系图标，表示用户绘图时正使用的坐标系样式。坐标系图标的作用是为点的坐标确定一个参照系。根据工作需要，用户可以选择将其打开与关闭。

【执行方式】

☑ 命令行：ucsicon。

☑ 菜单栏：选择菜单栏中的❶"视图"→❷"显示"→❸"UCS 图标"→❹"开"命令，如图 2-19 所示。

8．命令行窗口

命令行窗口是输入命令名和显示命令提示的区域，默认命令行窗口布置在绘图区的下方，由若干文本行构成。对命令

图 2-19　"视图"菜单

行窗口，有以下几点需要说明。

（1）移动拆分条，可以扩大和缩小命令行窗口。

（2）可以按住鼠标左键拖动命令行窗口，将其布置在绘图区的其他位置。默认情况下，布置在图形区的下方。

（3）对当前命令行窗口中输入的内容，可以按 F2 键用文本编辑的方法进行编辑，如图 2-20 所示。AutoCAD 文本窗口和命令行窗口相似，它可以显示当前 AutoCAD 进程中命令的输入和执行过程。在执行 AutoCAD 某些命令时，系统会自动切换到文本窗口，列出有关信息。

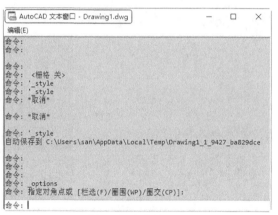

图 2-20　文本窗口

（4）AutoCAD 通过命令行窗口反馈各种信息，也包括出错信息，因此，用户要时刻关注在命令行窗口中出现的信息。

9. 状态栏

状态栏显示在屏幕的底部，依次有"坐标""模型空间""栅格""捕捉模式""推断约束""动态输入""正交模式""极轴追踪""等轴测草图""对象捕捉追踪""二维对象捕捉""线宽""透明度""选择循环""三维对象捕捉""动态 UCS""选择过滤""小控件""注释可见性""自动缩放""注释比例""切换工作空间""注释监视器""单位""快捷特性""锁定用户界面""隔离对象""图形性能""全屏显示""自定义"30 个功能按钮。单击部分开关按钮，可以实现对应的功能。通过单击部分按钮可以控制图形或绘图区的状态。

> **注意**
>
> 　　默认情况下，状态栏中不会显示所有工具，可以通过状态栏上最右侧的按钮，从"自定义"菜单中选择要显示的工具。状态栏上显示的工具可能会发生变化，具体取决于当前的工作空间及当前显示的是"模型"选项卡还是"布局"选项卡。下面对部分状态栏上的按钮做简单介绍，如图 2-21 所示。

图 2-21　状态栏

（1）坐标：显示工作区鼠标放置点的坐标。

（2）模型空间：在模型空间与布局空间之间进行转换。

（3）栅格：栅格是覆盖整个坐标系（UCS）XY 平面的直线或点组成的矩形图案。使用栅格类似于在图形下放置一张坐标纸。利用栅格可以对齐对象并直观显示对象之间的距离。

（4）捕捉模式：对象捕捉对于在对象上指定精确位置非常重要。不论何时提示输入点，都可以指定对象捕捉。默认情况下，当光标移到对象的对象捕捉位置时，将显示标记和工具提示。

（5）推断约束：自动在正在创建或编辑的对象与对象捕捉的关联对象或点之间应用约束。

（6）动态输入：在光标附近显示一个提示框（称之为"工具提示"），工具提示中显示对应的命令提示和光标的当前坐标值。

（7）正交模式：将光标限制在水平或垂直方向上移动，以便于用户精确地创建和修改对象。当创建或移动对象时，可以使用"正交模式"将光标限制在相对于用户坐标系（UCS）的水平或垂直方向上。

（8）极轴追踪：使用"极轴追踪"，光标将按指定角度移动。创建或修改对象时，用户可以使用"极轴追踪"来显示由指定的极轴角度所定义的临时对齐路径。

（9）等轴测草图：通过设定"等轴测捕捉/栅格"，用户可以很容易地沿三个等轴测平面之一对齐对象。尽管等轴测图形看似三维图形，但它实际上是由二维图形表示。因此不能期望从等轴测草图中提取三维距离和面积，也不能从不同视点显示对象或自动消除隐藏线。

（10）对象捕捉追踪：使用"对象捕捉追踪"，用户可以沿着基于对象捕捉点的对齐路径进行追踪。已获取的点将显示一个小加号（+），一次最多可获取 7 个追踪点。获取点之后，在绘图路径上移动光标，将显示相对于获取点的水平、垂直或极轴对齐路径。例如，用户可以基于对象端点、中点或对象的交点，沿着某个路径选择一点。

（11）二维对象捕捉：通过执行"对象捕捉"设置（也称为对象捕捉），用户可以在对象上的精确位置指定捕捉点。选择多个选项后，将应用选定的捕捉模式，以返回距离靶框中心最近的点。按 Tab 键以在这些选项之间循环。

（12）线宽：分别显示对象所在图层中设置的不同宽度，而不是使用统一线宽。

（13）透明度：使用该命令，用户可以调整绘图对象显示的明暗程度。

（14）选择循环：当一个对象与其他对象彼此接近或重叠时，准确地选择某一个对象是很困难的，使用选择循环的命令，将光标移动到要选择对象的地方单击鼠标左键，弹出"选择集"列表框，里面列出了鼠标单击处周围的图形，然后在列表中选择所需对象。

（15）三维对象捕捉：三维中的对象捕捉与二维对象捕捉类似，不同之处在于在三维中可以投影对象捕捉。

（16）动态 UCS：在创建对象时使 UCS 的 XY 平面自动与实体模型上的平面临时对齐。

（17）选择过滤：根据对象特性或对象类型对选择集进行过滤。当按下图标后，只选择满足指定条件的对象，其他对象将被排除在选择集之外。

（18）小控件：帮助用户沿三维轴或平面移动、旋转或缩放一组对象。

（19）注释可见性：当图标亮显时表示显示所有比例的注释性对象；当图标变暗时表示仅显示当前比例的注释性对象。

（20）自动缩放：注释比例更改时，自动将比例添加到注释对象。

（21）注释比例：单击注释比例右下角的小三角弹出注释比例列表，如图 2-22 所示，用户可以根据需要选择适当的注释比例。

（22）切换工作空间：进行工作空间转换。

（23）注释监视器：打开仅用于所有事件或模型文档事件的注释监视器。

（24）单位：指定线性和角度单位的格式和小数位数。

（25）快捷特性：控制快捷特性面板的使用与禁用。

（26）锁定用户界面：按下该按钮，锁定工具栏、面板和可固定窗口的位置和大小。

（27）隔离对象：当选择隔离对象时，在当前视图中显示选定对象。所有其他对象都暂时隐藏；当选择隐藏对象时，在当前视图中暂时隐藏选定对象。所有其他对象都可见。

（28）图形性能：设定图形卡的驱动程序及设置硬件加速的选项。

（29）全屏显示：清除 Windows 窗口中的标题栏、功能区和选项板等界面元素，使 AutoCAD 的绘图窗口全屏显示，如图 2-23 所示。

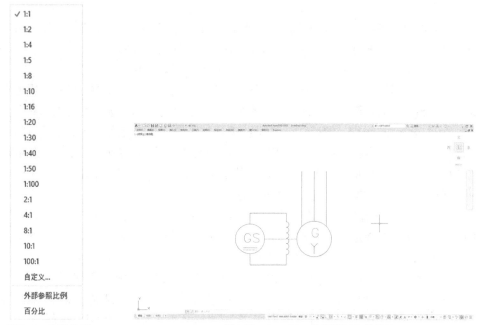

图 2-22　注释比例　　　　　　　　　　图 2-23　AutoCAD 绘图窗口全屏显示

（30）自定义：状态栏可以提供重要信息，而无须中断工作流。使用 MODEMACRO 系统变量可将应用程序所能识别的大多数数据显示在状态栏中。使用该系统变量的计算、判断和编辑功能可以完全按照用户的要求构造状态栏。

10．布局标签

AutoCAD 系统默认设定一个"模型"空间布局标签和"布局 1""布局 2"两个图样空间布局标签。在这里有两个概念需要解释一下。

（1）布局。布局是系统为绘图设置的一种环境，包括图样大小、尺寸单位、角度、数值精确度等，在系统预设的 3 个标签中，这些环境变量都设置为默认值。用户根据实际需要改变这些变量的值。用户也可以根据需要设置符合自己要求的新标签。

（2）模型。AutoCAD 的空间分为模型空间和图样空间。模型空间是通常绘图的环境，而在图样空间中，用户可以创建"浮动视口"区域，以不同视图显示所绘图形。用户可以在图样空间中调整浮动视口并决定所包含视图的缩放比例。如果选择图样空间，用户可打印多个视图，也可以打印任意布局的视图。AutoCAD 系统默认打开模型空间，用户可以通过单击操作界面下方的布局标签选择需要的布局。

11．光标大小

在绘图区中，有一个作用类似光标的"十"字线，其交点坐标反映了光标在当前坐标系中的位置。在 AutoCAD 中，将该"十"字线称为"十字光标"，如图 2-1 所示。

☆ **贴心小帮手**

> AutoCAD 通过光标坐标值显示当前点的位置。光标的方向与当前用户坐标系的 X、Y 轴方向平行，十字光标的长度系统预设为绘图区大小的 5%，用户可以根据绘图的实际需要修改其大小。

2.1.2　操作实例——设置十字光标大小

（1）选择菜单栏中的"工具"→"选项"命令，①打开"选项"对话框。

（2）②选择"显示"选项卡，在"十字光标大小"文本框中直接输入数值，或拖动文本框后面的滑块，即可对十字光标的大小进行调整，③将十字光标的大小设置为 100%，如图 2-24 所示，④单击"确定"按钮，返回绘图状态，可以看到十字光标充满了整个绘图区。设置结果如图 2-25 所示。

此外，用户还可以通过设置系统变量 CURSORSIZE 的值，修改其大小。

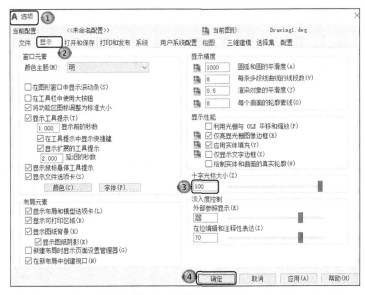

图 2-24　"显示"选项卡

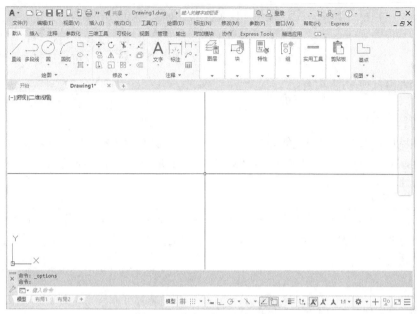

图 2-25 修改后的"十字光标"

2.1.3 绘图系统

每台计算机所使用的显示器、输入设备和输出设备的类型不同，用户喜好的风格及计算机的目录设置也不同。一般来讲，使用 AutoCAD 2022 的默认配置即可绘图，但为了使用打印机等定点设备，推荐用户在开始作图前对系统进行必要的配置，提高绘图的效率。

【执行方式】

    ☑ 命令行：preferences。

    ☑ 菜单栏：选择菜单栏中的"工具"→"选项"命令。

    ☑ 快捷菜单：在绘图区单击鼠标右键，系统打开快捷菜单，如图 2-26 所示，选择"选项"命令。

【操作步骤】

执行"选项"命令后，系统打开"选项"对话框。用户可以在该对话框中设置有关选项，对绘图系统进行配置。下面说明其中主要的两个选项卡，其他配置选项在后面用到时再做具体说明。

【选项说明】

（1）系统配置。"选项"对话框中的第 5 个选项卡为"系统"选项卡，如图 2-27 所示。该选项卡用来设置 AutoCAD 系统的有关特性。其中，"常规选项"选项组用于确定是否选择系统配置的有关基本选项。

（2）显示配置。"选项"对话框中的第 2 个选项卡为"显示"选项卡，该选项卡用于控制

AutoCAD 系统的外观，如图 2-24 所示。在该选项卡中用户可设定滚动条显示与否、图形状态栏显示与否、绘图区颜色、光标大小、布局元素、各实体的显示精度等。

图 2-26　快捷菜单　　　　　　　　　　　图 2-27　"系统"选项卡

2.1.4　操作实例——修改绘图区颜色

在默认情况下，AutoCAD 2022 的绘图区采用黑色背景、白色线条，这不符合大多数用户的操作习惯，因此很多用户对绘图区颜色进行了修改。

（1）选择菜单栏中的"工具"→"选项"命令，❶打开"选项"对话框，❷选择如图 2-28 所示的"显示"选项卡，❸然后单击"窗口元素"选项组中的"颜色"按钮，❹打开如图 2-29 所示的"图形窗口颜色"对话框。

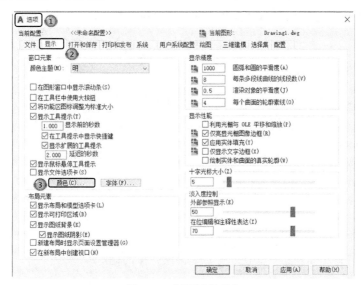

图 2-28　"显示"选项卡

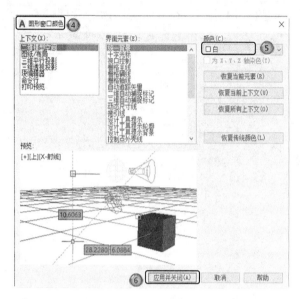

图 2-29 "图形窗口颜色"对话框

（2）在"界面元素"下拉列表中选择"统一背景"，⑤在"颜色"下拉列表框中选择白色，⑥然后单击"应用并关闭"按钮，返回"选项"对话框，再次单击"确定"按钮退出对话框。此时 AutoCAD 的绘图区就变换了背景色，通常按视觉习惯选择白色为窗口颜色，设置后的界面如图 2-1 所示。

2.2 文件管理

本节介绍有关文件管理的一些基本操作方法，包括新建文件、打开已有文件、保存文件、删除文件等，这些都是进行 AutoCAD 2022 操作最基础的知识。

【预习重点】

☑　了解有几种文件管理命令。

☑　简单练习新建文件、打开文件、保存文件、退出文件等方法。

2.2.1 新建文件

【执行方式】

☑　命令行：new。

☑　菜单栏：选择菜单栏中的"文件"→"新建"命令。

☑　主菜单：单击主菜单，选择主菜单下的"新建"命令。

☑　工具栏：单击"标准"工具栏中的"新建"按钮或单击"快速访问"工具栏中的"新

建"按钮。

☑　快捷组合键：Ctrl+N。

【操作步骤】

执行上述任一操作后，系统打开如图 2-30 所示的"选择样板"对话框。

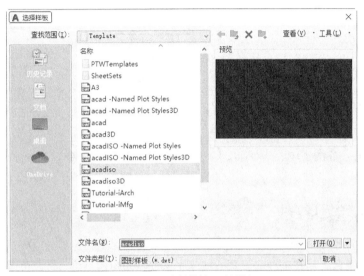

图 2-30　"选择样板"对话框

【选项说明】

在"文件类型"下拉列表框中有 4 种格式的图形样板，后缀分别是".dwt"".dwg"".dws"和".dwf"。另外还有一种快速创建图形的功能，即使用命令创建图形，该功能是开始创建新图形的最快捷的方法。

命令行:_qnew

执行上述命令后，系统立即从所选的图形样板中创建新图形，而不显示任何对话框或提示。

另外还有"打开""保存""另存为"和"关闭"命令，它们的操作方式类似，若用户对图形所做的修改尚未保存，则会打开如图 2-31 所示的系统警告对话框。单击"是"按钮，系统将保存文件，然后退出；单击"否"按钮，系统将不保存文件，然后退出。若用户对图形所做的修改已经保存，则直接退出。

2.2.2　操作实例——设置自动保存的时间间隔

如图 2-32 所示，选择菜单栏中的"工具"→"选项"命令，❶打开"选项"对话框，❷选择"打开和保存"选项卡，在"文件安全措施"选项组中，❸勾选自动保存，并设置保存的时间间隔，默认的时间是 10 分钟，这里用户可以根据具体的需要，对其进行设置，❹例如设置保存时间的间隔为 5 分钟，这样可以防止发生突发状况而造成文件图形丢失。

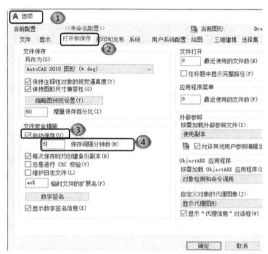

图 2-31　系统警告对话框　　　　图 2-32　"打开和保存"选项卡

2.3　基本绘图参数

绘制一幅图形时，用户需要先设置一些基本参数，如图形单位、图幅界限等，下面进行简要介绍。

【预习重点】

☑　了解基本参数概念。
☑　熟悉参数设置命令的使用方法。

2.3.1　设置图形单位

【执行方式】

☑　命令行：ddunits（或 units，快捷命令为 un）。
☑　菜单栏：选择菜单栏中的"格式"→"单位"命令。

【操作步骤】

执行上述任一操作后，系统打开"图形单位"对话框，如图 2-33 所示，该对话框用于定义单位和角度格式。

【选项说明】

（1）"长度"与"角度"选项组：指定测量的长度与角度的当前单位及精度。
（2）"插入时的缩放单位"选项组：控制插入当前图形中的块和图形的测量单位。如果块或图形创建时使用的单位与该选项指定的单位不同，则在插入这些块或图形时，将按比例对其进行缩放。插入比例是原块或图形使用的单位与目标图形使用的单位之比。如果插入块时不按指定单位缩放，则在其下拉列表框中选择"无单位"选项。

（3）"输出样例"选项组：显示用当前单位和角度设置的样例。

（4）"光源"选项组：控制当前图形中光度控制光源的强度测量单位。为创建和使用光度控制光源，必须从其下拉列表框中指定非"常规"的单位。如果插入比例设置为"无单位"，则将显示警告信息，通知用户渲染输出可能不正确。

（5）"方向"按钮：单击该按钮，系统打开"方向控制"对话框，如图 2-34 所示，用户可进行方向控制设置。

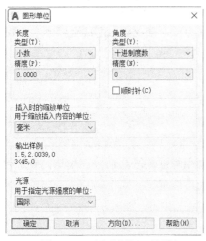

图 2-33　"图形单位"对话框

图 2-34　"方向控制"对话框

2.3.2　设置图形界限

【执行方式】

☑　命令行：limits。
☑　菜单栏：选择菜单栏中的"格式" → "图形界限"命令。

【操作步骤】

执行上述任一操作后，命令行提示与操作如下。

```
命令:_limits
重新设置模型空间界限:
指定左下角点或 [开(ON)/关(OFF)] <0.0000，0.0000>：（输入图形边界左下角的坐标后按Enter键）
指定右上角点<12.0000,90000>：（输入图形边界右上角的坐标后按Enter键）
```

【选项说明】

（1）开（ON）：使图形界限有效。系统在图形界限以外拾取的点将视为无效。
（2）关（OFF）：使图形界限无效。用户可以在图形界限以外拾取点或实体。

（3）动态输入角点坐标：用户可以直接在绘图区的动态文本框中输入角点坐标，输入了横坐标值后，按"，"键，接着输入纵坐标值，如图 2-35 所示；也可以按光标位置直接单击，确定角点位置。

图 2-35　动态输入

举一反三

　　在命令行中输入坐标时，请检查此时的输入法是否为英文输入。如果是中文输入法，例如，输入"150, 20"，则由于逗号"，"的原因，系统会认定该坐标输入无效。这时，只需将输入法改为英文输入法即可。

2.4　显示图形

　　要想恰当地显示图形，最常用的方法就是利用缩放和平移命令。用这两种命令用户可以在绘图区域放大或缩小图像显示，或者改变它的观察位置。

【预习重点】

　　☑　了解有几种图形显示命令。
　　☑　简单练习缩放、平移图形。

2.4.1　实时缩放

　　AutoCAD 2022 为交互式的缩放和平移提供了可能。有了实时缩放，用户就可以通过垂直向上或向下移动光标来放大或缩小图形。利用实时平移（2.4.2 节将介绍）可以通过单击和移动光标重新放置图形。在实时缩放命令下，用户可以通过垂直向上或向下移动光标来放大或缩小图形。

【执行方式】

　　☑　命令行：zoom。
　　☑　菜单栏：选择菜单栏中的"视图"→"缩放"→"实时"命令。
　　☑　工具栏：单击"标准"工具栏中的"实时缩放"按钮$^\pm$。
　　☑　功能区：单击"视图"选项卡"导航"面板中的"实时"按钮$^\pm$，如图 2-36 所示。

【操作步骤】

　　通过垂直向上或向下拖动鼠标，或通过向上或向下滚动鼠标滚轮，可以放大或缩小图形。

图 2-36　下拉列表

【选项说明】

在"标准"工具栏的"缩放"下拉列表和"缩放"工具栏中还有一些类似的"缩放"命令，读者可以自行操作体会，这里不再一一描述，缩放下拉列表如图 2-37 所示，缩放工具栏如图 2-38 所示。

图 2-37　"缩放"下拉列表　　　　　　　　　　图 2-38　"缩放"工具栏

2.4.2　实时平移

【执行方式】

☑　命令行: pan。
☑　菜单栏: 选择菜单栏中的"视图"→"平移"→"实时"命令。
☑　工具栏: 单击"标准"工具栏中的"实时平移"按钮🖐。
☑　功能区: 单击"视图"选项卡"导航"面板中的"平移"按钮🖐，如图 2-39 所示。

图 2-39　"导航"面板

【操作步骤】

执行上述任一操作后，按下鼠标左键并拖动鼠标即可平移图形。当移动到图形的边沿时，光标会变成一个三角形。

另外，在 AutoCAD 2022 中，为显示控制命令设置了一个右键快捷菜单，如图 2-40 所示。在该菜单中，用户可以在显示命令执行的过程中透明地进行切换。

图 2-40　右键快捷菜单

2.5 基本输入操作

绘制图形的要点在于快、准，即图形尺寸绘制准确、绘图所用时间短。本节主要介绍不同命令的操作方法，读者在后面章节学习绘图命令时，要尽可能掌握多种方法，并从中找出既适合自己又能快速绘制的方法。

【预习重点】

☑　了解基本输入方法。

2.5.1　命令输入方式

AutoCAD 2022 交互绘图必须输入必要的指令和参数。有多种命令输入方式，下面以绘制直线为例，介绍命令输入方式。

（1）在命令行输入命令名。命令字符可不区分大小写，例如，命令 line。执行命令时，在命令行提示中经常会出现命令选项。在命令行输入绘制直线命令 line 后，命令行提示与操作如下。

命令:_line
指定第一个点:(在绘图区指定一点或输入一个点的坐标)
指定下一点或 [放弃(U)]:

命令行中不带括号的提示为默认选项（如上面的"指定下一点或"），因此用户可以直接输入直线段的起点坐标或在绘图区指定一点，如果要选择其他选项，则应首先输入该选项的标识字符，如"放弃"选项的标识字符"U"，然后按系统提示输入数据即可。在命令选项的后面有时还带有尖括号，尖括号内的数值为默认数值。

（2）在命令行输入命令缩写字母。如 l（line）、c（circle）、a（arc）、z（zoom）、r（redraw）、m（move）、co（copy）、pl（pline）和 e（erase）等。

（3）选择"绘图"菜单栏中对应的命令，在命令行窗口中可以看到对应的命令说明及命令名。

（4）单击"绘图"工具栏中对应的按钮，在命令行窗口中也可以看到对应的命令说明及命令名。

（5）在绘图区打开快捷菜单。如果之前刚使用过要输入的命令，可以在绘图区单击鼠标右键，打开快捷菜单，在"最近的输入"子菜单中选择需要的命令。"最近的输入"子菜单中存储了最近使用的一些命令，如果经常重复使用子菜单中存储的某些命令，这种方法就比较简便。

（6）在绘图区单击鼠标右键。如果用户要重复使用上次使用的命令，可以直接在绘图区单击鼠标右键，打开快捷菜单，选择"重复"命令，系统立即重复执行上次使用的命令，这种方法适用于重复执行某个命令。

2.5.2　命令的重复、撤销、重做

1. 命令的重复

按 Enter 键，可重复调用上一个命令，无论上一个命令是完成了还是被取消了。

2. 命令的撤销

在命令执行的任何时刻都可以取消或终止命令的执行。

【执行方式】

☑　命令行：undo。

☑　菜单栏：选择菜单栏中的"编辑"→"放弃"命令。

☑　工具栏：单击"标准"工具栏中的"放弃"按钮 ⇦ 或单击"快速访问"工具栏中的"放弃"按钮 ⇦ 。

☑　快捷键：Esc。

3. 命令的重做

如果要恢复已被撤销的命令，用户可以恢复撤销的最后一个命令。

【执行方式】

☑　命令行：redo（快捷命令为 re）。

☑　菜单栏：选择菜单栏中的"编辑"→"重做"命令。

☑　工具栏：单击"标准"工具栏中的"重做"按钮 ⇨ 或单击"快速访问"工具栏中的"重做"按钮 ⇨ 。

☑　快捷组合键：Ctrl+Y。

AutoCAD 2022 可以一次性执行多重放弃和重做操作。单击"快速访问"工具栏中的"放弃"按钮 ⇦ 或"重做"按钮 ⇨ 后面的小三角形，用户可以选择要放弃或重做的操作，如图 2-41 所示。

图 2-41　多重放弃选项

2.6 综合演练——样板图绘图环境设置

本实例设置图 2-42 所示的样板图文件绘图环境。

☆ 手把手教你学

> 绘制的大体顺序是先打开 ".dwg" 格式的图形文件，设置图形单位与图形界限，最后将设置好的文件保存成 ".dwt" 格式的样板图文件。绘制过程中要用到打开、单位、图形界限和保存等命令。

【操作步骤】

（1）打开文件。单击"快速访问"工具栏中的"打开"按钮 ，打开"源文件\第 2 章\A3 样板图.dwg"文件。

（2）设置单位。选择菜单栏中的"格式"→"单位"命令，①打开"图形单位"对话框，如图 2-43 所示。②在"长度"选项组中③设置"类型"为"小数"，④设置"精度"为 0；⑤在"角度"选项组中⑥设置"类型"为"十进制度数"，⑦设置"精度"为 0，系统默认逆时针方向为正，⑧设置"用于缩放插入内容的单位:"为"毫米"。

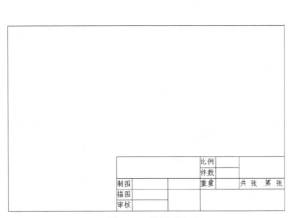

图 2-42 样板图文件

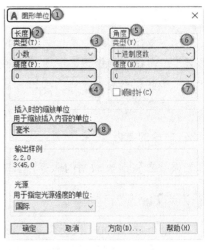

图 2-43 "图形单位"对话框

（3）设置图形边界。国家标准对图纸的幅面大小做了严格规定，如表 2-1 所示。

表 2-1 图幅国家标准

幅面代号	A0	A1	A2	A3	A4
宽×长/（mm×mm）	841×1189	594×841	420×594	297×420	210×297

在这里，不妨按国标 A3 图纸幅面设置图形边界。A3 图纸的幅面为 420mm×297mm。

选择菜单栏中的"格式"→"图形界限"命令，设置图幅，命令行提示与操作如下。

命令:_LIMITS
重新设置模型空间界限:
指定左下角点或[开(ON)/关(OFF)] <0.0000，0.0000>: 0,0
指定右上角点<420.0000，297.0000>:420,297

（4）保存成样板图文件。

现阶段的样板图及其环境设置已经完成，先将其保存成样板图文件。

单击"快速访问"工具栏中的"另存为"按钮，① 打开"图形另存为"对话框，如图 2-44 所示。在 ② "文件类型"下拉列表框中选择"AutoCAD 图形样板（*.dwt）"选项，③ 输入文件名"A3 样板图"，④ 单击"保存"按钮，⑤ 系统打开"样板选项"对话框，如图 2-45 所示，各项参数保持默认设置，⑥ 单击"确定"按钮，保存文件。

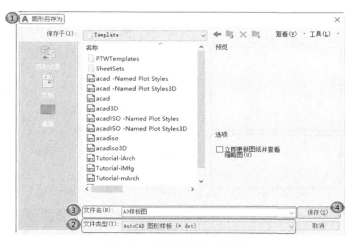

图 2-44　"图形另存为"对话框

图 2-45　"样板选项"对话框

2.7　名师点拨——图形基本设置技巧

1．从备份文件中恢复图形

（1）使文件显示其扩展名。选择"我的电脑"→"工具"→"文件夹选项"，打开"文件夹选项"对话框，选择"查看"选项卡，在"高级设置"选项组中取消选中"隐藏已知文件类型的扩展名"。

（2）显示所有文件。选择"我的电脑"→"工具"→"文件夹选项"，打开"文件夹选项"对话框，选择"查看"选项卡，在"高级设置"选项组下选中"隐藏文件和文件夹"下的"显示所有文件和文件夹"单选按钮。

（3）找到备份文件。选择"我的电脑" →"工具"→"文件夹选项"，打开"文件夹选项"对话框，选择"文件类型"选项卡，在"已注册的文件类型"选项组下选择"临时图形文件"，查找到文件，在"重命名"选项卡中将其设为".dwg"格式；最后用打开其他 CAD 文件的方法将其打开即可。

2. 绘图前，绘图界限（limits）是否一定要设好

绘图一般按国家标准图幅设置图界。图形界限等同图纸的幅面，按图界绘图打印很方便，还可实现自动成批出图。但一般情况下，习惯在一个图形文件中绘制多张图，此时不设置图形界限。

3. 如何设置自动保存功能

在命令行中输入 savetime 命令，将变量设成一个较小的值，如 10（分钟）。AutoCAD 2022 默认的保存时间为 120 分钟。

2.8 上机实验

【练习 1】设置绘图环境

操作提示如下。

（1）单击"快速访问"工具栏中的"新建"按钮 □，系统打开"选择样板"对话框，单击"打开"按钮，进入绘图界面。

（2）选择菜单栏中的"格式"→"图形界限"命令，设置界限为"（0,0）、（297,210）"，在命令行中可以重新设置模型空间界限。

（3）选择菜单栏中的"格式"→"单位"命令，系统打开"图形单位"对话框，在"长度"选项组中设置"类型"为"小数"，设置"精度"为"0.00"；在"角度"选项组中设置"类型"为"十进制度数"，设置"精度"为"0"；设置"用于缩放插入内容的单位："为"毫米"，设置"用于指定光源强度的单位："为"国际"；角度方向设置为"顺时针"。

（4）选择菜单栏中的"工具"→"工作空间"→"草图与注释"命令，进入工作空间。

【练习 2】熟悉操作界面

操作提示：

（1）启动 AutoCAD 2022，进入操作界面。

（2）调整操作界面的大小。

（3）设置绘图区颜色与光标大小。

（4）打开、移动、关闭工具栏。

（5）尝试同时利用命令行、菜单命令和工具栏绘制一条线段。

【练习 3】观察图形

操作提示如下。

如图 2-46 所示，利用平移工具和缩放工具移动和缩放图形。

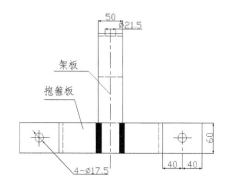
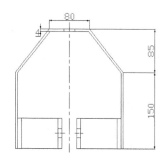
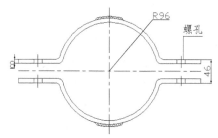

图 2-46　耐张铁帽三视图

2.9　模拟考试

1. "*.bmp" 文件可以通过哪种方式创建？（　　　）

A．选择"文件"→"保存"命令　　　　　　B．选择"文件"→"另存为"命令

C．选择"文件"→"打印"命令　　　　　　D．选择"文件"→"输出"命令

2．正常退出 AutoCAD 2022 的方法有（　　　）。

A．执行 quit 命令　　　　　　　　　　　B．执行 exit 命令

C．单击屏幕右上角的"关闭"按钮　　　　D．直接关机

3．在图形修复管理器中，以下哪个文件是由系统自动创建的自动保存文件？（　　　）

A．drawing1_1_1_6865.svs$　　　　　　B．drawing1_1_68656.svs$

C．drawing1_recovery.dwg　　　　　　　D．drawing1_1_1_6865.bak

4．在"自定义用户界面"对话框中，如何将现有工具栏复制到功能区面板？（　　　）

A．选择要复制到面板的工具栏并单击鼠标右键，选择"新建面板"选项

B．选择面板并单击鼠标右键，选择"复制到功能区面板"选项

C．选择要复制到面板的工具栏并单击鼠标右键，选择"复制到功能区面板"选项

D．选择要复制到面板的工具栏并单击鼠标右键，选择"新建弹出"选项

5．图形修复管理器中显示在程序或系统失败后可能需要修复的图形不包含（　　　）。

A．程序失败时保存的已修复图形文件（dwg 和 dws）

B．自动保存的文件，也称为"自动保存"文件（svs$）

C．核查日志（adt）

D．原始图形文件（dwg 和 dws）

6．如果想要改变绘图区域的背景颜色，应该如何做？（　　）

A．在"选项"对话框"显示"选项卡的"窗口元素"选项组中单击"颜色"按钮，在弹出的对话框中进行修改

B．在 Windows 的"显示属性"对话框"外观"选项卡中单击"高级"按钮，在弹出的对话框中进行修改

C．修改 SETCOLOR 变量的值

D．在"特性"面板的"常规"选项组中修改"颜色"值

7．取世界坐标系的点（70,20）作为用户坐标系的原点，则用户坐标系的点（-20,30）的世界坐标为（　　）。

A．（50,50）　　　　　B．（90,-10）　　　　　C．（-20,30）　　　　　D．（70,20）

8．绘制直线，起点坐标为（57,79），直线长度为 173mm，与 X 轴正向的夹角为 71°。将线 5 等分，从起点开始的第一个等分点的坐标为（　　）。

A．$X = 113.3233$，$Y = 242.5747$　　　　　B．$X = 79.7336$，$Y = 145.0233$

C．$X = 90.7940$，$Y = 177.1448$　　　　　D．$X = 68.2647$，$Y = 112.7149$

9．在日常工作中贯彻办公和绘图标准时，下列哪种方式最为有效？（　　）

A．应用典型的图形文件　　　　　B．应用模板文件

C．重复利用已有的二维绘图文件　　　　　D．在"启动"对话框中选取公制

第3章

二维绘制命令

二维图形指在二维平面空间绘制的图形，AutoCAD 提供了大量的绘图工具，可以帮助用户完成二维图形的绘制。AutoCAD 提供了许多二维绘图命令，利用这些命令可以快速方便地完成某些图形的绘制。本章主要包括下述内容：点、直线、圆和圆弧、椭圆和椭圆弧、平面图形、图案填充、多段线、样条曲线和多线的绘制与编辑。

3.1　直线类命令

直线类命令包括点、直线段、射线和构造线。这几个命令是 AutoCAD 中最简单的绘图命令。

【预习重点】

☑　了解有几种直线类命令。

☑　简单练习点、直线的绘制方法。

3.1.1　点

【执行方式】

☑　命令行：point（快捷命令为 po）。

☑　菜单栏：选择菜单栏中的①"绘图"→②"点""单点"或"多点"命令。

☑　工具栏：单击"绘图"工具栏中的"点"按钮 ⠿。

☑　功能区：单击"默认"选项卡中"绘图"面板中的"多点"按钮 ⠿。

【操作步骤】

执行上述任一操作后，命令行提示与操作如下。

命令:_point

当前点模式: PDMODE=0　　PDSIZE=0.0000
指定点:（指定点所在的位置）

【选项说明】

（1）通过菜单方法操作时（如图 3-1 所示），❸ "单点"命令表示只输入一个点，"多点"命令表示可输入多个点。

（2）可以单击状态栏中的"对象捕捉"按钮▯，设置点捕捉模式，帮助用户选择"点"命令。

（3）点在图形中的表示样式共有 20 种。可通过 ddptype 命令或选择菜单栏中的"格式"→"点样式"命令，通过打开的"点样式"对话框来设置，如图 3-2 所示。

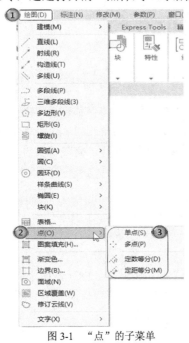

图 3-1　"点"的子菜单

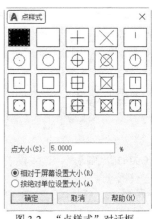

图 3-2　"点样式"对话框

3.1.2　直线

【执行方式】

☑　命令行: line（快捷命令为 1）。
☑　菜单栏: 选择菜单栏中的"绘图"→"直线"命令。
☑　工具栏: 单击"绘图"工具栏中的"直线"按钮╱。
☑　功能区: 选择"默认"选项卡"绘图"面板中的"直线"按钮╱（如图 3-3 所示）。

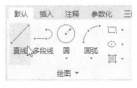

图 3-3　"绘图"面板

【操作步骤】

执行上述任一操作后，命令行提示与操作如下。

命令:_line
指定第一个点: ↙

指定下一点或 [放弃(U)]: ↙
指定下一点或 [闭合(C)/放弃(U)]: ↙

【选项说明】

（1）若采用按 Enter 键响应"指定第一个点"提示，系统会把上次绘制图线的终点作为本次图线的起始点。若上次操作为绘制圆弧，按 Enter 键响应后绘出通过圆弧终点并与该圆弧相切的直线段，该线段的长度为光标在绘图区指定的一点与切点之间线段的距离。

（2）在"指定下一点"提示下，用户可以指定多个端点，从而绘出多条直线段。但是，每一段直线是一个独立的对象，可以进行单独的编辑操作。

（3）绘制两条以上直线段后，若采用输入选项"C"响应"指定下一点"提示，系统会自动连接起始点和最后一个端点，从而绘出封闭的图形。

（4）若采用输入选项"U"响应提示，则删除最近一次绘制的直线段。

（5）若设置正交方式（按下状态栏中的"正交模式"按钮），只能绘制水平线段或垂直线段。

（6）若设置动态数据输入方式（按下状态栏中的"动态输入"按钮），则可以动态输入坐标或长度值，效果与非动态数据输入方式类似。除了特别需要，以后不再强调，只按非动态数据输入方式输入相关数据。

3.1.3　操作实例——绘制五角星

本实例主要练习执行"直线"命令后，在动态输入功能下绘制五角星，绘制流程如图 3-4 所示。

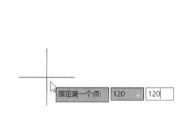 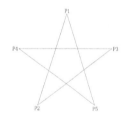

图 3-4　绘制五角星

（1）系统默认打开动态输入，如果动态输入没有打开，单击状态栏中的"动态输入"按钮，打开动态输入。单击"默认"选项卡"绘图"面板中的"直线"按钮，在动态输入框中输入第一点坐标（120,120），如图 3-5 所示。按 Enter 键确认 *P*1 点。

（2）拖动鼠标，在动态输入框中输入长度为 80mm，按 Tab 键切换到角度输入框，输入角度 108°，如图 3-6 所示，按 Enter 键确认 *P*2 点。

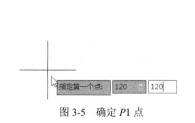 

图 3-5　确定 *P*1 点　　　　　　　　　　图 3-6　确定 *P*2 点

（3）拖动鼠标，在动态输入框中输入长度值 80，按 Tab 键切换到角度输入框，输入角度值 36，如图 3-7 所示，按 Enter 键确认 P3 点，也可以输入绝对坐标（#159.091,90.87），如图 3-8 所示，按 Enter 键确认 P3 点。

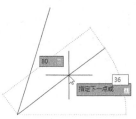
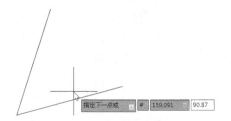

图 3-7　确定 P3 点 　　　　　　　　　　　　　图 3-8　确定 P3 点（绝对坐标方式）

（4）拖动鼠标，在动态输入框中输入长度值 80，按 Tab 键切换到角度输入框，输入角度值 180，如图 3-9 所示，按 Enter 键确认 P4 点。

（5）拖动鼠标，在动态输入框中输入长度值 80，按 Tab 键切换到角度输入框，输入角度值 36，如图 3-10 所示，按 Enter 键确认 P5 点，也可以输入绝对坐标（#144.721,43.916），如图 3-11 所示，按 Enter 键确认 P5 点。

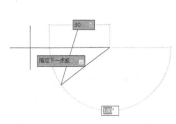
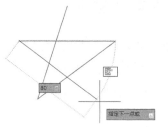

图 3-9　确定 P4 点 　　　　　　　　　　　　　图 3-10　确定 P5 点

（6）拖动鼠标，直接捕捉 P1 点，如图 3-12 所示，也可以输入长度 80mm，按 Tab 键切换到角度输入框，输入角度值 108，则完成绘制。

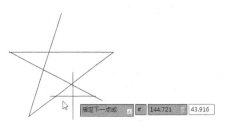
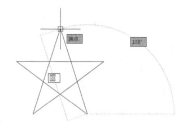

图 3-11　确定 P5 点（绝对坐标方式） 　　　　　　图 3-12　完成绘制

3.1.4　数据的输入方法

在 AutoCAD 2022 中，点的坐标可以用直角坐标、极坐标、球面坐标和柱面坐标表示，每一种坐标又分别具有两种坐标输入方式：绝对坐标和相对坐标。其中，直角坐标和极坐标最为常用，下面主要介绍它们的输入方法。

（1）直角坐标法

直角坐标是指用点 X、Y 坐标值表示的坐标。例如，在命令行中输入点的坐标提示下，输入 "15,18"，则表示输入一个 X、Y 的坐标值分别为 15、18 的点，此为绝对坐标输入方式，表示该点的坐标是相对于当前坐标原点的坐标值，如图 3-13（a）所示。如果输入 "@10,20"，则为相对坐标输入方式，表示该点的坐标是相对于前一点的坐标值，如图 3-13（b）所示。

（2）极坐标法

极坐标是指用长度和角度表示的坐标，在绝对坐标输入方式下，表示为 "长度<角度"，如 "25<50"，其中长度为该点到坐标原点的距离，角度为该点至原点的连线与 X 轴正向的夹角，如图 3-13（c）所示。

在相对坐标输入方式下，表示为 "@长度<角度"，如 "@25<45"，其中长度为该点到前一点的距离，角度为该点至前一点的连线与 X 轴正向的夹角，如图 3-13（d）所示。

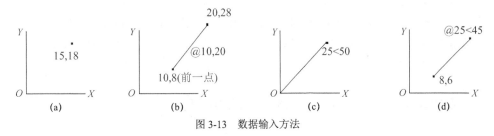

图 3-13　数据输入方法

（3）动态数据输入

单击状态栏上的 按钮，系统打开动态输入功能，用户可以在屏幕上动态输入某些参数数据。例如，绘制直线时，在光标附近，会动态地显示 "指定第一个点" 及后面的坐标框，当前坐标框中显示的是光标所在位置，可以输入数据，两个数据之间以逗号隔开，如图 3-14 所示。指定第一点后，系统动态显示直线的角度，同时要求输入线段长度值，如图 3-15 所示，其输入效果与 "@长度<角度" 方式相同。

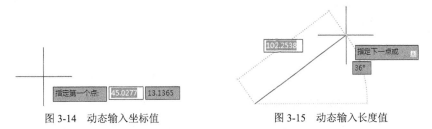

图 3-14　动态输入坐标值　　　　　图 3-15　动态输入长度值

下面分别讲述点与距离值的输入方法。

（1）点的输入

在绘图过程中常需要输入点的位置，AutoCAD 提供如下几种输入点的方式。

① 直接在命令行窗口中输入点的坐标。笛卡儿坐标有两种输入方式："X,Y"（点的绝对坐标值，如 "100,50"）和 "@X,Y"（相对于上一点的相对坐标值，如 "@50,-30"）。坐标值是相对于当前的用户坐标系。

极坐标的输入方式为 "长度<角度"（其中，长度为点到坐标原点的距离，角度为原点至该点连线与 X 轴的正向夹角，如 "20<45"）或 "@长度<角度"（相对于上一点的相对极坐标，如

"@50<-30")。

第 2 个点和后续点的默认设置为相对极坐标。不需要输入"@"符号。如果需要使用绝对坐标，请使用"#"符号前缀。例如，要将对象移到原点，请在提示输入第 2 个点时，输入#0,0。

② 用鼠标等定标设备移动光标单击，在屏幕上直接取点。

③ 用目标捕捉方式捕捉屏幕上已有图形的特殊点（如端点、中点、中心点、插入点、交点、切点、垂足点等，详见第 4 章）。

④ 直接输入距离：先通过拖动鼠标拖拉出橡筋线，确定方向，然后输入距离。这样有利于准确控制对象的长度等参数。

（2）距离值的输入

在 AutoCAD 命令中，有时需要提供高度、宽度、半径、长度等距离值。AutoCAD 提供两种输入距离值的方式：一种是用键盘在命令行窗口中直接输入数值；另一种是在屏幕上拾取两点，以两点的距离值定出所需数值。

3.1.5 操作实例——绘制动断（常闭）触点符号

绘制图 3-16 所示的动断（常闭）触点符号。操作步骤如下。

（1）单击"默认"选项卡"绘图"面板中的"直线"按钮 ⁄ ，绘制连续线段，命令行提示与操作如下。

```
命令: _line
指定第一个点:0,0
指定下一点或 [放弃(U)]:0,-10
指定下一点或 [放弃(U)]: 6,-10
指定下一点或 [闭合(C)/放弃(U)]:
```

结果如图 3-17 所示。

图 3-16 动断（常闭）触点符号   图 3-17 绘制连续线段

（2）单击"默认"选项卡"绘图"面板中的"直线"按钮 ⁄ ，绘制剩余的直线，完成普通开关符号的绘制，命令行提示与操作如下。

```
命令: _line
指定第一个点: 0,-28
指定下一点或 [放弃(U)]: 0,-18
指定下一点或 [放弃(U)]: 6,-8
```

指定下一点或 [闭合(C)/放弃(U)]: ✓

结果如图 3-16 所示。

注意

（1）一般每个命令有 4 种执行方式，这里只给出了命令行执行方式，其他 3 种执行方式的操作方法与命令行执行方式相同。

（2）坐标中的逗号必须在英文状态下输入，否则会出错。

3.1.6 构造线

【执行方式】

☑ 命令行：xline。
☑ 菜单栏：选择菜单栏中的"绘图"→"构造线"命令。
☑ 工具栏：单击"绘图"工具栏中的"构造线"按钮 ⟋。
☑ 功能区：单击"默认"选项卡"绘图"面板中的"构造线"按钮 ⟋。

【操作步骤】

执行上述任一操作后，命令行提示与操作如下。

命令:_xline
指定点或 [水平(H)/垂直(V)/角度(A)/二等分(B)/偏移(O)]:（指定根点1）
指定通过点:（指定通过点2，绘制一条双向无限长直线）
指定通过点:（继续给点，继续绘制线，按Enter键结束）

【选项说明】

（1）执行选项中有"指定点""水平""垂直""角度""二等分"和"偏移" 6 种方式可绘制构造线，分别如图 3-18（a）～（f）所示。

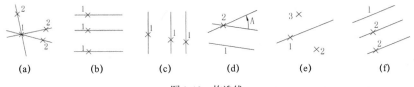

(a)   (b)   (c)   (d)   (e)   (f)

图 3-18 构造线

（2）这种线模拟手工作图中的辅助作图线。用特殊的线型显示，在绘图输出时可不作输出，常用于辅助作图。

3.2 圆类图形命令

圆类命令主要包括"圆""圆弧""椭圆""椭圆弧"及"圆环"等，这几个命令是最简单的曲线命令。

【预习重点】

☑ 了解圆类命令的使用方法。

☑ 简单练习各命令的操作方法。

3.2.1 圆

【执行方式】

☑ 命令行：circle（快捷命令为 C）。

☑ 菜单栏：选择菜单栏中的"绘图"→"圆"命令。

☑ 工具栏：单击"绘图"工具栏中的"圆"按钮⊙。

☑ 功能区：单击"默认"选项卡"绘图"面板中的"圆"下拉菜单（如图 3-19 所示）。

图 3-19　"圆"下拉菜单

【操作步骤】

执行上述任一操作后，命令行提示与操作如下。

命令:_circle
指定圆的圆心或 [三点(3P)/两点(2P)/切点、切点、半径(T)]:
指定圆的半径或 [直径(D)]:

【选项说明】

（1）三点（3P）：通过指定圆周上三点绘制圆。

（2）两点（2P）：通过指定直径的两端点绘制圆。

（3）切点、切点、半径（T）：通过先指定两个相切对象，再给出半径的方法绘制圆。图 3-20 给出了以"切点、切点、半径"方式绘制圆的各种情形（加粗的圆为最后绘制的圆）。

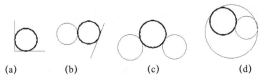

(a)　　　(b)　　　(c)　　　(d)

图 3-20　圆与另外两个对象相切

（4）选择菜单栏中的①"绘图"→②"圆"命令，其子菜单中比命令行中多了一种③"相切、相切、相切"的绘制方法，如图 3-21 所示。

图 3-21　"圆"子菜单

高手支招

对于圆心点的选择，除了直接输入圆心点外，还可以利用圆心点与中心线的对应关系，利用对象捕捉的方法选择。单击状态栏中的"对象捕捉"按钮□，命令行中会提示"命令：<对象捕捉开>"。

3.2.2　操作实例——绘制带防溅盒的单极开关符号

本实例绘制如图 3-22 所示的单极开关符号。操作步骤如下。

（1）绘制圆。单击"默认"选项卡"绘图"面板中的"圆"按钮⊙，在坐标系原点位置绘制一个半径为 5mm 的圆，如图 3-23 所示，命令行提示与操作如下。

命令：_circle
指定圆的圆心或 [三点(3P)/两点(2P)/切点、切点、半径(T)]：0,0
指定圆的半径或 [直径(D)]：5

（2）绘制直线。单击"默认"选项卡"绘图"面板中的"直线"按钮／，指定直线坐标点为（-5,0）、（5,0）。如图 3-24 所示。

（3）选择菜单栏中的"绘图"→"直线"命令。以水平直线右端点为起点，绘制长度为 20mm，且与水平方向成 60°角的斜线 1，并以斜线 1 的终点为起点，绘制长度为 7.5mm，与斜线 1 成 90°角的斜线 2，如图 3-22 所示。

图 3-22　带防溅盒的单极开关符号

图 3-23　绘制圆

图 3-24　绘制直线

3.2.3　圆弧

【执行方式】

☑　命令行：arc（快捷命令为 A）。
☑　菜单栏：选择菜单栏中的"绘图"→"圆弧"命令。
☑　工具栏：单击"绘图"工具栏中的"圆弧"按钮 ⌒。
☑　功能区：单击"默认"选项卡"绘图"面板中的"圆弧"下拉按钮，如图 3-25 所示。

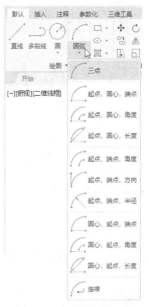

图 3-25　"圆弧"子菜单

【操作步骤】

执行上述任一操作后，命令行提示与操作如下。

命令:_arc
指定圆弧的起点或 [圆心(C)]:
指定圆弧的第二个点或 [圆心(C)/端点(E)]:
指定圆弧的端点:

【选项说明】

（1）用命令行方式绘制圆弧时，用户可以根据系统提示选择不同的选项，具体功能和利用菜单栏中的"绘图"→"圆弧"子菜单中提供的 11 种方式相似。这 11 种方式绘制的圆弧分别如图 3-26（a）～（k）所示。

（2）需要强调的是"连续"方式，绘制的圆弧与上一线段圆弧相切。连续绘制圆弧段时，只提供端点即可。

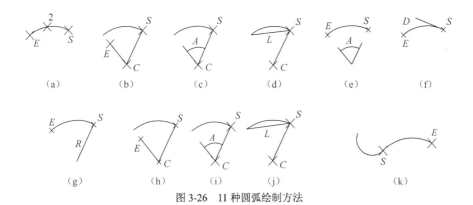

图 3-26　11 种圆弧绘制方法

绘制圆弧时，注意圆弧的曲率遵循逆时针方向，所以在选择指定圆弧两个端点和半径模式时，需要注意端点的指定顺序，否则有可能导致圆弧的凹凸形状与预期的相反。

3.2.4　操作实例——绘制弯灯符号

绘制如图 3-27 所示的弯灯符号。操作步骤如下。

（1）单击"默认"选项卡"绘图"面板中的"圆"按钮 ⊙，在坐标系原点位置绘制一个半径为 5mm 的圆，如图 3-28 所示。

（2）单击"默认"选项卡"绘图"面板中的"圆弧"按钮，绘制一段圆弧，命令行提示与操作如下。

```
命令: _arc
指定圆弧的起点或 [圆心(C)]: 7,0
指定圆弧的第二个点或 [圆心(C)/端点(E)]: E
指定圆弧的端点: -7,0
指定圆弧的中心点（按住Ctrl键以切换方向）或[角度(A)/方向(D)/半径(R)]: R
指定圆弧的半径(按住Ctrl键以切换方向): 7
```

结果如图 3-29 所示。

（3）单击"默认"选项卡"绘图"面板中的"直线"按钮，在圆弧的左端点处指定直线的起点，绘制一条长度为 7.5mm 的水平直线，弯灯符号的最终绘制结果如图 3-27 所示。

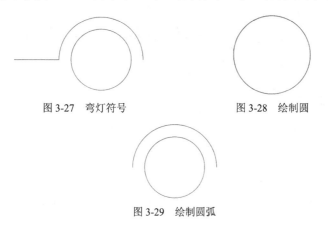

图 3-27　弯灯符号　　　　图 3-28　绘制圆

图 3-29　绘制圆弧

3.2.5 圆环

【执行方式】

☑ 命令行：donut（快捷命令为 do）。
☑ 菜单栏：选择菜单栏中的"绘图"→"圆环"命令。
☑ 功能区：单击"默认"选项卡"绘图"面板中的"圆环"按钮◎。

【操作步骤】

执行上述任一操作后，命令行提示与操作如下。

命令:_donut
指定圆环的内径<默认值>:（指定圆环内径）
指定圆环的外径<默认值>:（指定圆环外径）
指定圆环的中心点或 <退出>:（指定圆环的中心点）
指定圆环的中心点或 <退出>:（继续指定圆环的中心点，则继续绘制相同内外径的圆环。用Enter键、空格键或单击鼠标右键结束命令，如图3-30（a）所示）

【选项说明】

（1）绘制不等内外径，则画出填充圆环，如图 3-30（a）所示。
（2）若指定内径为 0，则画出实心填充圆，如图 3-30（b）所示。
（3）若指定内外径相等，则画出普通圆，如图 3-30（c）所示。
（4）fill 命令可以控制圆环是否填充，命令行提示与操作如下。

命令:_fill
输入模式[开(ON)/关(OFF)] <开>:

上述命令行中，选择"开"表示填充，选择"关"表示不填充，如图 3-30（d）所示。

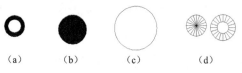

(a)　　　(b)　　　(c)　　　(d)

图 3-30　绘制圆环

🎓 **高手支招**

在绘制圆环时，可能仅一次无法准确确定圆环外径大小以确定圆环与椭圆的相对大小，可以通过多次绘制的方法找到一个相对合适的外径值。

3.2.6 椭圆与椭圆弧

【执行方式】

☑ 命令行：ellipse（快捷命令为 el）。
☑ 菜单栏：选择菜单栏中的"绘图"→"椭圆"→"圆弧"命令。

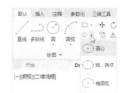

☑　工具栏：单击"绘图"工具栏中的"椭圆"按钮◯或"椭圆弧"按钮◌。

☑　功能区：单击"默认"选项卡"绘图"面板中的"椭圆"下拉按钮，如图 3-31 所示。

图 3-31　"椭圆"下拉按钮

【操作步骤】

执行上述任一操作后，命令行提示与操作如下。

```
命令:_ellipse
指定椭圆弧的轴端点或 [圆弧(A)/中心点(C)]: C
指定椭圆的中心点: ↙
指定轴的端点: ↙
指定另一条半轴长度或 [旋转(R)]: ↙
```

【选项说明】

（1）指定椭圆的轴端点：根据两个端点定义椭圆的第一条轴，第一条轴的角度确定了整个椭圆的角度。第一条轴既可定义椭圆的长轴，也可定义其短轴。椭圆按图 3-32（a）中显示的 1、2、3、4 顺序绘制。

（2）圆弧（A）：用于创建一段椭圆弧，与"单击'默认'选项卡'绘图'面板中的'椭圆弧'按钮◌"功能相同。其中第一条轴的角度确定了椭圆弧的角度。第一条轴既可定义椭圆弧长轴，也可定义其短轴。选择该项，命令行提示与操作如下。

```
指定椭圆弧的轴端点或 [圆弧(A)/中心点(C)]:（指定端点或输入"C"）
指定轴的另一个端点:（指定另一端点）
指定另一条半轴长度或 [旋转(R)]:（指定另一条半轴长度或输入"R"）
指定起点角度或 [参数(P)]:（指定起始角度或输入"P"）
指定端点角度或 [参数(P)/夹角(I)]:
```

其中主要选项的含义如下。

① 指定起点角度：指定椭圆弧端点的两种方式之一，光标与椭圆中心点连线的夹角为椭圆端点位置的角度，如图 3-32（b）所示。

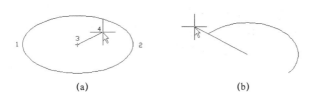

(a)　　　　　　　　　　　　　(b)

图 3-32　椭圆和椭圆弧

② 参数（P）：指定椭圆弧端点的另一种方式，该方式同样可以用来指定椭圆弧端点的角度，但通过以下矢量参数方程式创建椭圆弧。

$$p(u) = c + a \times \cos u + b \times \sin u$$

其中，c 是椭圆的中心点，a 和 b 分别是椭圆的长轴和短轴，u 为光标与椭圆中心点连线的夹角。

③ 夹角（I）：定义从起点角度开始的夹角。

（3）中心点（C）：通过指定的中心点创建椭圆。

（4）旋转（R）：通过绕第一条轴旋转圆来创建椭圆。相当于将一个圆绕椭圆轴翻转一个角度后的投影视图。

🎓 **高手支招**

"椭圆"命令生成的椭圆是以多段线为实体还是以椭圆为实体，是由系统变量 PELLIPSE 决定的，当其为 1 时，生成的椭圆就是以多段线形式存在。

3.2.7　操作实例——绘制电话机符号

绘制如图 3-33 所示的电话机符号。操作步骤如下。

（1）单击"默认"选项卡"绘图"面板中的"直线"按钮 ╱，绘制一系列的线段，坐标分别为[（100,100）、（@100,0）、（@0,60）、（@-100,0）]，[（152,110）、（152,150）]，[（148,120）、（148,140）]，[（148,130）、（110,130）]，[（152,130）、（190,130）]，[（100,150）、（70,150）]，[（200,150）、（230,150）]，结果如图 3-34 所示。

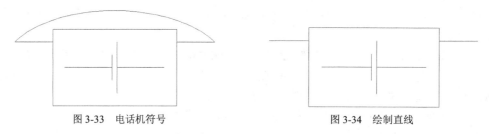

图 3-33　电话机符号　　　　　　　　　　图 3-34　绘制直线

（2）单击"默认"选项卡"绘图"面板中的"椭圆弧"按钮 ⌒，绘制椭圆弧。命令行提示与操作如下。

```
命令: _ellipse
指定椭圆的轴端点或 [圆弧(A)/中心点(C)]: A
指定椭圆弧的轴端点或 [中心点(C)]: C
指定椭圆弧的中心点: 150,130
指定轴的端点: 60,130
指定另一条半轴长度或 [旋转(R)]: 44.5
指定起点角度或 [参数(P)]: 194
指定端点角度或 [参数(P)/夹角(I)]: （指定左侧直线的左端点）
```

最终结果如图 3-33 所示。

3.3　平面图形

简单的平面图形命令包括"矩形"命令和"多边形"命令。

【预习重点】

☑　了解平面图形的种类及应用。

☑ 简单练习矩形与多边形的绘制。

3.3.1 矩形

【执行方式】

☑ 命令行：rectang（快捷命令为 rec）。
☑ 菜单栏：选择菜单栏中的"绘图"→"矩形"命令。
☑ 工具栏：单击"绘图"工具栏中的"矩形"按钮 □。
☑ 功能区：单击"默认"选项卡"绘图"面板中的"矩形"按钮 □。

【操作步骤】

执行上述任一操作后，命令行提示与操作如下。

命令:_rectang
指定第一个角点或 [倒角(C)/标高(E)/圆角(F)/厚度(T)/宽度(W)]:
指定另一个角点或 [面积(A)/尺寸(D)/旋转(R)]:

【选项说明】

（1）第一个角点：通过指定两个角点确定矩形，如图 3-35（a）所示。

（2）倒角（C）：指定倒角距离，绘制带倒角的矩形，如图 3-35（b）所示。每一个角点的逆时针和顺时针方向的倒角可以相同，也可以不同，其中第一个倒角距离指角点逆时针方向倒角距离，第二个倒角距离指角点顺时针方向倒角距离。

（3）标高（E）：指定矩形标高（Z 坐标），即把矩形放置在标高为 Z 并与 XOY 坐标面平行的平面上，并作为后续矩形的标高值。

（4）圆角（F）：指定圆角半径，绘制带圆角的矩形，如图 3-35（c）所示。

（5）厚度（T）：指定矩形的厚度，如图 3-35（d）所示。

（6）宽度（W）：指定线宽，如图 3-35（e）所示。

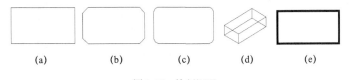

(a)　　　　(b)　　　　(c)　　　　(d)　　　　(e)

图 3-35　绘制矩形

（7）面积（A）：指定面积和长或面积和宽创建矩形。选择该项，系统提示如下。

输入以当前单位计算的矩形面积 <20.0000>:（输入面积值）
计算矩形标注时依据 [长度(L)/宽度(W)] <长度>:（按Enter键或输入"W"）
输入矩形长度 <4.0000>:（指定长度或宽度）

指定长度或宽度后，系统自动计算另一个维度，绘制出矩形。如果矩形进行了倒角或圆角设置，则长度或面积计算中也会考虑此设置，如图 3-36 所示。

倒角距离 (1,1)　　　　　　圆角半径：1.0
面积为20；长度为6　　　　面积为20；宽度为6

图 3-36　利用"面积"命令绘制矩形

（8）尺寸（D）：使用长和宽创建矩形，第二个指定点将矩形定位在与第一角点相关的 4 个位置之一内。

（9）旋转（R）：使所绘制的矩形旋转一定角度。选择该项，系统提示如下。

指定旋转角度或 [拾取点(P)] <45>：（指定角度）
指定另一个角点或 [面积(A)/尺寸(D)/旋转(R)]：（指定另一个角点或选择其他选项）

指定旋转角度后，系统按指定角度创建矩形，如图 3-37 所示。

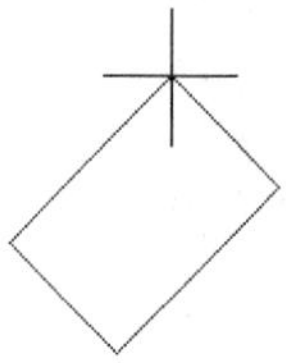

图 3-37　旋转矩形

3.3.2　操作实例——绘制镜前壁灯符号

绘制如图 3-38 所示的镜前壁灯符号。操作步骤如下。

（1）单击"默认"选项卡"绘图"面板中的"矩形"按钮 □，绘制矩形，命令行提示与操作如下。

命令：_rectang
指定第一个角点或 [倒角(C)/标高(E)/圆角(F)/厚度(T)/宽度(W)]：0,0
指定另一个角点或 [面积(A)/尺寸(D)/旋转(R)]：@15,5

结果如图 3-39 所示。

图 3-38　镜前壁灯符号　　　　　　图 3-39　绘制矩形

（2）选择菜单栏中的"绘图"→"矩形"命令，继续绘制矩形，命令行提示与操作如下。

命令：_rectang
指定第一个角点或 [倒角(C)/标高(E)/圆角(F)/厚度(T)/宽度(W)]：2,2
指定另一个角点或 [面积(A)/尺寸(D)/旋转(R)]：D
指定矩形的长度 <11.0000>：11
指定矩形的宽度 <2.0000>：1
指定另一个角点或 [面积(A)/尺寸(D)/旋转(R)]：（在矩形上方单击确定位置）

最终结果如图 3-38 所示。

💡提示：

　　一般每个命令有 4 种执行方式，这里只给出了命令行执行方式，其他执行方式的操作方法与命令行执行方式相同。

3.3.3　多边形

【执行方式】

- ☑　命令行：polygon（快捷命令：pol）。
- ☑　菜单栏：选择菜单栏中的"绘图"→"多边形"命令。
- ☑　工具栏：单击"绘图"工具栏中的"多边形"按钮⬠。
- ☑　功能区：单击"默认"选项卡"绘图"面板中的"多边形"按钮⬠。

【操作步骤】

执行上述任一操作后，命令行提示与操作如下。

命令:_polygon
输入侧面数 <4>:（指定多边形的边数，默认值为4）
指定正多边形的中心点或 [边(E)]:（指定中心点）
输入选项 [内接于圆(I)/外切于圆(C)] <I>:（指定是内接于圆或外切于圆，I表示内接，C表示外切）
指定圆的半径:（指定外接圆或内切圆的半径）

【选项说明】

（1）边（E）：选择该选项，则只要指定多边形的一条边，系统就会按逆时针方向创建该正多边形，如图 3-40（a）所示。

（2）内接于圆（I）：选择该选项，绘制的多边形内接于圆，如图 3-40（b）所示。

（3）外切于圆（C）：选择该选项，绘制的多边形外切于圆，如图 3-40（c）所示。

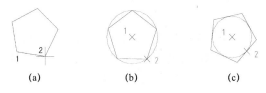

|　　(a)　　　　　　　(b)　　　　　　　(c)|

图 3-40　绘制多边形

3.4　图案填充

当用户需要用一个重复的图案（Pattern）填充一个区域时，可以使用 bhatch 命令建立一个相关联的填充阴影对象，即图案填充。

【预习重点】

☑ 观察图案填充结果。

☑ 了解填充样例对应的含义。

☑ 确定边界选择要求。

☑ 了解对话框中参数的含义。

3.4.1 图案填充的操作

【执行方式】

☑ 命令行: bhatch (快捷命令为 h)。

☑ 菜单栏: 选择菜单栏中的"绘图"→"图案填充"命令。

☑ 工具栏: 单击"绘图"工具栏中的"图案填充"按钮 。

☑ 功能区: 单击"默认"选项卡"绘图"面板中的"图案填充"按钮 。

【操作步骤】

执行上述命令后,系统会打开如图 3-41 所示的"图案填充创建"选项卡。

图 3-41　"图案填充创建"选项卡

【选项说明】

1."边界"面板

（1）拾取点:通过选择由一个或多个对象形成的封闭区域内的点,确定图案填充边界,如图 3-42 所示。指定内部点时,可以随时在绘图区域中单击鼠标右键以显示包含多个选项的快捷菜单。

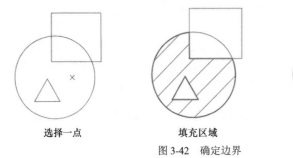

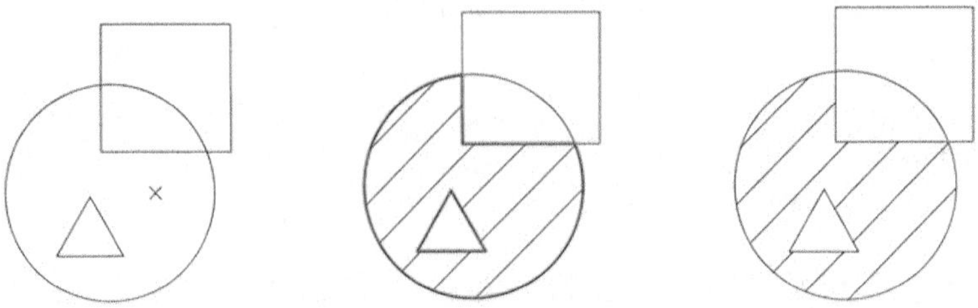

选择一点　　　　　填充区域　　　　　填充结果

图 3-42　确定边界

（2）选择边界对象：指定基于选定对象的图案填充边界。使用该选项时，不会自动检测内部对象，必须选择选定边界内的对象，以按照当前孤岛检测样式填充这些对象，如图 3-43 所示。

原始图形　　　　　　　选取边界对象　　　　　　填充结果

图 3-43　选取边界对象

（3）删除边界对象：从边界定义中删除之前添加的任何对象，如图 3-44 所示。

选取边界对象　　　　　　删除边界　　　　　　填充结果

图 3-44　删除"岛"后的边界

（4）重新创建边界：围绕选定的图案填充或填充对象创建多段线或面域，并使其与图案填充对象相关联。

（5）显示边界对象：选择构成选定关联图案填充对象的边界的对象，使用显示的夹点可修改图案填充边界。

（6）保留边界对象：指定如何处理图案填充边界对象。选项包括以下几项。

① 不保留边界：仅在图案填充创建期间可用，不创建独立的图案填充边界对象。

② 保留边界-多段线：仅在图案填充创建期间可用，创建封闭图案填充对象的多段线。

③ 保留边界-面域：仅在图案填充创建期间可用，创建封闭图案填充对象的面域对象。

④ 选择新边界集：指定对象的有限集（称为边界集），以便通过创建图案填充时的拾取点进行计算。

2．"图案"面板

显示所有预定义和自定义图案的预览图像。

3．"特性"面板

（1）图案填充类型：指定是使用纯色、渐变色、图案还是用户定义的填充。

（2）图案填充颜色：替代实体填充和填充图案的当前颜色。

（3）背景色：指定填充图案背景的颜色。

（4）图案填充透明度：设定新图案填充或填充的透明度，替代当前对象的透明度。

（5）图案填充角度：指定图案填充或填充的角度。

（6）填充图案比例：放大或缩小预定义或自定义填充图案。

（7）相对图纸空间：仅在布局中可用，相对于图纸空间单位缩放填充图案。使用此选项，可以较容易地以适合布局的比例显示填充图案。

（8）双向：仅当"图案填充类型"设定为"用户定义"时可用，将绘制第二组直线，与原始直线成 90°角，从而构成交叉线。

（9）ISO 笔宽：仅对于预定义的 ISO 图案可用，基于选定的笔宽缩放 ISO 图案。

4．"原点"面板

（1）设定原点：直接指定新的图案填充原点。

（2）左下：将图案填充原点设定在图案填充边界矩形范围的左下角。

（3）右下：将图案填充原点设定在图案填充边界矩形范围的右下角。

（4）左上：将图案填充原点设定在图案填充边界矩形范围的左上角。

（5）右上：将图案填充原点设定在图案填充边界矩形范围的右上角。

（6）中心：将图案填充原点设定在图案填充边界矩形范围的中心。

（7）使用当前原点：将图案填充原点设定在 HPORIGIN 系统变量中存储的默认位置。

（8）存储为默认原点：将新图案填充原点的值存储在 HPORIGIN 系统变量中。

5．"选项"面板

（1）关联：指定图案填充或填充为关联图案填充。关联的图案填充或填充在用户修改其边界对象时将会更新。

（2）注释性：指定图案填充为注释性。此特性会自动完成缩放注释过程，从而使注释能够以正确的大小在图纸上打印或显示。

（3）特性匹配。

① 使用当前原点：使用选定图案填充对象（除图案填充原点外）设定图案填充的特性。

② 使用源图案填充的原点：使用选定图案填充对象（包括图案填充原点）设定图案填充的特性。

（4）允许的间隙：设定将对象用作图案填充边界时可以忽略的最大间隙。默认值为 0，此值指定对象必须封闭区域而没有间隙。

（5）创建独立的图案填充：当指定了多个单独的闭合边界时，决定是创建单个图案填充对象，还是创建多个图案填充对象。

（6）孤岛检测。

① 普通孤岛检测：从外部边界向内填充。如果遇到内部孤岛，填充将关闭，直到遇到孤岛中的另一个孤岛，填充打开。

② 外部孤岛检测：从外部边界向内填充。此选项仅填充指定的区域，不会影响内部孤岛。

③ 忽略孤岛检测：填充图案时将忽略所有内部的对象。

（7）绘图次序：为图案填充或填充指定绘图次序。选项包括"不更改""后置""前置""置于边界之后""置于边界之前"。

6．"关闭"面板

"关闭图案填充创建"按钮：单击此按钮可退出"图案填充创建"并关闭上下文选项卡。也可以按 Enter 键或 Esc 键退出图案填充创建。

3.4.2 渐变色的操作

【执行方式】

- ☑ 命令行: gradient。
- ☑ 菜单栏: 选择菜单栏中的"绘图"→"渐变色"命令。
- ☑ 工具栏: 单击"绘图"工具栏中的"图案填充"按钮▨。
- ☑ 功能区: 单击"默认"选项卡"绘图"面板中的"渐变色"按钮▨。

【操作步骤】

执行上述任一操作后,系统打开图 3-45 所示的"图案填充创建"选项卡,面板中的按钮含义在"3.4.1 图案填充的操作"节已介绍,这里不再赘述。

图 3-45 "图案填充创建"选项卡

3.4.3 边界的操作

【执行方式】

- ☑ 命令行: boundary。
- ☑ 功能区: 单击"默认"选项卡"绘图"面板中的"边界"按钮▢。

【操作步骤】

执行上述命令后系统打开图 3-46 所示的"边界创建"对话框,主要选项的含义如下。

图 3-46 "边界创建"对话框

【选项说明】

(1)拾取点:根据围绕指定点构成封闭区域的现有对象来确定边界。

(2)孤岛检测:控制 boundary 命令是否检测内部闭合边界,该边界称为孤岛。

(3)对象类型:控制新边界对象的类型。将边界作为面域或多段线对象创建。

(4)边界集:定义通过指定点定义边界时要分析的对象集。

3.4.4　编辑填充的图案

利用 hatchedit 命令，用户可以编辑已经填充的图案。

【执行方式】

☑　命令行：hatchedit（快捷命令为 he）。

☑　菜单栏：选择菜单栏中的"修改"→"对象"→"图案填充"
命令。

☑　工具栏：单击"修改 II"工具栏中的"编辑图案填充"按钮 。

☑　功能区：单击"默认"选项卡"修改"面板中的"编辑图案填充"
按钮 。

☑　快捷菜单：选中填充的图案单击鼠标右键，在打开的快捷菜单中
选择"图案填充编辑"命令，如图 3-47 所示。

☑　快捷方法：直接选择填充的图案，打开"图案填充编辑器"选项
卡，如图 3-48 所示。

图 3-47　快捷菜单

图 3-48　"图案填充编辑器"选项卡

3.4.5　操作实例——绘制电话分线箱符号

本实例绘制图 3-49 所示的电话分线箱符号。操作步骤如下。

（1）绘制矩形。单击"默认"选项卡"绘图"面板中的"矩形"按钮 ，绘制一个长
为 2mm、宽为 6mm 的矩形，效果如图 3-50 所示。

（2）绘制直线。启用"对象捕捉"方式，单击"默认"选项卡"绘图"面板中的"直线"
按钮 ，连接矩形的对角线，将矩形分为 4 部分，如图 3-51 所示。

图 3-49　电话分线箱符号　　　　　　图 3-50　绘制矩形　　　　　　图 3-51　平分矩形

（3）填充矩形。单击"默认"选项卡"绘图"面板中的"图案填充"按钮 ，选择需要填
充的图形进行填充，命令行提示与操作如下。

```
命令:_hatch
拾取内部点或 [选择对象(S)/放弃(U)/设置(T)]: 正在选择所有对象...（选择填充区域，将填充图案设
置为SOLID，填充比例设置为1，角度设置为0，如图3-52所示）
正在选择所有可见对象...
正在分析所选数据...
```

正在分析内部孤岛...

拾取内部点或 [选择对象(S)/放弃(U)/设置(T)]:

结果如图 3-49 所示。

图 3-52　"图案填充创建"选项卡

注意

　　如果填充的图形需要修改，可以选择菜单栏中的"修改"→"对象"→"图案填充"命令，选择填充的图形，打开"图案填充编辑"对话框，如图 3-53 所示，修改参数。

图 3-53　"图案填充编辑"对话框

3.5　多段线与样条曲线

　　多段线是一种由线段和圆弧组合而成的不同线宽的多线，这种线由于其组合形式多样和线宽变化，弥补了直线或圆弧功能的不足，适合绘制各种复杂的图形轮廓，因此得到了广泛的应用。

【预习重点】

☑ 比较多段线与直线、圆弧组合体的差异。

☑ 了解"多段线"和"样条曲线"命令的选项含义。

☑ 了解如何编辑多段线。

3.5.1 多段线

【执行方式】

☑ 命令行：pline（快捷命令为 pl）。

☑ 菜单栏：选择菜单栏中的"绘图"→"多段线"命令。

☑ 工具栏：单击"绘图"工具栏中的"多段线"按钮┌⊃。

☑ 功能区：单击"默认"选项卡"绘图"面板中的"多段线"按钮┌⊃。

【操作步骤】

执行上述任一操作后，命令提示行与操作如下。

命令:_pline
指定起点: (指定多段线的起点)
当前线宽为 0.0000
指定下一个点或 [圆弧(A)/半宽(H)/长度(L)/放弃(U)/宽度(W)]:（指定多段线的下一个点）

【选项说明】

多段线主要由不同长度的连续线段或圆弧组成，如果在上述提示中选择"圆弧"选项，则命令行提示如下。

指定圆弧的端点（按住 Ctrl 键以切换方向）或 [角度(A)/圆心(CE)/方向(D)/半宽(H)/直线(L)/半径(R)/第二个点(S)/放弃(U)/宽度(W)]:
绘制圆弧的方法与"圆弧"命令相似。

🎓 高手支招

执行"多段线"命令时，如坐标输入错误，不必退出命令，重新绘制，按下面命令行输入。
指定下一点或 [圆弧(A)/闭合(C)/半宽(H)/长度(L)/放弃(U)/宽度(W)]: 0,600（操作出错，但已按Enter键，出现下一行命令）
指定下一点或 [圆弧(A)/闭合(C)/半宽(H)/长度(L)/放弃(U)/宽度(W)]: U（放弃，表示上一步操作出错）
指定下一点或 [圆弧(A)/闭合(C)/半宽(H)/长度(L)/放弃(U)/宽度(W)]: @0,600（输入正确坐标，继续进行下步操作）

3.5.2 操作实例——绘制单极拉线开关符号

本实例绘制图 3-54 所示的单极拉线开关符号。操作步骤如下。

（1）绘制多段线。单击"默认"选项卡"绘图"面板中的"多段线"按钮┌⊃，按命令行提示绘制多段线，如图 3-55 所示。命令行提示与操作如下。

```
命令: _pline
指定起点: 11,1
当前线宽为 0.0000
指定下一个点或 [圆弧(A)/半宽(H)/长度(L)/放弃(U)/宽度(W)]: 5,-5
指定下一点或 [圆弧(A)/闭合(C)/半宽(H)/长度(L)/放弃(U)/宽度(W)]: A
指定圆弧的端点(按住Ctrl键以切换方向)或 [角度(A)/圆心(CE)/闭合(CL)/方向(D)/半宽(H)/直线(L)/半
径(R)/第二个点(S)/放弃(U)/宽度(W)]: R
指定圆弧的半径: 5
指定圆弧的端点(按住Ctrl键以切换方向)或 [角度(A)]: -5,-5
指定圆弧的端点(按住Ctrl键以切换方向)或 [角度(A)/圆心(CE)/闭合(CL)/方向(D)/半宽(H)/直线(L)/半
径(R)/第二个点(S)/放弃(U)/宽度(W)]: L
指定下一点或 [圆弧(A)/闭合(C)/半宽(H)/长度(L)/放弃(U)/宽度(W)]: -11,1
指定下一点或 [圆弧(A)/闭合(C)/半宽(H)/长度(L)/放弃(U)/宽度(W)]:
```

图 3-54　单极拉线开关符号　　　　　　　　图 3-55　拉线开关

（2）绘制直线。单击"默认"选项卡"绘图"面板中的"直线"按钮 ，指定直线坐标点（10,0）、（−10,0）和（0,0）、（@0,13），最终结果如图 3-54 所示。

3.5.3　样条曲线

AutoCAD 在使用中有一种被称为"非一致有理 B 样条（NURBS）曲线"的特殊样条曲线。NURBS 曲线在控制点之间产生一条光滑的曲线，如图 3-56 所示。样条曲线可用于创建形状不规则的曲线，例如，应用在地理信息系统（GIS）中的曲线或在汽车设计中绘制的轮廓线都为NURBS 曲线。

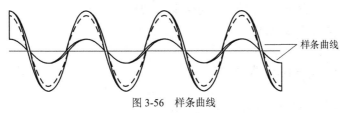

样条曲线

图 3-56　样条曲线

【执行方式】

- ☑　命令行：spline。
- ☑　菜单栏：选择菜单栏中的"绘图"→"样条曲线"命令。
- ☑　工具栏：单击"绘图"工具栏中的"样条曲线"按钮 。
- ☑　功能区：单击"默认"选项卡"绘图"面板中的"样条曲线拟合"按钮 或"样条曲线控制点"按钮 ，如图 3-57 所示。

图 3-57　"绘图"面板

【操作步骤】

执行上述任一操作后，命令行提示与操作如下。

命令：_spline
当前设置：方式=拟合　　节点=弦
指定第一个点或 [方式(M)/节点(K)/对象(O)]:[指定一点或选择"对象（O）"选项]
输入下一个点或 [起点切向(T)/公差(L)]:（指定第二点）
输入下一个点或 [端点相切(T)/公差(L)/放弃(U)]:（指定第三点）
输入下一个点或 [端点相切(T)/公差(L)/放弃(U)/闭合(C)]: C

【选项说明】

（1）对象（O）：将二维或三维的二次或三次样条曲线的拟合多段线转换为等价的样条曲线，然后（根据 DelOBJ 系统变量的设置）删除该拟合多段线。

（2）起点切向（T）：定义样条曲线的第一点和最后一点的切向。

如果在样条曲线的两端都指定切向，可以通过输入一个点或使用"切点"和"垂足"对象来捕捉模式使样条曲线与已有的对象相切或垂直。如果按 Enter 键，AutoCAD 将计算默认切向。

（3）公差（L）：使用新的公差值将样条曲线重新拟合至现有的拟合点。

（4）闭合（C）：将最后一点定义为与第一点一致，并使它在连接处与样条曲线相切，这样可以闭合样条曲线。选择该项，系统继续提示如下。

指定切向：（指定点或按Enter键）

用户可以指定一点来定义切向矢量，或者通过使用"切点"和"垂足"对象来捕捉模式使样条曲线与现有对象相切或垂直。

3.5.4　操作实例——绘制信号源符号

绘制图 3-58 所示的信号源符号。操作步骤如下。

（1）单击"默认"选项卡"绘图"面板中的"圆"按钮⊙，绘制圆心在原点、半径为 5mm 的圆。

（2）单击"默认"选项卡"绘图"面板中的"直线"按钮／，绘制两条水平直线，指定直线坐标点为（-5,0）、（-20,0）和（5,0）、（20,0），如图 3-59 所示。

图 3-58　信号源符号　　　　　　　　　　图 3-59　绘制直线

（3）单击"默认"选项卡"绘图"面板中的"样条曲线拟合"按钮 ，绘制所需曲线，命令行提示与操作如下。

```
命令：_spline
当前设置：方式=拟合　　节点=弦
指定第一个点或 [方式(M)/节点(K)/对象(O)]：（-4,-1）
输入下一个点或 [起点切向(T)/公差(L)]：（-1,1）
输入下一个点或 [端点相切(T)/公差(L)/放弃(U)]：（1.5,-1）
输入下一个点或 [端点相切(T)/公差(L)/放弃(U)/闭合(C)]：（4,1）
输入下一个点或 [端点相切(T)/公差(L)/放弃(U)/闭合(C)]：✓
```

最终结果如图 3-58 所示。

3.6　多线

多线是一种复合线，由连续的直线段复合组成。这种线的一个突出的优点是能够提高绘图效率，为了保证图线之间的统一性，建筑墙体的设置过程中会经常用到此命令。

【预习重点】

☑　观察绘制的多线。

☑　了解多线的不同样式。

☑　观察如何编辑多线。

3.6.1　绘制多线

【执行方式】

☑　命令行：mline。

☑　菜单栏：选择菜单栏中的"绘图"→"多线"命令。

【操作步骤】

执行上述任一操作后，命令行提示与操作如下。

```
命令：_mline
当前设置：对正 = 上，比例 = 20.00，样式 = STANDARD
指定起点或 [对正(J)/比例(S)/样式(ST)]：（指定起点）
指定下一点：（指定下一点）
指定下一点或 [放弃(U)]：（继续给定下一点绘制线段。输入"U"，则放弃前一段的绘制；单击鼠标
右键或按Enter键，结束命令）
指定下一点或 [闭合(C)/放弃(U)]：（继续给定下一点绘制线段。输入"C"，则闭合线段，结束命令）
```

【选项说明】

（1）对正（J）：该项用于给定绘制多线的基准。共有 3 种对正类型分别为"上""无"和"下"。其中，"上"表示以多线上侧的线为基准，依此类推。

（2）比例（S）：选择该项，要求用户设置平行线的间距。输入值为 0 时，平行线重合；值为负时，多线的排列倒置。

（3）样式（ST）：该项用于设置当前使用的多线样式。

3.6.2　定义多线样式

【执行方式】

☑　命令行：mlstyle。

☑　菜单栏：选择菜单栏中的"格式"→"多线样式"命令。

【操作步骤】

执行该命令后，弹出图 3-60 所示的"多线样式"对话框。在该对话框中，用户可以对多线样式进行定义、保存和加载等操作。

图 3-60　"多线样式"对话框

3.6.3　编辑多线

【执行方式】

☑　命令行：mledit。

☑　菜单栏：选择菜单栏中的"修改"→"对象"→"多线"命令。

3.6.4　操作实例——绘制墙体符号

本实例绘制如图 3-61 所示的墙体符号。操作步骤如下。

（1）绘制辅助线。单击"默认"选项卡"绘图"面板中的"构造线"按钮 ，绘制出一条水平构造线和一条竖直构造线，组成"十"字构造线，如图 3-62 所示。命令行提示与操作如下。

```
命令:_xline
指定点或 [水平(H)/垂直(V)/角度(A)/二等分(B)/偏移（O）]: O
指定偏移距离或 [通过(T)]<0.0000>: 4200
选择直线对象:（选择刚绘制的水平构造线）
指定向哪侧偏移:（指定上边一点）
选择直线对象:（继续选择刚绘制的水平构造线）
```

图 3-61　墙体符号

图 3-62　"十"字构造线

使用相同的方法将绘制得到的水平构造线依次向上偏移 5100mm、1800mm、3000mm，绘制的水平构造线如图 3-63 所示。用同样方法将绘制的垂直构造线依次向右偏移 3900mm、1800mm、2100mm、4500mm，结果如图 3-64 所示。

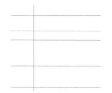

图 3-63　水平方向的主要辅助线

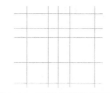

图 3-64　居室的辅助线网格

（2）定义多线样式。选择菜单栏中的"格式"→"多线样式"命令，系统打开"多线样式"对话框，在该对话框中单击"新建"按钮，系统打开"创建新的多线样式"对话框，在该对话框的"新样式名"文本框中输入"墙体线"，单击"继续"按钮。系统打开"新建多线样式：墙体线"对话框，进行如图 3-65 所示的设置。

（3）绘制多线。选择菜单栏中的"绘图"→"多线"命令，绘制多线墙体。命令行提示与操作如下。

```
命令:_mline
当前设置: 对正 = 上, 比例 = 20.00, 样式 = STANDARD
指定起点或 [对正(J)/比例(S)/样式(ST)]:S
输入多线比例 <20.00>:1
当前设置: 对正 = 上, 比例 = 1.00, 样式 = STANDARD
指定起点或 [对正(J)/比例(S)/样式(ST)]:J
输入对正类型 [上(T)/无(Z)/下(B)] <上>:Z
当前设置: 对正 = 无, 比例 = 1.00, 样式 = STANDARD
指定起点或 [对正(J)/比例(S)/样式(ST)]:（在绘制的辅助线交点上指定一点）
指定下一点:（在绘制的辅助线交点上指定下一点）
指定下一点或 [放弃(U)]:（在绘制的辅助线交点上指定下一点）
指定下一点或 [闭合(C)/放弃(U)]:（在绘制的辅助线交点上指定下一点）
...
指定下一点或 [闭合(C)/放弃(U)]:C
```

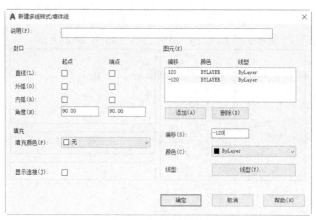

图 3-65　设置多线样式

　　用相同方法，根据辅助线网格绘制多线，绘制结果如图 3-66 所示。

　　（4）编辑多线。选择菜单栏中的"修改"→"对象"→"多线"命令，系统①打开"多线编辑工具"对话框，如图 3-67 所示。②选择其中的"T 形合并"选项，确认后，命令行提示与操作如下。

```
命令:_mledit
选择第一条多线:（选择多线）
选择第二条多线:（选择多线）
选择第一条多线或 [放弃(U)]:（选择多线）
…
选择第一条多线或 [放弃(U)]: ✓
```

　　用同样方法继续进行多线编辑，编辑的最终结果如图 3-61 所示。

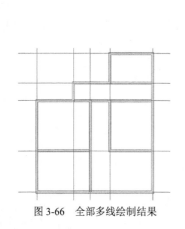

图 3-66　全部多线绘制结果

图 3-67　"多线编辑工具"对话框

3.7　综合演练——绘制简单电路图

　　绘制图 3-68 所示的简单电路图，操作步骤如下。

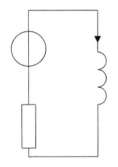

图 3-68　简单的振荡回路

⭐ **手把手教你学**

本实例先绘制电感及其导线，从而确定整个回路及电气符号的大体尺寸和位置。然后绘制电阻符号，再绘制电源符号，最后绘制剩余导线和箭头。绘制过程中要用到直线、多边形、圆、矩形和多段线等命令。

（1）单击"默认"选项卡"绘图"面板中的"多段线"按钮⌐ ⌐，绘制电感符号及其相连导线，命令行提示与操作如下。

```
命令: _pline
指定起点: 0,66
当前线宽为 0.0000
指定下一个点或 [圆弧(A)/半宽(H)/长度(L)/放弃(U)/宽度(W)]: 0,60
指定下一点或 [圆弧(A)/闭合(C)/半宽(H)/长度(L)/放弃(U)/宽度(W)]: A
指定圆弧的端点(按住 Ctrl 键以切换方向)或 [角度(A)/圆心(CE)/闭合(CL)/方向(D)/半宽(H)/直线(L)/半径(R)/第二个点(S)/放弃(U)/宽度(W)]: S
指定圆弧上的第二个点: 5,55
指定圆弧的端点: 0,50
指定圆弧的端点(按住 Ctrl 键以切换方向)或 [角度(A)/圆心(CE)/闭合(CL)/方向(D)/半宽(H)/直线(L)/半径(R)/第二个点(S)/放弃(U)/宽度(W)]: S
指定圆弧上的第二个点: 5,45
指定圆弧的端点: 0,40
指定圆弧的端点(按住 Ctrl 键以切换方向)或 [角度(A)/圆心(CE)/闭合(CL)/方向(D)/半宽(H)/直线(L)/半径(R)/第二个点(S)/放弃(U)/宽度(W)]: S
指定圆弧上的第二个点: 5,35
指定圆弧的端点: 0,30
指定圆弧的端点(按住 Ctrl 键以切换方向)或 [角度(A)/圆心(CE)/闭合(CL)/方向(D)/半宽(H)/直线(L)/半径(R)/第二个点(S)/放弃(U)/宽度(W)]:
指定下一点或 [圆弧(A)/闭合(C)/半宽(H)/长度(L)/放弃(U)/宽度(W)]: 0,0
指定下一点或 [圆弧(A)/闭合(C)/半宽(H)/长度(L)/放弃(U)/宽度(W)]: -40,0
指定下一点或 [圆弧(A)/闭合(C)/半宽(H)/长度(L)/放弃(U)/宽度(W)]: -40,5
指定下一点或 [圆弧(A)/闭合(C)/半宽(H)/长度(L)/放弃(U)/宽度(W)]: ↙
```

结果如图 3-69 所示。

（2）单击"默认"选项卡"绘图"面板中的"矩形"按钮 ⌐⌐，绘制电阻符号，矩形角点坐标分别为（-44,5）、（-36,30），结果如图 3-70 所示。

图 3-69　绘制电感及其导线

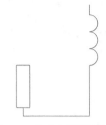

图 3-70　完成电阻符号绘制

（3）单击"默认"选项卡"绘图"面板中的"直线"按钮 ∕，以矩形上边中点为起点绘制导线，依次指定下一点直线的坐标分别为（-40,84）、（0,84）、（0,69），绘制完成后如图 3-71 所示。

（4）单击"默认"选项卡"绘图"面板中的"多边形"按钮 ⬠，绘制箭头符号。如图 3-72 所示。命令行提示与操作如下。

```
命令: _polygon
输入侧面数 <4>: 3
指定正多边形的中心点或 [边(E)]: 0,68
输入选项 [内接于圆(I)/外切于圆(C)] <I>: ↙
指定圆的半径:（用鼠标光标捕捉连接电感符号的直线上端点）
```

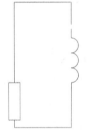

图 3-71　绘制导线

图 3-72　绘制箭头符号

（5）单击"默认"选项卡"绘图"面板中的"图案填充"按钮 ▨，设置填充图案为 SOLID，填充比例为 1，角度为 0，选择刚绘制的多边形图形进行填充。

（6）单击"默认"选项卡"绘图"面板中的"圆"按钮 ⊙，绘制圆心坐标为（-40,62），半径为 10mm 的电源符号，最终结果如图 3-68 所示。

🪛 举一反三

　　由于所绘制的直线、多段线和圆弧都首尾相连或水平对齐，所以要求读者在指定相应点时要细心。现在操作起来可能稍有难度，在后面章节中学习了精确绘图的相关知识后这样的操作便会变简单。

3.8　名师点拨——大家都来讲绘图

1. 多段线的宽度设置

当多段线的宽度不为 0 时，打印时就按此线宽打印。如果该多段线的宽度太小，就无法显示宽度效果（如以毫米为单位绘图，将多段线宽度设置为 10，当用 1∶100 的比例打印时，呈现出的线宽就是 0.1mm）。所以多段线的宽度设置须考虑打印比例。宽度为 0 时，可按对象特性来设置（与其他对象一样）。

2．如何快速执行使用过的命令

默认情况下，按空格键或 Enter 键表示重复执行 AutoCAD 的上一个命令，故在连续采用同一个命令操作时，只需连续按空格键即可，而无须费时费力地接连单击同一个命令。

同时按下键盘右侧的"←"键和"↑"键，则在命令行中显示上步执行的命令，松开其中一键，继续按下另外一键，显示倒数第二步执行的命令，继续按键，依次类推。反之，则按下"→"键和"↑"键。

3.9 上机实验

【练习 1】绘制图 3-73 所示的电抗器符号。

【练习 2】绘制图 3-74 所示的暗装开关符号。

图 3-73　电抗器符号

图 3-74　暗装开关符号

3.10 模拟考试

1．可以有宽度的线有（　　）。

　　A．构造线　　　　　　B．多段线　　　　　　C．直线　　　　　　D．样条曲线

2．执行"样条曲线"命令后，（　　）选项用来输入曲线的偏差值。值越大，曲线离指定的点越远；值越小，曲线离指定的点越近。

　　A．闭合　　　　　　B．端点切向　　　　　　C．拟合公差　　　　　D．起点切向

3．以同一点作为正五边形的中心，圆的半径为 50mm，分别用 I 和 C 方式画的正五边形的间距为（　　）。

　　A．15.32　　　　　　B．9.55　　　　　　C．7.43　　　　　　D．12.76

4．利用 arc 命令刚刚结束绘制一段圆弧，现在执行 line 命令，提示"指定第一个点："时直接按 Enter 键，结果是（　　）。

　　A．继续提示"指定第一点："　　　　　　　　B．提示"指定下一点或 [放弃(U)]："

C．line 命令结束　　　　　　　　　　D．以圆弧端点为起点绘制圆弧的切线

5．重复使用刚执行的命令，按（　　）键。

A．Ctrl　　　　　　B．Alt　　　　　　C．Enter　　　　　　D．Shift

6．动手试操作一下，进行图案填充时，下面图案类型中不需要同时指定角度和比例的有（　　）。

A．预定义　　　　　　B．用户定义　　　　　C．自定义

7．根据图案填充创建边界时，边界类型可能是（　　）。

A．多段线　　　　　　B．样条曲线　　　　　C．三维多段线　　　　　D．螺旋线

8．绘制图 3-75 所示的多种电源配电箱符号。

9．绘制图 3-76 所示的蜂鸣器符号。

图 3-75　多种电源配电箱符号

图 3-76　蜂鸣器符号

第4章

基本绘图工具

AutoCAD 提供了图层工具，对每个图层规定其颜色和线型，并把具有相同特征的图形对象放在同一层上绘制，这样绘图时不用分别设置对象的线型和颜色，不仅方便绘图，而且存储图形时只需存储几何数据和所在图层，既节省了存储空间，又提高了工作效率。为了快捷准确地绘制图形，AutoCAD 还提供了多种必要的辅助绘图工具，如工具条、对象选择工具、对象捕捉工具、栅格和正交模式等。利用这些工具，可以方便、迅速、准确地实现图形的绘制和编辑，不仅可提高工作效率，而且能进一步保证图形的质量。

4.1 精确定位工具

精确定位工具指能够帮助用户快速准确地定位某些特殊点（如端点、中点、圆心等）和特殊位置（如水平位置、垂直位置）的工具。精确定位工具主要集中在状态栏上，图 4-1 所示为默认状态下的状态栏按钮。

模型 ⊞ ⦂⦂⦂ ▾ ⌐ ⦿ ▾ ⫽ ▾ ∠ ▢ ▾ ⊫ ⫯ ⫷ ⫸ ⫶ 1:1 ▾ ✿ ▾ ╋ ⛶ ⬚ ☰

图 4-1　默认状态下的状态栏按钮

【预习重点】

☑　了解定位工具的应用。

☑　逐个对应各按钮与命令的相互关系。

☑　练习"正交模式""栅格""捕捉"按钮的应用。

4.1.1 捕捉模式

为了准确地在绘图区捕捉点，AutoCAD 提供了捕捉工具，可以在绘图区生成一个隐含的栅格（捕捉栅格），这个栅格能够捕捉光标，约束它只能落在栅格的某一个节点上，使用户能够高精度地捕捉和选择这个栅格上的点。本节主要介绍捕捉栅格的参数设置方法。

【执行方式】

☑ 菜单栏：选择菜单栏中的"工具"→"绘图设置"命令。
☑ 状态栏：单击状态栏中的"捕捉模式"按钮▦（仅限于打开与关闭）。
☑ 快捷键：F9（仅限于打开与关闭）。

【操作步骤】

选择菜单栏中的"工具"→"绘图设置"命令，打开"草图设置"对话框，选择"捕捉和栅格"选项卡，如图4-2所示。

【选项说明】

（1）"启用捕捉"复选框：控制捕捉功能的开关，与按F9键或单击状态栏上的"捕捉模式"按钮▦功能相同。

（2）"捕捉间距"选项组：设置捕捉参数，其中，"捕捉X轴间距"与"捕捉Y轴间距"文本框用于确定捕捉栅格点在水平和垂直两个方向上的间距。

图4-2 "捕捉和栅格"选项卡

（3）"极轴间距"选项组：该选项组只有在选择PolarSnap（极轴捕捉）捕捉类型时才可用。可在"极轴距离"文本框中输入距离值，也可以在命令行中输入"snap"，设置捕捉的有关参数。

（4）"捕捉类型"选项组：确定捕捉类型和样式。AutoCAD 2022提供了两种捕捉栅格的方式，即"栅格捕捉"和"PolarSnap"。"栅格捕捉"指按正交位置捕捉位置点，"PolarSnap"则可以根据设置的任意极轴角捕捉位置点。

"栅格捕捉"又分为"矩形捕捉"和"等轴测捕捉"两种方式。在"矩形捕捉"方式下捕捉栅格是标准的矩形，在"等轴测捕捉"方式下捕捉栅格和光标十字线不再互相垂直，而是成绘制等轴测图时的特定角度，这种方式对于绘制等轴测图十分方便。

4.1.2 栅格显示

用户可以应用栅格显示工具使绘图区显示网格，这是一个形象的画图工具，就像传统的坐标纸一样。本节介绍控制栅格显示及设置栅格参数的方法。

【执行方式】

☑ 菜单栏：选择菜单栏中的"工具"→"绘图设置"命令。
☑ 状态栏：单击状态栏中的"显示图形栅格"按钮▦（仅限于打开与关闭）。
☑ 快捷键：F7（仅限于打开与关闭）。

【操作步骤】

选择菜单栏中的"工具"→"绘图设置"命令或在"栅格显示"按钮上单击鼠标右键，系统打开"草图设置"对话框，选择"捕捉和栅格"选项卡，如图 4-2 所示。

其中，"启用栅格"选项用于控制是否显示栅格；"栅格 X 轴间距"和"栅格 Y 轴间距"文本框用于设置栅格在水平与垂直方向的间距。如果将"栅格 X 轴间距"和"栅格 Y 轴间距"设置为 0，则系统会自动将捕捉栅格间距应用于栅格，且其原点和角度总是与捕捉栅格的原点和角度相同。另外，还可以通过 grid 命令在命令行设置栅格间距。

🎓 **高手支招**

> 在"栅格间距"选项组下"栅格 X 轴间距"和"栅格 Y 轴间距"文本框中输入数值时，若在"栅格 X 轴间距"文本框中输入一个数值后按 Enter 键，系统将自动传送这个值给"栅格 Y 轴间距"，这样可减少工作量。

4.1.3　正交模式

在绘图过程中，经常需要绘制水平直线和垂直直线，但是用鼠标光标控制选择线段的端点时很难保证两个点严格水平或垂直，为此，AutoCAD 2022 提供了正交功能，当启用"正交模式"时，画线或移动对象时只能沿水平方向或垂直方向移动光标，也只能绘制平行于坐标轴的正交线段。

【执行方式】

- ☑ 命令行：ortho。
- ☑ 状态栏：单击状态栏中的"正交限制光标"按钮 ⌐ 。
- ☑ 快捷键：F8。

【操作步骤】

执行上述任一操作后，命令行提示与操作如下。
命令:_ortho
输入模式 [开(ON)/关(OFF)] <开>:（设置开或关）

🎓 **高手支招**

> "正交模式"必须依托于其他绘图工具，才能显示其功能效果。

4.2　对象捕捉工具

在利用 AutoCAD 画图时经常要用到一些特殊的点，如圆心、切点、线段或圆弧的端点、中点等，但是如果用鼠标拾取这些点，要准确地找到这些点是十分困难的。为此，AutoCAD 提供了对象捕捉工具，通过这些工具可轻易地找到这些点。

【预习重点】

- ☑ 了解捕捉对象范围。
- ☑ 练习如何打开捕捉。
- ☑ 了解对象捕捉在绘图过程中的应用。

4.2.1 对象捕捉设置

在绘图之前，用户可以根据需要事先开启一些对象捕捉模式，绘图时系统就能自动捕捉这些特殊点，从而加快绘图速度，提高绘图质量。

【执行方式】

- ☑ 命令行：ddosnap。
- ☑ 菜单栏：选择菜单栏中的“工具”→“绘图设置”命令。
- ☑ 工具栏：单击“对象捕捉”工具栏中的“对象捕捉设置”按钮。
- ☑ 状态栏：单击状态栏中的“对象捕捉”按钮（仅限于打开与关闭）。
- ☑ 快捷键：F3（仅限于打开与关闭）。
- ☑ 快捷菜单：按Shift键的同时单击鼠标右键，在弹出的快捷菜单中选择“对象捕捉设置”命令。

【操作步骤】

选择菜单栏中的“工具”→“绘图设置”命令，打开“草图设置”对话框，选择“对象捕捉”选项卡，如图4-3所示。

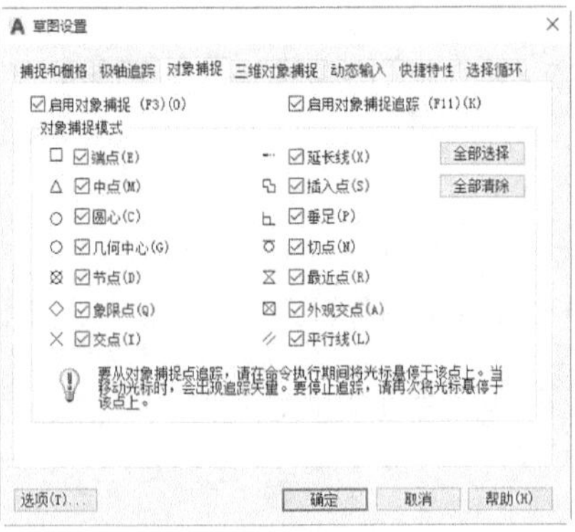

图4-3 “对象捕捉”选项卡

【选项说明】

（1）“启用对象捕捉”复选框：选中该复选框，在“对象捕捉模式”选项组中选中的捕捉模式处于激活状态。

（2）“启用对象捕捉追踪”复选框：用于打开或关闭自动追踪功能。

（3）“对象捕捉模式”选项组：此选项组中列出各种捕捉模式的复选框，被选中的复选框处于激活状态。单击“全部清除”按钮，则所有模式均被清除。单击“全部选择”按钮，则所有模式均被选中。

（4）"选项"按钮：单击该按钮可以打开"选项"对话框的"草图"选项卡，利用该对话框可决定捕捉模式的各项设置。

4.2.2　操作实例——绘制双路单极开关符号

本实例绘制如图 4-4 所示的双路单极开关符号。操作步骤如下。

（1）绘制圆。单击"默认"选项卡"绘图"面板中的"圆"按钮 ⊙，以原点为圆心绘制一个半径为 1mm 的圆。

（2）设置对象捕捉。❶在状态栏上单击对象捕捉右侧的小三角形，❷在弹出的下拉菜单中单击"对象捕捉设置"按钮，如图 4-5 所示。❸打开"草图设置"对话框，如图 4-6 所示。

图 4-4　双路单极开关符号　　　图 4-5　下拉菜单　　　图 4-6　"草图设置"对话框

（3）绘制折线 1、2、3。单击"默认"选项卡"绘图"面板中的"直线"按钮 ／，在"对象捕捉"绘图方式下，用鼠标捕捉圆右上角一点，将其作为起点，分别绘制长度为 3mm 和 1mm，且与水平方向成 60°角的斜线 1 和斜线 2，如图 4-7（a）所示；重复"直线"命令，以斜线 1 的终点为起点，绘制长度为 1mm、与斜线成 90°角的斜线 3，如图 4-7（b）所示。

（4）绘制折线 4。单击"默认"选项卡"绘图"面板中的"直线"按钮 ／，在斜线 3 上捕捉终点，绘制平行于斜线 2 的斜线 4，效果如图 4-7（c）所示，即为绘制完成的双路单极开关符号。

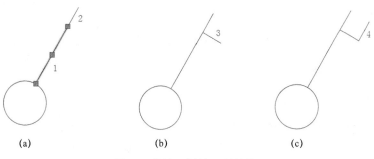

（a）　　　　　　　（b）　　　　　　　（c）

图 4-7　绘制双路单极开关符号

4.2.3　特殊位置点捕捉

在绘制 AutoCAD 图形时，有时需要指定一些特殊位置的点，例如圆心、端点、中点、平行线上的点等，这些点如表 4-1 所示。用户可以通过对象捕捉功能来捕捉这些点。

表 4-1　特殊位置点捕捉

捕捉模式	命令	功能
临时追踪点	tt	建立临时追踪点
两点之间的中点	m2p	捕捉两个独立点之间的中点
捕捉自	from	建立一个临时参考点，作为指出后继点的基点
点过滤器	x（y、z）	由坐标选择点
端点	endp	线段或圆弧的端点
中点	mid	线段或圆弧的中点
交点	int	线、圆弧或圆的交点
外观交点	appint	图形对象在视图平面上的交点
延长线	ext	指定对象的延伸线
圆心	cen	圆或圆弧的圆心
象限点	qua	距光标最近的圆或圆弧上可见部分的象限点，即圆周上 0°、90°、180° 和 270° 位置上的点
切点	tan	最后生成的一个点到选中的圆或圆弧上引切线的切点位置
垂足	per	在线段、圆、圆弧或其延长线上捕捉一个点，使之与最后生成的点的连线与该线段、圆或圆弧正交
平行线	par	绘制与指定对象平行的图形对象
节点	nod	捕捉用_point 或_divide 等命令生成的点
插入点	ins	文本对象和图块的插入点
最近点	nea	离拾取点最近的线段、圆、圆弧等对象上的点
无	non	关闭对象捕捉模式
对象捕捉设置	osnap	设置对象捕捉

AutoCAD 提供了命令行、工具栏和右键快捷菜单 3 种执行特殊点对象捕捉的方法。

1. 命令方式

绘图时，当命令行提示输入一点时，输入相应特殊位置点命令，如表 4-1 所示，然后根据提示操作即可。

2. 工具栏方式

使用图 4-8 所示的"对象捕捉"工具栏，用户可以更方便地实现捕捉点的目的。当命令行提示输入一点时，从"对象捕捉"工具栏上单击相应的按钮。当把光标放在某一图标上时，会显示出该图标功能的提示，根据提示操作即可。

图 4-8 "对象捕捉"工具栏

3. 快捷菜单方式

快捷菜单可通过同时按 Shift 键和单击鼠标右键来激活，菜单中列出了 AutoCAD 2022 提供的对象捕捉模式，如图 4-9 所示。操作方法与工具栏相似，只要在 AutoCAD 提示输入点时选择快捷菜单中相应的命令，然后按提示操作即可。

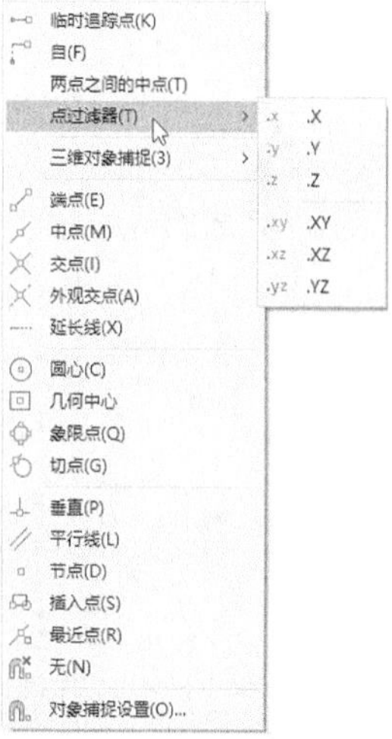

图 4-9 "对象捕捉"快捷菜单

4.2.4 操作实例——绘制简单电路

绘制图 4-10 所示的简单电路。操作步骤如下。

（1）单击状态栏中的"正交模式"按钮打开该功能，然后单击"默认"选项卡"绘图"面板中的"矩形"按钮 □，绘制一个角点坐标为（28,97）、（39,70）的矩形，表示操作器件符号。

（2）单击状态栏中的"对象捕捉"按钮打开该功能，然后单击"默认"选项卡"绘图"面板中的"直线"按钮 ╱，将光标放在刚绘制的矩形的左下角端点附近，往下移动鼠标，这时系统显示一条追踪线，如图 4-11 所示，表示目前光标处于矩形左边下方的延长线上，并在命令行中输入 15mm，按 Enter 键确定直线起点，向下绘制长度为 14mm 的竖直直线。

（3）单击状态栏中的"对象捕捉追踪"按钮打开该功能，再单击"默认"选项卡"绘图"面板中的"直线"按钮 ╱，将光标放在刚绘制的竖线的上端，往右移动鼠标，这时，系统显示一条起点追踪线，如图 4-12 所示，表示目前光标处于过竖线上端点的水平线上，在命令行中输入 11mm，按 Enter 键确定直线起点。

（4）将光标放在刚绘制的竖线的下端，往右移动鼠标，这时，系统也显示一条终点追踪线，如图 4-13 所示，表示目前光标处于过竖线下端点的水平线上，在刚绘制的直线起点的正下方指定一点并单击，这样系统就捕捉到直线的终点，并使该直线竖直，同时起点和终点与前面绘制的竖线的起点和终点在同一水平线上。这样，就完成了电容符号的绘制。

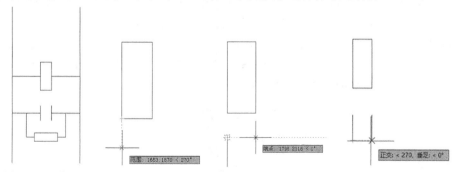

图 4-10 简单电路　图 4-11 显示追踪线　图 4-12 显示起点追踪线　图 4-13 显示终点追踪线

（5）单击"默认"选项卡"绘图"面板中的"矩形"按钮 □，绘制一个角点坐标为（22,29）、（45,21）的矩形，表示电阻符号，如图 4-14 所示。

（6）单击"默认"选项卡"绘图"面板中的"直线"按钮 ╱，在绘制的电气符号两侧绘制两条点坐标为[（0,0）、（@0,150）]、[（67,0）、（@0,150）]的竖向直线，表示导线主线，如图4-15所示。

（7）单击状态栏中的"对象捕捉"按钮打开该功能，并将所有特殊位置点设置为可捕捉点。

（8）左边中点为直线起点，如图4-16所示。捕捉左边导线主线上一点，将其作为直线终点，如图4-17所示。

（9）使用同样的方法，利用"直线"命令绘制操作器件和电容的连接导线及电阻的连接导线，捕捉电阻符号矩形左侧边的中点为电阻导线的起点，终点为电容连线上的垂足，如图4-18所示。完成的导线绘制如图4-1所示。

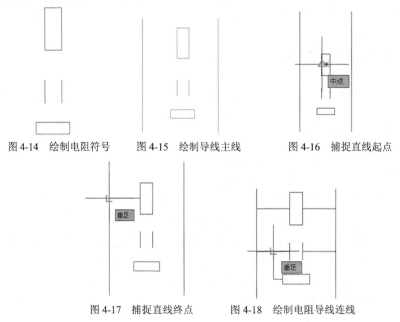

图4-14　绘制电阻符号　　　图4-15　绘制导线主线　　　图4-16　捕捉直线起点

图4-17　捕捉直线终点　　　图4-18　绘制电阻导线连线

4.3　图层设计

图层的概念类似于投影片的概念，将不同属性的对象分别放置在不同的投影片（图层）上。例如，将图形的中心线其他主要线段、尺寸标注等分别绘制在不同的图层上，每个图层可设定不同的线型、线条颜色，然后把不同的图层堆栈在一起成为一张完整的视图，这样可使视图层次分明，方便对图形对象进行编辑与管理。一个完整的图形是由它所包含的所有图层上的对象叠加在一起构成的，如图4-19所示。

图4-19　图层效果

【预习重点】

- ☑　建立图层概念。
- ☑　练习图层命令设置。

4.3.1　设置图层

1. 图层特性管理器

AutoCAD 2022 提供了详细直观的"图层特性管理器"选项板，用户可以方便地通过对该选项板中的各选项及其二级选项板进行设置，从而实现建立新图层、设置图层颜色及设置线型等各种操作。

【执行方式】

- ☑　命令行：layer。
- ☑　菜单栏：选择菜单栏中的"格式"→"图层"命令。
- ☑　工具栏：单击"图层"工具栏中的"图层特性管理器"按钮 。
- ☑　功能区：单击"默认"选项卡"图层"面板中的"图层特性"按钮 或单击"视图"选项卡"选项板"面板中的"图层特性"按钮 。

【操作步骤】

执行上述任一操作后，系统打开图 4-20 所示的"图层特性管理器"选项板。

图 4-20　"图层特性管理器"选项板

【选项说明】

（1）"新建特性过滤器"按钮 ：单击该按钮，可打开"图层过滤器特性"对话框，如图 4-21 所示。从中可以基于一个或多个图层特性创建图层过滤器。

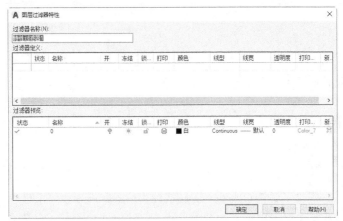

图 4-21   "图层过滤器特性"对话框

（2）"新建组过滤器"按钮▢：单击该按钮，可创建一个"组过滤器"，其中包含用户选定并添加到该过滤器的图层。

（3）"图层状态管理器"按钮▢：单击该按钮，可打开"图层状态管理器"对话框，如图 4-22 所示。从中用户可以将图层的当前特性保存到命名图层状态中，以后可以再恢复这些设置。

（4）"新建图层"按钮▢：单击该按钮，图层列表中会出现一个新的图层名称"图层 1"，用户可使用此名称，也可修改名称。要想同时创建多个图层，可双击一个图层的名称使其可编辑，然后在图层名称栏处输入多个名称，各名称之间以逗号分隔。图层的名称可以包含字母、数字、空格和特殊符号，AutoCAD 2022 支持长

图 4-22   "图层状态管理器"对话框

达 255 个字符的图层名称。新的图层继承了创建新图层时所选中的已有图层的所有特性（颜色、线型、开/关状态等），如果新建图层时没有图层被选中，则新图层具有默认的设置。

（5）"在所有视口中都被冻结的新图层视口"按钮▢：单击该按钮，将创建新图层，然后在所有现有布局视口中将其冻结。用户可以在"模型"空间或"布局"空间上访问此按钮。

（6）"删除图层"按钮▢：在图层列表中选中某一图层，单击该按钮，该图层被删除。

（7）"置为当前"按钮▢：在图层列表中选中某一图层，单击该按钮，则把该图层设置为当前图层，并在"当前图层"列中显示其名称。当前层的名称存储在系统变量 CLAYER 中。另外，双击图层名也可将其设置为当前图层。

（8）"搜索图层"文本框：输入字符时，按名称快速过滤图层列表。关闭图层特性管理器时并不保存此过滤器。

（9）"过滤器"列表：显示图形中的图层过滤器列表。单击按钮 《 和按钮 》 可展开或收拢过滤器列表。当"过滤器"列表处于收拢状态时，应使用位于图层特性管理器左下角的"展开或收拢弹出图层过滤器树"按钮▢ ▾来显示过滤器列表。

（10）"反转过滤器"复选框：选中该复选框，显示所有不满足选定图层特性过滤器中条件的图层。

（11）图层列表区：显示已有的图层及其特性。要修改某一图层的某一特性，单击其所对应的图标即可。或在空白区域单击鼠标右键利用快捷菜单可快速选中所有图层。列表区中各列的含义如下。

① 状态：指示项目的类型，有图层过滤器、正在使用的图层、空图层或当前图层 4 种。

② 名称：显示满足条件的图层名称。如果要对某图层进行修改，首先要选中该图层的名称。

③ 状态转换图标：在"图层特性管理器"对话框的名称栏分别有一列图标，单击图标可以打开或关闭该图标所代表的功能，或从详细数据区中选中或取消选中"关闭"（💡/💡）、"锁定"（🔓/🔒）、"在所有视口内冻结"（☀/❄）、"不打印"（🖨/🖨）等项目。

各图标功能说明如表 4-2 所示。

表 4-2　各图标功能

图示	名称	功能
💡/💡	打开/关闭	将图层设定为打开或关闭状态，当呈现关闭状态时，该图层上的所有对象将隐藏不显示，只有打开状态的图层会在屏幕上显示或由打印机打印出来。因此，绘制复杂的视图时，先暂时关闭不编辑的图层，可降低图形的复杂性。而打开/关闭（💡/💡）功能只是单纯地将对象隐藏，因此并不会提高执行速度。图 4-23（a）和图 4-23（b）所示分别表示文字标注图层打开和关闭的情形
☀/❄	解冻/冻结	将图层设定为解冻或冻结状态。当图层呈现冻结状态时，该图层上的对象均不会显示在屏幕上或由打印机输出，而且不会执行重生（regen）、缩放（zoom）、平移（pan）等命令的操作，因此若将视图中不编辑的图层暂时冻结，可提高执行绘图编辑的速度。需要注意的是若图层被设置为当前图层，则其不能被冻结
🔓/🔒	解锁/锁定	将图层设定为解锁或锁定状态。被锁定的图层仍然显示在画面上，但不能以编辑命令修改被锁定的对象，只能绘制新的对象，如此可防止重要的图形被修改
🖨/🖨	打印/不打印	设定该图层是否可以打印图形
🖼/🖼	新视口解冻/冻结	在新布局视口中冻结选定的图层。例如，在所有新视口中冻结 DIMENSIONS 图层，将在所有新创建的布局视口中限制该图层上的标注显示，但不会影响现有视口中的 DIMENSIONS 图层。如果以后创建了需要标注的视口，则可以通过更改当前视口设置来替代默认设置

(a) 打开　　　　　　　　　　　　　　　(b) 关闭

图 4-23　打开或关闭"文字标注"图层

④ 颜色：显示和改变图层的颜色。如果要改变某一层的颜色，单击其对应的颜色图标，打开图 4-24 所示的"选择颜色"对话框，用户可从中选取需要的颜色。

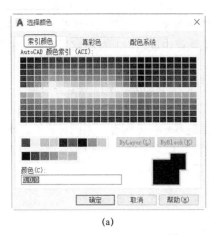
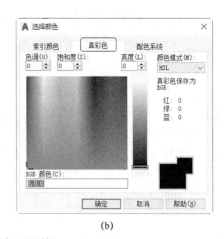

(a)   (b)

图 4-24　"选择颜色"对话框

⑤ 线型：显示和修改图层的线型。如果要修改某一层的线型，单击该层的"线型"项，打开"选择线型"对话框，如图 4-25 所示，其中列出了当前可用的线型，用户可从中选取。将在 4.3.2 节中详细介绍相关内容。

⑥ 线宽：显示和修改图层的线宽。如果要修改某一层的线宽，单击该层的"线宽"项，打开"线宽"对话框，如图 4-26 所示，其中列出了 AutoCAD 设定的线宽，用户可从中选取。其中，"线宽"列表框显示可以选用的线宽值，包括一些绘图时常用的线宽，用户可从中选取需要的线宽。"旧的"显示行显示前面赋予图层的线宽。当建立一个新图层时，采用默认线宽（其值为 0.01in，即 0.25mm），默认线宽的值由系统变量 LWDEFAULT 设置。"新的"显示行显示赋予图层的新的线宽。

⑦ 打印样式：修改图层的打印样式。打印样式取决于打印图形时各项属性的设置。

2．"特性"面板

AutoCAD 提供了一个"特性"面板，如图 4-27 所示。用户可以利用面板下拉列表框中的选项快速地查看和改变所选对象的图层、颜色、线型和线宽等特性。"特性"面板上的图层颜色、线型、线宽和打印样式的控制增强了查看和编辑对象属性的命令。在绘图屏幕上选择任何对象都将在面板上自动显示其所在图层、颜色、线型等属性。下面对"特性"面板各部分的功能进行简单说明。

图 4-25　"选择线型"对话框　　　图 4-26　"线宽"对话框　　　图 4-27　"特性"面板

（1）"对象颜色"下拉列表框：单击右侧的向下箭头，弹出下拉列表，用户可从中选择一项作为当前颜色，如果选择"更多颜色"选项，AutoCAD 打开"选择颜色"对话框以选择其他颜色。

修改颜色之后，无论在哪个图层上绘图都采用这种颜色，但对各个图层的颜色设置没有影响。

（2）"线型"下拉列表框：单击右侧的向下箭头，弹出下拉列表，用户可从中选择某一线型作为当前线型。修改线型之后，无论在哪个图层上绘图都采用这种线型，但对各个图层的线型设置没有影响。

（3）"线宽"下拉列表框：单击右侧的向下箭头，弹出一下拉列表，用户可从中选择一个线宽作为当前线宽。修改线宽之后，无论在哪个图层上绘图都采用这种线宽，但对各个图层的线宽设置没有影响。

（4）"打印样式"下拉列表框：单击右侧的向下箭头，弹出下拉列表，用户可从中选择一种打印样式作为当前打印样式。

4.3.2 图层的线型

在《机械制图 图样画法 图线》（GB/T 4457.4-2002）中，对机械图样中使用的各种图线的名称、线型、线宽及在图样中的应用作了规定，如表 4-3 所示，其中常用的图线有 4 种，即粗实线、细实线、虚线和细点划线。图线分为粗、细两种，粗线的宽度 b 应按图样的大小和图形的复杂程度，在 $0.5\sim2$mm 之间选择，细线的宽度约为 $b/2$。根据电气图的需要，一般只使用 4 种图线，如表 4-4 所示。

表 4-3 图线的线型及应用

单位：mm

图线名称	线型	线宽	主要用途
粗实线		$b=0.5\sim2$	可见轮廓线、可见过渡线
细实线		约 $b/2$	尺寸线、尺寸界线、剖面线、引出线、弯折线、牙底线、齿根线、辅助线等
细点划线		约 $b/2$	轴线、对称中心线、齿轮节线等
虚线		约 $b/2$	不可见轮廓线、不可见过渡线
波浪线		约 $b/2$	断裂处的边界线、剖视与视图的分界线
双折线		约 $b/2$	断裂处的边界线
粗点划线		b	有特殊要求的线或面的表示线
双点划线		约 $b/2$	相邻辅助零件的轮廓线、极限位置的轮廓线、假想投影的轮廓线

表 4-4 电气图用图线的线型及应用

图线名称	线型	线宽	主要用途
实线		约 $b/2$	基本线、简图主要内容用线、可见轮廓线、可见导线
点划线		约 $b/2$	分界线、结构图框线、功能图框线、分组图框线
虚线		约 $b/2$	辅助线、屏蔽线、机械连接线、不可见轮廓线、不可见导线、计划扩展内容用线
双点划线		约 $b/2$	辅助图框线

按照 4.3.1 节讲述的方法，打开"图层特性管理器"选项板，如图 4-20 所示。在图层列表的线型项下单击线型名，系统打开"选择线型"对话框。该对话框中主要选项的含义如下。

（1）"已加载的线型"列表框：显示在当前绘图中加载的线型，可供用户选用，其右侧显示出线型的形式。

（2）"加载"按钮：单击此按钮，打开"加载或重载线型"对话框，如图 4-28 所示，用户可通过此对话框加载线型并将其添加到线型列表中，不过加载的线型必须在线型库（LIN）文件中定义过。标准线型都保存在 acad.lin 文件中。

设置图层线型的方法如下。

【执行方式】

☑　命令行：linetype。

☑　功能区：单击"默认"选项卡"特性"面板中的"线型"下拉列表，选择"其他"选项。

在命令行输入上述命令后按 Enter 键，系统打开"线型管理器"对话框，如图 4-29 所示，用户可在该对话框中设置线型。该对话框中的选项含义与前面介绍的选项含义相同，此处不再赘述。

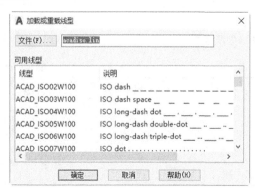

图 4-28　"加载或重载线型"对话框

图 4-29　"线型管理器"对话框

4.3.3　操作实例——绘制屏蔽同轴对符号

利用"图层"命令绘制如图 4-30 所示的屏蔽同轴对符号，操作步骤如下。

（1）新建两个图层。

实线层：设置"颜色"为黑色，"线型"为 Continuous，"线宽"为 0.25mm，其他属性保持默认设置。

虚线层：设置"颜色"为红色，"线型"为 ACAD_ISO02W100，"线宽"为 0.25mm，其他属性保持默认设置。具体方法如下。

① 单击"默认"选项卡"图层"面板中的"图层特性"按钮🗏，打开"图层特性管理器"选项板。

② 单击"新建"按钮🗐，创建一个新图层，把该图层的名字由默认的"图层 1"改为"实线"，如图 4-31 所示。

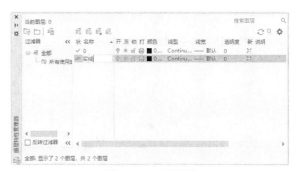

图 4-30 屏蔽同轴对符号   图 4-31 更改图层名

③ 单击"实线"图层对应的"线宽"项，打开"线宽"对话框，选择 0.25mm 的线宽，如图 4-32 所示，确认后退出。

④ 再次单击"新建"按钮，创建一个新图层，把该图层的名字命名为"虚线"。

⑤ 单击"虚线"图层对应的"颜色"项，打开"选择颜色"对话框，选择红色作为该层颜色，如图 4-33 所示，单击"确定"按钮后返回"图层特性管理器"选项板。

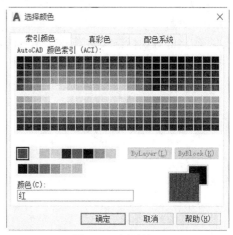

图 4-32 选择线宽   图 4-33 选择颜色

⑥ 单击"虚线"图层对应"线型"项，打开"选择线型"对话框，如图 4-34 所示。

⑦ 在"选择线型"对话框中，单击"加载"按钮，系统打开"加载或重载线型"对话框，选择 ACAD_ISO02W100 线型，如图 4-35 所示，单击"确定"按钮后返回"图层特性管理器"选项板。

⑧ 使用同样的方法将"虚线"层的线宽设置为 0.25mm。

（2）将"实线"图层设为当前图层，单击"默认"选项卡"绘图"面板中的"圆"按钮，以原点为圆心，绘制半径为 10mm 的圆，单击"默认"选项卡"绘图"面板中的"直线"按钮，绘制两条水平直线，指定直线坐标点为[（−60,0）、（@120,0）]、[（−10,−10）、（@20,0）]，如图 4-36 所示。

（3）将"虚线"图层设为当前图层，单击"默认"选项卡"绘图"面板中的"圆"按钮，以原点为圆心，绘制半径为 20mm 的圆。完成屏蔽同轴对符号的绘制，结果如图 4-30 所示。

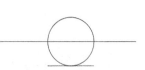

图 4-34　"选择线型"对话框　　　图 4-35　"加载或重载线型"对话框　　　图 4-36　绘制大体轮廓

4.4　对象约束

约束能够用于精确地控制草图中的对象。草图约束有两种类型：几何约束和尺寸约束。

几何约束建立起草图对象的几何特性（如要求某一直线具有固定长度）或是两个（或更多）草图对象的关系类型（如要求两条直线垂直或平行，或几个弧具有相同的半径）。在图形区用户可以使用"参数化"选项卡内的"全部显示""全部隐藏"或"显示"来显示有关信息，并显示代表这些约束的直观标记（如图 4-37 所示的水平标记 ═ 和共线标记 ）。

尺寸约束建立起草图对象的大小（如直线的长度、圆弧的半径等）或是两个对象之间的关系（如两点之间的距离）。图 4-38 所示为一个带有尺寸约束的示例。

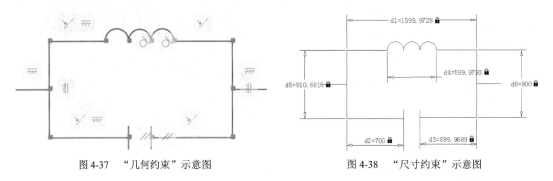

图 4-37　"几何约束"示意图　　　　　　图 4-38　"尺寸约束"示意图

【预习重点】

- ☑　了解对象约束菜单命令的使用。
- ☑　练习几何约束命令的执行方法。
- ☑　练习尺寸约束命令的执行方法。

4.4.1　几何约束

使用几何约束，用户可以指定草图对象必须遵守的条件，或是草图对象之间必须维持的关系。几何约束面板及工具栏（位于①"参数化"选项卡的②"几何"面板，如图 4-39 所示）其主要几何约束选项功能如表 4-5 所示。

图 4-39 "几何"面板及"几何约束"工具栏

表 4-5 几何约束选项功能

约束模式	功能
重合	约束两个点使其重合，或者约束一个点使其位于曲线（或曲线的延长线）上。可以使对象上的约束点与某个对象重合，也可以使其与另一对象上的约束点重合
共线	使两条或多条直线段沿同一直线方向
同心	将两个圆弧、圆或椭圆约束到同一个中心点。结果与将重合约束应用于曲线的中心点所产生的结果相同
固定	将几何约束应用于一对对象时，选择对象的顺序及选择每个对象的点可能会影响对象彼此间的放置方式
平行	使选定的直线位于彼此平行的位置。平行约束在两个对象之间应用
垂直	使选定的直线位于彼此垂直的位置。垂直约束在两个对象之间应用
水平	使直线或点对位于与当前坐标系的 X 轴平行的位置。默认选择类型为对象
竖直	使直线或点对位于与当前坐标系的 Y 轴平行的位置
相切	将两条曲线约束为保持彼此相切或其延长线保持彼此相切。相切约束在两个对象之间应用
平滑	将样条曲线约束为连续，并与其他样条曲线、直线、圆弧或多段线保持 G2 连续性
对称	使选定对象受对称约束，相对于选定直线对称
相等	将选定圆弧和圆的尺寸重新调整为半径相同，或将选定直线的尺寸重新调整为长度相同

在绘图过程中用户可指定二维对象或对象上的点之间的几何约束。之后编辑受约束的几何图形时，将保留约束。因此，通过使用几何约束，可以在图形中保留设计要求。

在绘图时，用户可以控制约束栏的显示，使用"约束设置"对话框，可控制约束栏上显示或隐藏的几何约束类型。可单独或全局显示/隐藏几何约束和约束栏。可执行以下操作。

（1）显示（或隐藏）所有的几何约束。

（2）显示（或隐藏）指定类型的几何约束。

（3）显示（或隐藏）所有与选定对象相关的几何约束。

【执行方式】

☑ 命令行：constraintsettings（csettings）。

☑ 菜单栏：选择菜单栏中的"参数"→"约束设置"命令。

☑ 工具栏：单击"参数化"工具栏中的"约束设置"按钮[☑]。

☑ 功能区：单击"参数化"选项卡"几何"面板中的"对话框启动器"按钮⏷。

【操作步骤】

选择菜单栏中的"参数"→"约束设置"命令，①打开"约束设置"对话框，②选择"几何"选项卡，如图 4-40 所示。

图 4-40　"几何"选项卡

【选项说明】

利用执行方式中的命令，系统打开"约束设置"对话框，该对话框中的"几何"选项卡如图 4-40 所示，利用该选项卡用户可以控制约束栏上约束类型的显示。

（1）"约束栏显示设置"选项组：此选项组控制图形编辑器中是否为对象显示约束栏或约束点标记。例如，可以为水平约束和竖直约束隐藏约束栏的显示。

（2）"全部选择"按钮：选择全部几何约束类型。

（3）"全部清除"按钮：清除所有选定的几何约束类型。

（4）"仅为处于当前平面中的对象显示约束栏"复选框：仅为当前平面上受几何约束的对象显示约束栏。

（5）"约束栏透明度"选项组：设置图形中约束栏的透明度。

（6）"将约束应用于选定对象后显示约束栏"复选框：手动应用约束或使用 autoconstrain 命令时，显示相关约束栏。

（7）"选定对象时显示约束栏"复选框：临时显示选定对象的约束栏。

4.4.2　操作实例——绘制磁带标记符号

本实例绘制如图 4-41 所示的磁带标记符号。操作步骤如下。

（1）绘制圆。单击"默认"选项卡"绘图"面板中的"圆"按钮，在适当的位置分别绘制半径为 10mm 和 20mm 的圆。如图 4-42 所示。

（2）绘制直线。单击"默认"选项卡"绘图"面板中的"直线"按钮，打开"正交模式"，在两圆上方绘制一条水平直线，如图 4-43 所示。

（3）相切对象。单击"参数化"选项卡"几何"面板中的"相切"按钮，使两个圆与直线相切，命令行提示与操作如下。

```
命令: _gctangent
选择第一个对象:（使用鼠标选择直线）
选择第二个对象:（使用鼠标选择左端圆）
命令: _gctangent
选择第一个对象:（使用鼠标选择直线）
```

选择第二个对象:（使用鼠标选择右端圆）

系统自动将直线与圆相切。结果如图 4-44 所示。

（4）使两圆相等。单击"参数化"选项卡"几何"面板中的"相等"按钮 ，使两个圆相等，结果如图 4-41 所示。命令行提示与操作如下。

命令: _gcequal
选择第一个对象或 [多个(M)]: （使用鼠标选择左端圆）
选择第二个对象:（使用鼠标选择右端圆）

图 4-41　磁带标记符号　　　图 4-42　绘制圆　　　图 4-43　绘制直线　　　图 4-44　相切对象

4.4.3　尺寸约束

建立尺寸约束的目的是限制图形几何对象的大小，与在草图上标注尺寸相似，同样设置尺寸标注线，与此同时建立相应的表达式，不同的是可以在后续的编辑工作中实现尺寸的参数化驱动。标注约束面板及工具栏（面板在①"参数化"标签内的②"标注"面板中）如图 4-45 所示。

在生成尺寸约束时，用户可以选择草图曲线、边、基准平面或基准轴上的点，以生成水平、竖直、平行、垂直和角度尺寸。

生成尺寸约束时，系统会生成一个表达式，其名称和值显示在一个弹出的对话框文本区域中，如图 4-46 所示，用户可以接着编辑该表达式的名和值。

图 4-45　标注约束面板及工具栏　　　　　图 4-46　"尺寸约束编辑"示意图

生成尺寸约束时，只要选中了几何体，其尺寸及其延伸线和箭头就会全部显示出来。将尺寸拖动到位，然后单击。完成尺寸约束后，用户还可以随时更改尺寸约束。只需在图形区选中该值双击，然后可以使用生成过程所采用的同一方式编辑其名称、值或位置。

在用 AutoCAD 绘图时，用户可以控制约束栏的显示，使用"约束设置"对话框内的"标注"选项卡，可控制显示标注约束时的系统配置。标注约束控制设计的大小和比例。可以约束以下内容。

（1）对象之间或对象上的点之间的距离。

（2）对象之间或对象上的点之间的角度。

【执行方式】

☑ 命令行：constraintsettings（csettings）。

☑ 菜单栏：选择菜单栏中的"参数"→"约束设置"命令。

☑ 工具栏：单击"参数化"工具栏中的"约束设置"按钮[✓]。

☑ 功能区：单击"参数化"选项卡"标注"面板中的"对话框启动器"按钮 ↘。

图 4-47 "标注"选项卡

【操作步骤】

选择菜单栏中的"参数"→"约束设置"命令，①打开"约束设置"对话框，②选择"标注"选项卡，如图 4-47 所示。

【选项说明】

在"约束设置"对话框中选择"标注"选项卡，对话框显示如图 4-47 所示。利用该选项卡用户可以控制约束类型的显示。

（1）"标注约束格式"选项组：该选项组内可以设置标注名称格式和锁定图标的显示。

（2）"标注名称格式"下拉列表框：为应用标注约束时显示的文字指定格式。将名称格式设置为显示名称、值或名称和表达式。例如，宽度=长度/2。

（3）"为注释性约束显示锁定图标"复选框：针对已应用注释性约束的对象显示锁定图标。

（4）"为选定对象显示隐藏的动态约束"复选框：显示选定时已设置为隐藏的动态约束。

4.4.4 操作实例——利用尺寸驱动更改电阻尺寸

绘制图 4-48 所示的电阻并修改尺寸。操作步骤如下。

图 4-48 更改电阻尺寸

（1）单击"默认"选项卡"绘图"面板中的"直线"按钮 ∕ 和"矩形"按钮 ▭，绘制长为 10mm、宽为 4mm、导线长度为 5mm 的电阻，如图 4-49 所示。

图 4-49 绘制电阻

（2）单击"参数化"选项卡"几何"面板中的"相等"按钮 ＝，使最上端水平线与下面各条水平线建立相等的几何约束，如图 4-50 所示。

图 4-50　建立相等的几何约束

（3）单击"参数化"选项卡"几何"面板中的"重合"按钮└┘，使线 1 右端点和线 2 中点、线 4 左端点和线 3 的中点建立"重合"的几何约束，如图 4-51 所示。

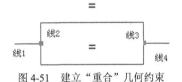

图 4-51　建立"重合"几何约束

（4）单击"参数化"选项卡"标注"面板中的"水平"按钮，更改水平尺寸，命令行提示与操作如下。

```
命令：_DcHorizontal
指定第一个约束点或 [对象(O)] <对象>:（单击最上端直线左端）
指定第二个约束点：（单击最上端直线右端）
指定尺寸线位置（在合适位置单击）
标注文字 = 10（输入长度20）
```

（5）系统自动将长度 10mm 调整为 20mm。最终结果如图 4-48 所示。

4.5　综合演练——控制电路图

绘制图 4-52 所示的控制电路图。操作步骤如下。

☆ 手把手教你学

本实例先绘制连接导线和工作线圈符号，从而确定整个电路图的大体尺寸和位置，然后绘制导线。绘制过程中要用到直线、矩形和多段线等命令。

（1）单击"默认"选项卡"图层"面板中的"图层特性"按钮，❶打开"图层特性管理器"选项板。❷新建两个图层。

实线层：设置"颜色"为白色，"线宽"为 0.25mm，其他属性保持默认设置。

虚线层：设置"颜色"为蓝色，"线型"为 ACAD_ISO02W100，"线宽"为 0.25mm，其他属性保持默认设置。

各项设置如图 4-53 所示。

（2）选中"实线层"，单击"置为当前"按钮，将其设置为当前图层，然后确认关闭"图层特性管理器"选项板。

（3）单击"默认"选项卡"绘图"面板中的"直线"按钮，单击状态栏中的"正交模式"按钮└，在"正交模式"下绘制三端口连接导线，指定直线坐标点为[（-10,0）、（@20,0）和（0,0）、（@0,8）]，如图 4-54 所示。

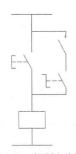

图 4-52　控制电路图　　　　　　　　　　图 4-53　设置图层　　　　　　　　图 4-54　三端口连接导线

（4）单击"默认"选项卡"绘图"面板中的"矩形"按钮 □，绘制工作线圈，指定矩形角点分别为（-6.5,8）、（@13,8）。

（5）绘制自动复位按钮开关。

① 单击状态栏中的"对象捕捉"按钮，在该按钮右侧单击下拉按钮，打开快捷菜单，如图 4-55 所示，选择"对象捕捉设置"命令，系统①打开"草图设置"对话框的②"对象捕捉"选项卡，③选中"启用对象捕捉"复选框，④单击"全部选择"按钮，将所有特殊位置点设置为可捕捉状态，如图 4-56 所示。①选择"极轴追踪"选项卡，②选中"启用极轴追踪"复选框，③在"增量角"下拉列表框中选择 30，④选中"用所有极轴角设置追踪"单选按钮，如图 4-57 所示。

② 单击状态栏上的"正交模式"按钮 и "二维对象捕捉" □ 按钮。单击"默认"选项卡"绘图"面板中的"直线"按钮 ，将光标移向表示工作线圈的矩形顶端的中点，系统自动捕捉该端点为直线起点，单击确认，如图 4-58 所示。继续向上移动光标，并在命令行中输入直线距离 20mm，按 Enter 键完成绘制，结果如图 4-59 所示。

图 4-55　快捷菜单

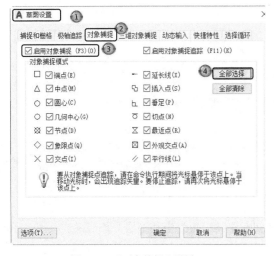

图 4-56　"对象捕捉"设置

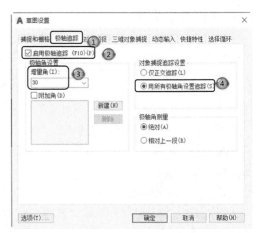

图 4-57　"极轴追踪"设置

③ 单击状态栏上的"极轴追踪"按钮 ☉ 和"二维对象捕捉" □ 按钮。单击"默认"选项卡"绘图"面板中的"直线"按钮 ，捕捉第②步绘制的直线的上端点为直线起点，向左上移

动光标，将光标移动到指定的极轴角度上，这时显示对象捕捉追踪虚线，如图 4-60 所示，并在命令行中输入直线距离 8mm，按 Enter 键完成绘制，结果如图 4-61 所示。

图 4-58　捕捉中点　　　　　　　　　　　图 4-59　绘制直线

④ 单击"默认"选项卡"绘图"面板中的"直线"按钮，移动光标指向第②步绘制的直线的上端点，当出现绿色小矩形标志时，如图 4-62 所示，垂直向上移动光标，这时显示对象捕捉追踪虚线，如图 4-63 所示，接下来在命令行中输入直线距离 8mm，按 Enter 键确定直线起点并垂直向上绘制长度为 13mm 的直线，结果如图 4-64 所示。

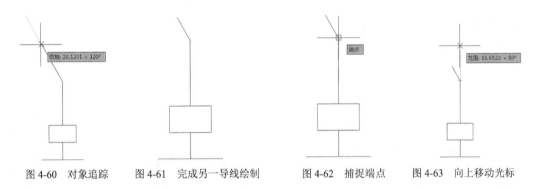

图 4-60　对象追踪　　图 4-61　完成另一导线绘制　　　图 4-62　捕捉端点　　图 4-63　向上移动光标

⑤ 单击"图层"面板中图层下拉列表的下拉按钮，将"虚线层"设置为当前图层。单击"默认"选项卡"绘图"面板中的"直线"按钮，捕捉斜直线的中点向左绘制长度为 8mm 的水平直线。结果如图 4-65 所示。

⑥ 将"实线层"设置为当前图层。单击"默认"选项卡"绘图"面板中的"多段线"按钮，指定多段线坐标点为（-8,42.46）、（-10,42.46）、（-10,36.46）、（-8,36.46）。完成自动复位按钮开关的绘制，结果如图 4-66 所示。

图 4-64　绘制竖向直线　　　　　　　图 4-65　绘制虚线　　　　　　　图 4-66　绘制多段线

🎓 **高手支招**

有时绘制出的虚线在计算机屏幕上显示仍然是实线，这是由于显示比例过小所致，放大图形后可以显示出虚线。如果要在当前图形大小下明确显示出虚线，可以单击选择该虚线，这时，该虚线显示被选中状态，单击鼠标右键并在快捷菜单中选择"特性"命令，系统弹出"特性"选项板，该选项板中包含对象的各种参数，可以将其中的"线型比例"参数设置成比较大的数值，如图 4-67 所示。这样就可以在正常图形显示状态下清晰地看见虚线的细线段和间隔。

使用"特性"对话框操作非常方便，读者可灵活使用。

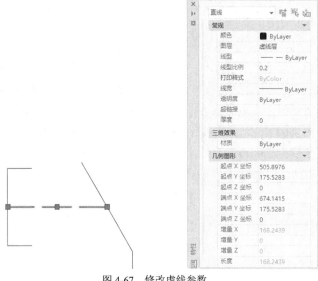

图 4-67　修改虚线参数

（6）绘制接触器和旋转开关。

① 单击"默认"选项卡"绘图"面板中的"多段线"按钮，指定多段线坐标点为（0,24）、（17,24）、（17,27）。继续向左上移动光标，将光标移动到指定的极轴角度上，并在命令行中输入直线距离 8mm，按 Enter 键完成绘制，结果如图 4-68 所示。

② 单击"图层"面板中图层下拉列表的下拉按钮，将"虚线层"设置为当前图层。单击"默认"选项卡"绘图"面板中的"直线"按钮，捕捉斜直线的中点，向左绘制长度为 8mm 的水平直线，并将"线型比例"更改为 0.2。

③ 将"实线层"设置为当前图层，单击"默认"选项卡"绘图"面板中的"多段线"按钮，指定多段线坐标点为（5,33.46）、（7,33.46）、（7,27.46）、（9,27.46），完成旋转开关的绘制，最后结果如图 4-69 所示。

④ 单击"默认"选项卡"绘图"面板中的"直线"按钮，移动光标指向第①步绘制的垂直直线的上端点，当出现绿色小矩形标志时，垂直向上移动光标，这时显示对象捕捉追踪虚线，接下来在命令行中输入直线距离 8mm，按 Enter 键确定直线起点并垂直向上绘制长度为 8mm 的直线，结果如图 4-70 所示。

⑤ 单击"默认"选项卡"绘图"面板中的"直线"按钮，向左上移动光标，将光标移动到指定的极轴角度上，并在命令行中输入直线距离 8mm，按 Enter 键完成绘制，结果如图 4-71 所示。

⑥ 单击"默认"选项卡"绘图"面板中的"多段线"按钮，指定多段线坐标点为（0,54）、（17,54）、（17,51）。

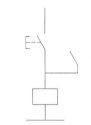

图 4-68 绘制导线

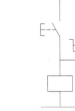

图 4-69 绘制旋转开关

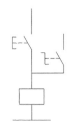

图 4-70 绘制竖直线段

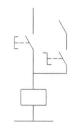

图 4-71 绘制斜直线

⑦ 单击"默认"选项卡"绘图"面板中的"圆弧"按钮 ，命令行提示与操作如下。

```
命令: _arc
指定圆弧的起点或 [圆心(C)]: 17,51
指定圆弧的第二个点或 [圆心(C)/端点(E)]: E
指定圆弧的端点: @0,1
指定圆弧的中心点(按住Ctrl键以切换方向)或 [角度(A)/方向(D)/半径(R)]: D
指定圆弧起点的相切方向(按住Ctrl键以切换方向): 180
```

最终结果如图 4-72 所示。

（7）单击"默认"选项卡"绘图"面板中的"直线"按钮 ，指定直线坐标点为（0,57）、
（@0,5）。重复直线命令，移动光标捕捉图 4-73 中的点 A 与点 B 追踪虚线的交点 C 作为直线起点，向右绘制长度为 20mm 的水平直线，最终完成控制电路图的绘制，结果如图 4-52 所示。

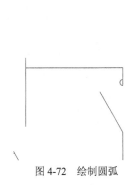

图 4-72 绘制圆弧

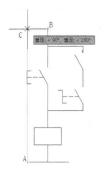

图 4-73 确定转换线起点

4.6 名师点拨——二维绘图设置技巧

1. 栅格工具的操作有何技巧

在"栅格 X 轴间距"和"栅格 Y 轴间距"文本框中输入数值时，若在"栅格 X 轴间距"文本框中输入一个数值后按 Enter 键，则 AutoCAD 自动传送这个值给"栅格 Y 轴间距"，这样可减少工作量。

2. 设置图层时应注意什么

在绘图时，图元的各种属性都应尽量与图层保持一致，也就是说尽可能地将图元属性都设置为 ByLayer。这样有助于图面清晰准确地显示并能提高效率。

3. 对象捕捉有何作用

绘图时，可以使用新的对象捕捉修饰符来查找任意两点之间的中点。例如，在绘制直线时，可以按住 Shift 键并单击鼠标右键来显示"对象捕捉"快捷菜单。选择"两点之间的中点"命令之后，应在图形中指定两点。该直线将以这两点之间的中点为起点。

4.7 上机实验

【练习1】如图 4-74 所示，捕捉矩形角点绘制相交直线，并修剪图形，完成阀符号的绘制。

【练习2】利用对象追踪功能，在如图 4-75（a）所示的图形基础上绘制一条特殊位置直线，结果如图 4-75（b）所示。

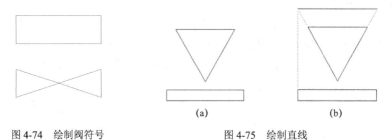

图 4-74　绘制阀符号　　　　　　　　　　　图 4-75　绘制直线

4.8 模拟考试

1. 电路图图层线宽可能是下面选项中的哪种？（　　　）
    A. 0.15　　　　　　　　B. 0.01　　　　　　　　C. 0.33　　　　　　　　D. 0.09
2. 当捕捉设定的间距与栅格所设定的间距不同时，（　　　）。
    A. 捕捉仍然只按栅格进行　　　　　　　　B. 捕捉时按照捕捉间距进行
    C. 捕捉既按栅格，又按捕捉间距进行　　　　D. 无法设置
3. 如果某图层的对象不能被编辑，但在屏幕上可见，且能捕捉该对象的特殊点和标注尺寸，该图层状态为（　　　）。
    A. 冻结　　　　　　　　B. 锁定　　　　　　　　C. 隐藏　　　　　　　　D. 块
4. 对某图层进行锁定后，则（　　　）。
    A. 图层中的对象不可编辑，但可添加对象
    B. 图层中的对象不可编辑，也不可添加对象
    C. 图层中的对象可编辑，也可添加对象
    D. 图层中的对象可编辑，但不可添加对象
5. 不可以通过"图层过滤器特性"对话框过滤的特性是（　　　）。

A．图层名、颜色、线型、线宽和打印样式　　　　B．打开还是关闭图层

C．解锁还是锁定图层　　　　　　　　　　　　D．图层是 ByLayer 还是 ByBlock

6．默认状态下，若对象捕捉关闭，命令执行过程中，按住（　　　）键可以实现对象捕捉。

A．Shift　　　　　　　B．Shift+A　　　　　　C．Shift+S　　　　　　D．Alt

7．下列关于被固定约束的圆心的圆说法，错误的是（　　　）。

A．可以移动圆

B．可以放大圆

C．可以偏移圆

D．可以复制圆

8．对"极轴"追踪进行设置，把增量角设为 30°，把附加角设为 10°，采用极轴追踪时，不会显示极轴对齐的是（　　　）。

A．10°　　　　　　　　B．30°　　　　　　　　C．40°　　　　　　　　D．60°

第5章

编辑命令

二维图形编辑操作配合绘图命令的使用可以进一步完成复杂图形对象的绘制工作，并可使用户合理安排和组织图形，保证作图准确，减少重复，因此，对编辑命令的熟练掌握和使用有助于提高设计及绘图的效率。本章主要介绍删除及恢复类命令、复制类命令、改变位置类命令、改变几何特性类命令内容。

5.1 选择对象

AutoCAD 2022 提供两种途径编辑图形。

（1）先执行编辑命令，然后选择要编辑的对象。

（2）先选择要编辑的对象，然后执行编辑命令。

这两种途径的执行效果是相同的，但选择对象是编辑图形的前提。AutoCAD 2022 提供了多种对象选择方法，如点取方法、用选择窗口选择对象、用选择线选择对象、用对话框选择对象和用套索选择工具选择对象等。

【预习重点】

☑ 了解选择对象的途径。

AutoCAD 2022 可以把选择的多个对象组成整体，如选择集和对象组，进行整体编辑与修改。

选择集可以仅由一个图形对象构成，也可以是一个复杂的对象组，如位于某一特定层上具有某种特定颜色的一组对象。选择集的构造可以在调用编辑命令之前或之后。

AutoCAD 2022 提供以下几种方法构造选择集。

（1）先选择一个编辑命令，然后选择对象，按 Enter 键结束操作。

（2）使用 select 命令。在命令行中输入"select"，然后根据选择选项后的提示选择对象，按 Enter 键结束。

（3）用点取设备选择对象，然后调用编辑命令。

（4）定义对象组。

无论使用哪种方法，AutoCAD 2022 都将提示用户选择对象，并且光标由十字光标变为拾取框。此时，可以用以下方法选择对象。

下面结合 select 命令说明选择对象的方法。

select 命令可以单独使用，也可以在执行其他编辑命令时自动调用。此时屏幕提示如下。

选择对象：

等待用户以某种方式选择对象作为回答。AutoCAD 2022 提供多种选择方式，输入"?"查看这些选择方式则会出现如下提示。

命令：_select
选择对象: ?
需要点或窗口(W)/上一个(L)/窗交(C)/框(BOX)/全部(ALL)/栏选(F)/圈围(WP)/圈交(CP)/编组(G)/添加(A)/删除(R)/多个(M)/前一个(P)/放弃(U)/自动(AU)/单个(SI)/子对象(SU)/对象(O)
选择对象：

部分选项含义如下。

① 窗口（W）：用由两个对角顶点确定的矩形窗口选取位于其范围内的所有图形，与边界相交的对象不会被选中。指定对角顶点时应按照从左向右的顺序，选择的对象如图 5-1 所示。

② 窗交（C）：该方式与上述"窗口"对象选择方式类似，区别在于"窗交"对象选择方式不但选择矩形窗口内部的对象，也选中与矩形窗口边界相交的对象，选择的对象如图 5-2 所示。

③ 框（BOX）：使用时，系统根据用户在屏幕上给出的两个对角点的位置自动引用"窗口"或"窗交"对象选择方式。若从左向右指定对角点，为"窗口"对象选择方式；反之，为"窗交"对象选择方式。

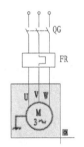 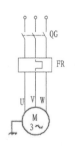 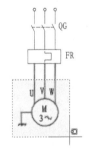 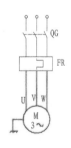

（a）图中阴影覆盖为选择框　（b）选择后的图形 1　　（a）图中箭头所指为选择框　（b）选择后的图形 2

图 5-1　"窗口"对象选择方式　　　　　　　　　图 5-2　"窗交"对象选择方式

④ 栏选（F）：用户临时绘制一些直线，这些直线不必构成封闭图形，凡是与这些直线相交的对象均被选中，执行结果如图 5-3 所示。

⑤ 圈围（WP）：使用一个不规则的多边形来选择对象。根据提示，用户依次输入构成多边形所有顶点的坐标，直到最后按 Enter 键作出空回答结束操作，系统将自动连接第一个顶点与最后一个顶点形成封闭的多边形。凡是被多边形围住的对象均被选中（不包括边界），执行结果如图 5-4 所示。

⑥ 添加（A）：添加下一个对象到选择集。也可用于从移走模式（Remove）到选择模式的切换。

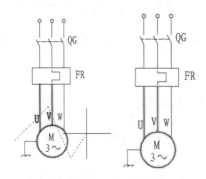

(a) 图中虚线为选择栏　(b) 选择后的图形 3

图 5-3　"栏选"对象选择方式

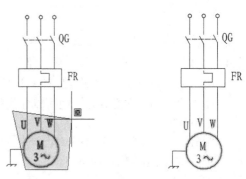

(a) 图中箭头所指十字线所拉出多边形为选择框　(b) 选择后的图形 4

图 5-4　"圈围"对象选择方式

5.2　删除及恢复类命令

该类命令主要用于删除图形的某部分或对已被删除的部分进行恢复，包括"删除""恢复""重做""清除"等命令。

【预习重点】

☑　了解删除图形有几种方法。

☑　练习"删除""恢复""清除"命令的使用方法。

5.2.1　"删除"命令

如果所绘制的图形不符合要求或绘错，用户可以使用"删除"命令 erase 将其删除。

【执行方式】

☑　命令行：erase。

☑　菜单栏：选择菜单栏中的"修改"→"删除"命令。

☑　工具栏：单击"修改"工具栏中的"删除"按钮 。

☑　功能区：单击"默认"选项卡"修改"面板中的"删除"按钮 。

☑　快捷菜单：选择要删除的对象，在绘图区单击鼠标右键，从打开的快捷菜单中选择"删除"命令。

【操作步骤】

用户可以先选择对象，然后调用"删除"命令；也可以先调用"删除"命令，再选择对象。选择对象时，可以使用前面介绍的各种对象选择的方法。

当选择多个对象时，多个对象都被删除；若选择的对象属于某个对象组，则该对象组的所有对象都被删除。

举一反三

绘图过程中，如果出现了绘制错误或对绘制的图形不满意的情况，需要删除时，可以单击标准工具栏中的 按钮，也可以按 Delete 键，提示 "_erase:"，单击要删除的图形，单击鼠标右键即可。"删除" 命令可以一次删除一个或多个图形，如果删除错误，可以单击 按钮恢复。

5.2.2　"恢复" 命令

若不小心误删了图形，可以使用 "恢复" 命令 oops 恢复误删的对象。

【执行方式】

- ☑　命令行：oops 或 u。
- ☑　工具栏：单击 "标准" 工具栏中的 "放弃" 按钮 。
- ☑　快捷组合键：Ctrl+Z。

【操作步骤】

在命令行中输入 "oops" 命令，按 Enter 键。

5.3　对象编辑

在对图形进行编辑时，用户还可以对图形对象本身的某些特性进行编辑，从而更方便地进行图形绘制。

【预习重点】

- ☑　了解编辑对象的方法有几种。
- ☑　观察几种编辑方法结果的差异。
- ☑　对比几种方法的适用对象。

5.3.1　钳夹功能

【执行方式】

- ☑　菜单栏：选择菜单栏中的 "工具" → "选项" 命令。

【操作步骤】

执行上述命令后，系统弹出 "选项" 对话框，如图 5-7 所示。

在图形上拾取一个夹点，该夹点改变颜色，此点为夹点编辑的基准夹点，也可在选中变色编辑基准点后直接向一侧拉伸，如图 5-5 所示。如要转换其他操作，可单击鼠标右键，弹出快捷菜单，如图 5-6 所示，选择 "镜像" 命令后，系统就会转换为 "镜像" 操作，其他操作类似。

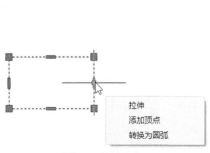

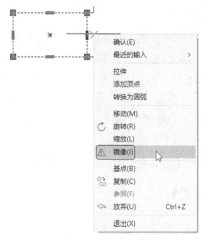

图 5-5　拉伸夹点

图 5-6　快捷菜单 1

【选项说明】

①在"选项"对话框中②选择"选择集"选项卡，如图 5-7 所示。在"夹点"选项组下③选中"显示夹点"复选框。在该选项卡中，用户还可以设置代表夹点的小方格的尺寸和颜色。

利用钳夹功能可以快速方便地编辑对象。AutoCAD 在图形对象上定义了一些特殊点，称为夹点，利用夹点可以灵活地控制对象，如图 5-8 所示。

（1）要使用钳夹功能编辑对象，必须先打开钳夹功能。

（2）也可以通过 GRIPS 系统变量控制是否打开钳夹功能，1 代表打开，0 代表关闭。

（3）打开钳夹功能后，应该在编辑对象之前先选择对象。夹点表示对象的控制位置。使用夹点编辑对象，要选择一个夹点作为基点，称为基准夹点。

（4）选择一种编辑操作：镜像、移动、旋转、拉伸和缩放。可以用 Space 键、Enter 键或键盘上的快捷键循环选择这些功能，如图 5-9 所示。

图 5-7　"选项"对话框

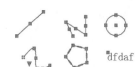

图 5-8　显示夹点

图 5-9　快捷菜单 2

5.3.2 "特性"选项板

【执行方式】

图 5-10 "特性"选项板

- ☑ 命令行: ddmodify 或 properties。
- ☑ 菜单栏: 选择菜单栏中的"修改"→"特性"命令或"工具"→"选项板"→"特性"命令。
- ☑ 工具栏: 单击"标准"工具栏中的"特性"按钮▦。
- ☑ 功能区: 单击"视图"选项卡"选项板"面板中的"特性"按钮▦或单击"默认"选项卡"特性"面板中的"对话框启动器"按钮↘。
- ☑ 快捷组合键: Ctrl+1。

【操作步骤】

执行上述操作后,打开"特性"选项板,如图 5-10 所示。利用该选项板用户可以方便地设置或修改对象的各种属性。不同的对象属性对应不同的属性值,修改属性值后,对象改变为新的属性。

5.4 复制类命令

本节详细介绍 AutoCAD 2022 的复制类命令。利用这些命令,用户可以方便地编辑绘制的图形。

【预习重点】

图 5-11 "修改"面板

- ☑ 了解复制类命令的种类。
- ☑ 简单练习 4 种复制操作方法。
- ☑ 观察在不同情况下使用哪种方法更简便。

5.4.1 "镜像"命令

镜像对象是指把选择的对象围绕一条镜像线进行复制。镜像操作完成后,可以保留原对象,也可以将其删除。

【执行方式】

- ☑ 命令行: mirror。
- ☑ 菜单栏: 选择菜单栏中的"修改"→"镜像"命令。
- ☑ 工具栏: 单击"修改"工具栏中的"镜像"按钮△。

☑ 功能区：①单击"默认"选项卡②"修改"面板中的③"镜像"按钮 ◭ ，如图 5-11 所示。

【操作步骤】

执行上述任一操作后，命令行提示与操作如下。

命令：_mirror
选择对象：（选择要镜像的对象）
指定镜像线的第一点:（指定镜像线的第一个点）
指定镜像线的第二点:（指定镜像线的第二个点）
要删除源对象吗？[是（Y）/否（N）] <否>:（确定是否删除源对象）

5.4.2 操作实例——绘制变压器符号

绘制如图 5-12 所示的变压器符号。操作步骤如下。

（1）单击"默认"选项卡"绘图"面板中的"多段线"按钮 ⟋ ，绘制电感符号及其相连管脚，命令行提示与操作如下。

命令: _pline
指定起点: 20,60
当前线宽为 0.0000
指定下一个点或 [圆弧(A)/半宽(H)/长度(L)/放弃(U)/宽度(W)]: 10,60
指定下一点或 [圆弧(A)/闭合(C)/半宽(H)/长度(L)/放弃(U)/宽度(W)]: 10,50
指定下一点或 [圆弧(A)/闭合(C)/半宽(H)/长度(L)/放弃(U)/宽度(W)]: A
指定圆弧的端点(按住Ctrl键以切换方向)或 [角度(A)/圆心(CE)/闭合(CL)/方向(D)/半宽(H)/直线(L)/半径(R)/第二个点(S)/放弃(U)/宽度(W)]: R
指定圆弧的半径: 5
指定圆弧的端点(按住Ctrl键以切换方向)或 [角度(A)]: 10,40
指定圆弧的端点(按住Ctrl键以切换方向)或 [角度(A)/圆心(CE)/闭合(CL)/方向(D)/半宽(H)/直线(L)/半径(R)/第二个点(S)/放弃(U)/宽度(W)]: R
指定圆弧的半径: 5
指定圆弧的端点(按住Ctrl键以切换方向)或 [角度(A)]: 10,30
指定圆弧的端点(按住Ctrl键以切换方向)或 [角度(A)/圆心(CE)/闭合(CL)/方向(D)/半宽(H)/直线(L)/半径(R)/第二个点(S)/放弃(U)/宽度(W)]: R
指定圆弧的半径: 5
指定圆弧的端点(按住Ctrl键以切换方向)或 [角度(A)]: 10,20
指定圆弧的端点(按住Ctrl键以切换方向)或 [角度(A)/圆心(CE)/闭合(CL)/方向(D)/半宽(H)/直线(L)/半径(R)/第二个点(S)/放弃(U)/宽度(W)]: R
指定圆弧的半径: 5
指定圆弧的端点(按住Ctrl键以切换方向)或 [角度(A)]: 10,10
指定圆弧的端点(按住Ctrl键以切换方向)或 [角度(A)/圆心(CE)/闭合(CL)/方向(D)/半宽(H)/直线(L)/半径(R)/第二个点(S)/放弃(U)/宽度(W)]: L
指定下一点或 [圆弧(A)/闭合(C)/半宽(H)/长度(L)/放弃(U)/宽度(W)]: 10,0
指定下一点或 [圆弧(A)/闭合(C)/半宽(H)/长度(L)/放弃(U)/宽度(W)]: 20,0
指定下一点或 [圆弧(A)/闭合(C)/半宽(H)/长度(L)/放弃(U)/宽度(W)]: ✓

结果如图 5-13 所示。

（2）单击"默认"选项卡"绘图"面板中的"直线"按钮 ⟋ ，绘制铁芯符号。指定直线坐标点（2,0）、（2,50），如图 5-14 所示。

图 5-12 变压器符号　　　　　图 5-13 绘制电感符号　　　　　图 5-14 绘制铁芯符号

（3）单击"默认"选项卡"修改"面板中的"镜像"按钮 ⚖ ，镜像铁芯和电感符号，命令行提示与操作如下。

> 命令：_mirror
> 选择对象：（选择绘制好的铁芯和电感符号）
> 选择对象：✓
> 指定镜像线的第一点：（0,0）
> 指定镜像线的第二点：（0,50）
> 要删除源对象吗？[是(Y)/否(N)] <否>:✓

最终结果如图 5-12 所示。

5.4.3 "复制"命令

【执行方式】

- ☑ 命令行：copy。
- ☑ 菜单栏：选择菜单栏中的"修改"→"复制"命令。
- ☑ 工具栏：单击"修改"工具栏中的"复制"按钮 ⛃。
- ☑ 功能区：单击"默认"选项卡"修改"面板中的"复制"按钮 ⛃。
- ☑ 快捷菜单：选择要复制的对象，在绘图区单击鼠标右键，从打开的快捷菜单中选择"复制选择"命令。

【操作步骤】

执行上述任一操作后，命令行提示与操作如下。

> 命令：_copy
> 选择对象：（选择要复制的对象）

【选项说明】

（1）指定基点：指定一个坐标点后，AutoCAD 2022 把该点作为复制对象的基点。

指定第二个点后，系统将根据这两点确定的位移矢量把选择的对象复制到第二点处。如果此时直接按 Enter 键，即选择默认的"用第一点作位移"，则第一个点的各坐标值被当作相对于 X、Y、Z 轴的位移。例如，如果指定基点为（2,3）并在下一个提示下按 Enter 键，则该对象从当前的位置开始，在 X 轴方向上移动 2 个单位，在 Y 方向上移动 3 个单位。一次复制完成后，可以不断指定新的第二点，从而实现多重复制。

（2）位移（D）：直接输入位移值，表示以选择对象时的拾取点为基准，以拾取点坐标沿纵横比的方向为移动方向，移动指定位移后所确定的点为基点。例如，选择对象时的拾取点坐标为（2,3），输入的位移为 5，则表示以（2,3）点为基准，沿纵横比为 3：2 的方向移动 5 个单位所确定的点为基点。

（3）模式（O）：控制是否自动重复该命令。确定复制模式是单个还是多个。

（4）阵列（A）：指定在线性阵列中排列的副本数量。

5.4.4 操作实例——绘制三管荧光灯符号

绘制如图 5-15 所示的三管荧光灯符号。操作步骤如下。

（1）绘制直线。单击"默认"选项卡"绘图"面板中的"直线"按钮 ╱，开启"正交模式"，以点（0,0）为起点向上绘制一条长度为 10mm 的垂直直线。

（2）单击"默认"选项卡"修改"面板中的"复制"按钮 ♋，复制绘制好的直线段，如图 5-16 所示。命令行提示与操作如下。

```
命令: _copy
选择对象:（选择直线）
选择对象: ✓
当前设置: 复制模式 = 多个
指定基点或 [位移(D)/模式(O)] <位移>:0,0
指定第二个点或 [阵列(A)] <使用第一个点作为位移>: 25,0
指定第二个点或 [阵列(A)/退出(E)/放弃(U)] <退出>:✓
```

（3）单击"默认"选项卡"绘图"面板中的"直线"按钮 ╱，绘制坐标点为（0,5）、（25,5）的水平直线。如图 5-17 所示。

（4）单击"默认"选项卡"修改"面板中的"复制"按钮 ♋，复制绘制好的水平直线段。命令行提示与操作如下。

```
命令: _copy
选择对象:（选择水平直线）
选择对象: ✓
当前设置: 复制模式 = 多个
指定基点或 [位移(D)/模式(O)] <位移>:0,5
指定第二个点或 [阵列(A)] <使用第一个点作为位移>: 0,8
指定第二个点或 [阵列(A)/退出(E)/放弃(U)] <退出>:✓
命令: _copy
选择对象:（选择水平直线）
选择对象: ✓
当前设置: 复制模式 = 多个
指定基点或 [位移(D)/模式(O)] <位移>:0,5
指定第二个点或 [阵列(A)] <使用第一个点作为位移>: 0,2
指定第二个点或 [阵列(A)/退出(E)/放弃(U)] <退出>:✓
```

最终结果如图 5-15 所示。

图 5-15 三管荧光灯　　　　图 5-16 复制垂直直线　　　　图 5-17 绘制水平直线

5.4.5 "阵列"命令

阵列是指多重复制选择对象并把这些副本按矩形或环形排列。把副本按矩形排列称为建立矩形阵列，把副本按环形排列称为建立极阵列。建立极阵列时，应该控制复制对象的次数，设置对象是否被旋转；建立矩形阵列时，应该控制行和列的数量及对象副本之间的距离。

用该命令可以建立矩形阵列、极阵列（环形）和旋转的矩形阵列。

【执行方式】

- ☑ 命令行：array。
- ☑ 菜单栏：选择菜单栏中的"修改"→"阵列"命令。
- ☑ 工具栏：单击"修改"工具栏中的"矩形阵列"按钮品/"路径阵列"按钮○○○/"环形阵列"按钮○○○。
- ☑ 功能区：单击"默认"选项卡"修改"面板中的"矩形阵列"按钮品/"路径阵列"按钮○○○/"环形阵列"按钮○○○，如图 5-18 所示。

图 5-18　"修改"面板

【操作步骤】

执行上述任一操作后，命令行提示与操作如下。

```
命令:_array
选择对象: 找到 1 个
选择对象:
输入阵列类型 [矩形(R)/路径(PA)/极轴(PO)] <矩形>:
```

【选项说明】

（1）矩形（R）（命令为 arrayrect）：将选定对象的副本分布到行数、列数和层数的任意组合。通过夹点，用户可以调整阵列间距、列数、行数和层数，也可以分别选择各选项输入数值。

（2）路径（PA）（命令为 arraypath）：沿路径或部分路径均匀分布选定对象的副本。选择该选项后出现如下提示。

```
选择路径曲线: (选择一条曲线作为阵列路径)
选择夹点以编辑阵列或 [关联(AS)/方法(M)/基点(B)/切向(T)/项目(I)/行(R)/层(L)/对齐项目(A)/方向(Z)/退出(X)] <退出>: (通过夹点，用户可以调整阵列行数和层数，也可以分别选择各选项输入数值)
```

（3）极轴（PO）：在绕中心点或旋转轴的环形阵列中均匀分布对象副本。选择该选项后出现如下提示。

指定阵列的中心点或 [基点(B)/旋转轴(A)]:（选择中心点、基点或旋转轴）

选择夹点以编辑阵列或 [关联(AS)/基点(B)/项目(I)/项目间角度(A)/填充角度(F)/行(ROW)/层(L)/旋转项目(ROT)/退出(X)] <退出>:（通过夹点，用户可以调整角度，填充角度；也可以分别选择各选项输入数值）

注意

阵列在平面作图时有两种方式，可以在矩形或环形（圆形）阵列中创建对象的副本。对于矩形阵列，可以控制行和列的数目及它们之间的距离。对于环形阵列，可以控制对象副本的数目并决定是否旋转副本。

5.4.6　操作实例——绘制四步位微波开关符号

绘制图 5-19 所示的四步位微波开关符号。操作步骤如下。

（1）绘制水平直线。单击"默认"选项卡"绘图"面板中的"直线"按钮 ╱，绘制起点坐标为（-50,0），终点坐标为（50,0）的水平直线。

（2）绘制圆弧。单击"默认"选项卡"绘图"面板中的"圆弧"按钮 ╱，指定圆弧起点坐标为（-28.5,34.7），第二点坐标为（0,20），端点坐标为（28.5,34.7），如图 5-20 所示。

（3）绘制垂直直线。单击"默认"选项卡"绘图"面板中的"直线"按钮 ╱，启动"对象捕捉"和"正交模式"，以坐标点分别为（-5,0）和（5,0）为起点，以向上捕捉的圆弧上的垂足为端点绘制垂直直线段。如图 5-20 所示。

（4）绘制镜像图形。单击"默认"选项卡"修改"面板中的"镜像"按钮 ⚖，以绘制好的垂直直线和圆弧为镜像对象，水平直线段为镜像线绘制镜像图形。如图 5-21 所示。

图 5-19　四步位微波开关符号　　　图 5-20　绘制圆弧和直线　　　图 5-21　绘制镜像图形

（5）绘制圆。单击"默认"选项卡"绘图"面板中的"圆"按钮 ⊙，以（0,55）为圆心，绘制半径为 5mm 的圆。

（6）绘制直线。单击"默认"选项卡"绘图"面板中的"直线"按钮 ╱，指定直线坐标点为（0,60）、（0,110），如图 5-22 所示。

（7）形成阵列图形。单击"默认"选项卡"修改"面板中的"环形阵列"按钮 ▒，阵列步骤（5）、步骤（6）中绘制的圆和直线，如图 5-23 所示。命令行提示与操作如下。

图 5-22　绘制直线　　　图 5-23　阵列图形

命令: _arraypolar
选择对象: [选择步骤（5）、（6）中绘制的圆和直线]
选择对象: ✓
类型 = 极轴　关联 = 是
指定阵列的中心点或 [基点(B)/旋转轴(A)]:0,0
选择夹点以编辑阵列或 [关联(AS)/基点(B)/项目(I)/项目间角度(A)/填充角度(F)/行(ROW)/层(L)/旋转
项目(ROT)/退出(X)] <退出>: I
输入阵列中的项目数或 [表达式(E)] <6>:4
选择夹点以编辑阵列或 [关联(AS)/基点(B)/项目(I)/项目间角度(A)/填充角度(F)/行(ROW)/层(L)/旋转
项目(ROT)/退出(X)] <退出>: F
指定填充角度（+=逆时针、-=顺时S针）或 [表达式(EX)] <360>:
选择夹点以编辑阵列或 [关联(AS)/基点(B)/项目(I)/项目间角度(A)/填充角度(F)/行(ROW)/层(L)/旋转
项目(ROT)/退出(X)] <退出>:✓

（8）绘制箭头。单击"默认"选项卡"绘图"面板中的"多段线"按钮⟋，绘制箭头。命
令行提示与操作如下。

命令: _pline
指定起点: −23.4,94
当前线宽为 25.0000
指定下一个点或 [圆弧(A)/半宽(H)/长度(L)/放弃(U)/宽度(W)]: W
指定起点宽度 <25.0000>: 0
指定端点宽度 <0.0000>: 15
指定下一个点或 [圆弧(A)/半宽(H)/长度(L)/放弃(U)/宽度(W)]: −39.5,96
指定下一点或 [圆弧(A)/闭合(C)/半宽(H)/长度(L)/放弃(U)/宽度(W)]: W
指定起点宽度 <15.0000>: 0
指定端点宽度 <0.0000>:
指定下一点或 [圆弧(A)/闭合(C)/半宽(H)/长度(L)/放弃(U)/宽度(W)]: A
指定圆弧的端点(按住Ctrl键以切换方向)或 [角度(A)/圆心(CE)/闭合(CL)/方向(D)/半宽(H)/直线(L)/半
径(R)/第二个点(S)/放弃(U)/宽度(W)]: S
指定圆弧上的第二个点: −82,78.7
指定圆弧的端点: −92,34
指定圆弧的端点(按住Ctrl键以切换方向)或[角度(A)/圆心(CE)/闭合(CL)/方向(D)/半宽(H)/直线(L)/半
径(R)/第二个点(S)/放弃(U)/宽度(W)]: W
指定起点宽度 <0.0000>: 15
指定端点宽度 <15.0000>: 0
指定圆弧的端点(按住Ctrl键以切换方向)或 [角度(A)/圆心(CE)/闭合(CL)/方向(D)/半宽(H)/直线(L)/半
径(R)/第二个点(S)/放弃(U)/宽度(W)]: −88,17
指定圆弧的端点(按住Ctrl键以切换方向)或 [角度(A)/圆心(CE)/闭合(CL)/方向(D)/半宽(H)/直线(L)/半
径(R)/第二个点(S)/放弃(U)/宽度(W)]:

最终效果如图 5-19 所示。

5.4.7　"偏移"命令

偏移对象是指保持选择对象的形状，在不同的位置以不同大小的尺寸新建一个对象。

【执行方式】

☑ 命令行：offset。

☑ 菜单栏：选择菜单栏中的"修改"→"偏移"命令。

☑ 工具栏：单击"修改"工具栏中的"偏移"按钮 ⊆。

☑ 功能区：单击"默认"选项卡"修改"面板中的"偏移"按钮 ⊆。

【操作步骤】

执行上述任一操作后，命令行提示与操作如下。

命令：_offset
当前设置：删除源=否　图层=源　OFFSETGAPTYPE=0
指定偏移距离或 [通过(T)/删除(E)/图层(L)] <通过>：（指定偏移距离值）
选择要偏移的对象，或 [退出(E)/放弃(U)] <退出>：（选择要偏移的对象，按Enter键结束操作）
指定要偏移的那一侧上的点，或 [退出(E)/多个(M)/放弃(U)] <退出>：（指定偏移方向）
选择要偏移的对象，或 [退出(E)/放弃(U)] <退出>：

【选项说明】

（1）指定偏移距离：输入一个距离值，或按 Enter 键，使用当前的距离值，系统把该距离值代表的距离作为偏移距离，如图 5-24 所示。

图 5-24　指定偏移对象的距离

（2）通过（T）：指定偏移对象的通过点。选择该选项后出现如下提示。

选择要偏移的对象，或 [退出(E)/放弃(U)] <退出>：（选择要偏移的对象，按Enter键结束操作）
指定通过点或 [退出(E)/多个(M)/放弃(U)] <退出>：（指定偏移对象的一个通过点）

操作完毕后，系统根据指定的通过点绘出偏移对象，如图 5-25 所示。

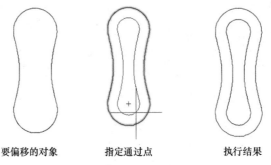

要偏移的对象　　　　　指定通过点　　　　　执行结果

图 5-25　指定偏移对象的通过点

（3）删除（E）：偏移后，将源对象删除。选择该选项后出现如下提示。

要在偏移后删除源对象吗？[是(Y)/否(N)] <否>：

（4）图层（L）：确定将偏移对象创建在当前图层上还是源对象所在的图层上。选择该选项后出现如下提示。

输入偏移对象的图层选项 [当前(C)/源(S)] <源>：

举一反三

在 AutoCAD 2022 中，可以使用"偏移"命令，对指定的直线、圆弧、圆等对象作定距离偏移复制。在实际应用中，常利用"偏移"命令的特性创建平行线或等距离分布图形，效果同"阵列"。默认情况下，需要指定偏移距离，再选择要偏移复制的对象，然后指定偏移方向，以复制出对象。

5.4.8　操作实例——绘制防水防尘灯符号

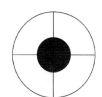

图 5-26　防水防尘灯符号

绘制如图 5-26 所示的防水防尘灯符号。操作步骤如下。

（1）绘制圆。单击"默认"选项卡"绘图"面板中的"圆"按钮⊙，绘制半径为 2.5mm 的圆。

（2）偏移圆。单击"默认"选项卡"修改"面板中的"偏移"按钮⊂，将步骤（1）中绘制的圆向内偏移，命令行提示与操作如下。

```
命令: _offset
当前设置: 删除源=否   图层=源   OFFSETGAPTYPE=0
指定偏移距离或 [通过(T)/删除(E)/图层(L)] <通过>:（任意指定圆上一点）
指定第二点:（在圆内指定距离确定一点）
选择要偏移的对象，或 [退出(E)/放弃(U)] <退出>:（选择圆图形）
指定要偏移的那一侧上的点，或 [退出(E)/多个(M)/放弃(U)] <退出>:（在圆内指定一点）
选择要偏移的对象，或 [退出(E)/放弃(U)] <退出>:↙
```

结果如图 5-27（a）所示。

（3）绘制直线。单击"默认"选项卡"绘图"面板中的"直线"按钮╱，以圆心为起点水平向右绘制半径，如图 5-27（b）所示。

（4）阵列直线。单击"默认"选项卡"修改"面板中的"环形阵列"按钮❋，把步骤（3）中绘制的直线以圆心为中心进行环形阵列，数量为 4，命令行提示与操作如下。

```
命令: _arraypolar
选择对象: 找到 1 个
选择对象:↙
类型 = 极轴   关联 = 否
指定阵列的中心点或 [基点(B)/旋转轴(A)]:（单击圆心）
选择夹点以编辑阵列或 [关联(AS)/基点(B)/项目(I)/项目间角度(A)/填充角度(F)/行(ROW)/层(L)/旋转项目(ROT)/退出(X)] <退出>: I
输入阵列中的项目数或 [表达式(E)] <6>: 4
选择夹点以编辑阵列或 [关联(AS)/基点(B)/项目(I)/项目间角度(A)/填充角度(F)/行(ROWv/层(L)/旋转项目(ROT)/退出(X)] <退出>: F
指定填充角度（+=逆时针、-=顺时针）或 [表达式(EX)] <360>: 360
```

选择夹点以编辑阵列或 [关联(AS)/基点(B)/项目(I)/项目间角度(A)/填充角度(F)/行(ROW)/层(L)/旋转项目(ROT)/退出(X)] <退出>:✓

结果如图 5-27（c）所示。

（5）填充圆。单击"默认"选项卡"绘图"面板中的"图案填充"按钮▨，用 SOLID 图案填充内圆，如图 5-27（d）所示，完成绘制。

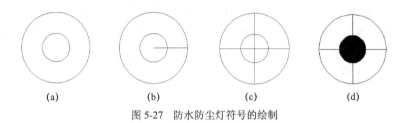

    (a)   (b)   (c)   (d)

图 5-27 防水防尘灯符号的绘制

5.5 改变位置类命令

该类编辑命令的功能是按照指定要求改变当前图形或图形某部分的位置，主要包括"移动""旋转"和"缩放"等命令。

【预习重点】

 ☑ 了解改变位置类命令的种类。

 ☑ 练习使用"移动""旋转""缩放"命令的方法。

5.5.1 "移动"命令

【执行方式】

 ☑ 命令行：move。

 ☑ 菜单栏：选择菜单栏中的"修改"→"移动"命令。

 ☑ 工具栏：单击"修改"工具栏中的"移动"按钮✛。

 ☑ 功能区：单击"默认"选项卡"修改"面板中的"移动"按钮✛。

 ☑ 快捷菜单：选择要复制的对象，在绘图区单击鼠标右键，从打开的快捷菜单中选择"移动"命令。

【操作步骤】

执行上述任一操作后，命令行提示与操作如下。

命令：_move
选择对象：（用前面介绍的对象选择方法选择要移动的对象，按Enter键结束选择）
指定基点或位移：（指定基点或位移）
指定基点或 [位移(D)] <位移>：（指定基点或位移）
指定第二个点或 <使用第一个点作为位移>：

5.5.2　操作实例——绘制耦合器符号

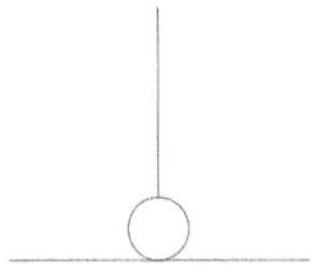

绘制图 5-28 所示的耦合器符号。操作步骤如下。

（1）单击"默认"选项卡"绘图"面板中的"圆"按钮 ⊙，在适当
的位置绘制半径为 5mm 的圆。

图 5-28　耦合器符号

（2）单击"默认"选项卡"绘图"面板中的"直线"按钮 ╱，在适当
的位置绘制长度为 30mm 的竖向直线。如图 5-29（a）所示。

（3）单击"默认"选项卡"修改"面板中的"移动"按钮 ✛，打开"对象捕捉"将竖直直
线移动到圆上，命令行提示与操作如下。

> 命令：_move
> 选择对象：找到 1 个（选择竖直直线）
> 选择对象：↙
> 指定基点或 [位移(D)] <位移>：（单击竖直直线下端点）
> 指定第二个点或 <使用第一个点作为位移>：（单击圆形上方的象限点）

结果如图 5-29（b）所示。

（4）单击"默认"选项卡"绘图"面板中的"直线"按钮 ╱，在适当的位置绘制长度为 50mm
的水平直线。如图 5-29（c）所示。

（5）单击"默认"选项卡"修改"面板中的"移动"按钮 ✛，将水平直线移动到圆上，命
令行提示与操作如下。

> 命令：_move
> 选择对象：找到 1 个（选择水平直线）
> 选择对象：↙
> 指定基点或 [位移(D)] <位移>：（单击水平直线的中点）
> 指定第二个点或 <使用第一个点作为位移>：（捕捉单击圆形下方的象限点）

最终结果如图 5-28 所示。

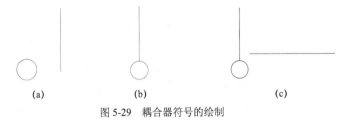

（a）　　　　　　　　　（b）　　　　　　　　　（c）

图 5-29　耦合器符号的绘制

5.5.3　"旋转"命令

【执行方式】

☑　命令行：rotate。

☑　菜单栏：选择菜单栏中的"修改"→"旋转"命令。

☑ 工具栏：单击"修改"工具栏中的"旋转"按钮 ○。

☑ 功能区：单击"默认"选项卡"修改"面板中的"旋转"按钮 ○。

☑ 快捷菜单：选择要旋转的对象，在绘图区单击鼠标右键，从打开的快捷菜单中选择"旋转"命令。

【操作步骤】

执行上述任一操作后，命令行提示与操作如下。

命令:_rotate
UCS当前的正角方向：ANGDIR=逆时针　ANGBASE=0
选择对象:（选择要旋转的对象）
指定基点:（指定旋转基点，在对象内部指定一个坐标点）
指定旋转角度，或 [复制(C)/参照(R)] <0>:（指定旋转角度或其他选项）

【选项说明】

（1）复制（C）：选择该项，旋转对象的同时，保留原对象，如图 5-30 所示。

图 5-30　复制旋转

（2）参照（R）：采用参照方式旋转对象时，系统提示如下。

指定参照角 <0>:（指定要参考的角度，默认值为0）
指定新角度或[点(P)]:（输入旋转后的角度值）

操作完毕后，对象被旋转至指定的位置。

5.5.4　操作实例——绘制断路器符号

绘制如图 5-31 所示的断路器符号。操作步骤如下。

（1）单击"默认"选项卡"绘图"面板中的"直线"按钮 ╱，绘制两条竖直线段，直线坐标点分别为[（0,0）、（@0,5）]、[（0,5）、（@0,8）]，如图 5-32 所示。

（2）单击"默认"选项卡"修改"面板中的"旋转"按钮 ○，捕捉图 5-33 中两条竖直线段的公共点作为基点，旋转上侧的竖直线段，命令行提示与操作如下。

命令:_rotate
UCS当前的正角方向：ANGDIR=逆时针　ANGBASE=0
选择对象:（选择上侧的竖直线段）
选择对象: ↙
指定基点:（捕捉图5-33中两条竖直线段的公共点）
指定旋转角度，或 [复制(C)/参照(R)] <0>:30

结果如图 5-34 所示。

（3）单击"默认"选项卡"绘图"面板中的"直线"按钮 ╱，绘制两条竖直线段，直线坐标点分别为[（0,10）、（@0,5）]、[（0,9）、（@0,2）]。

（4）单击"默认"选项卡"修改"面板中的"旋转"按钮 ↻，捕捉短直线中点作为基点，旋转短直线，命令行提示与操作如下。

命令: _rotate
UCS 当前的正角方向: ANGDIR=逆时针　ANGBASE=0
选择对象:（选择短直线）
选择对象: ↙
指定基点:（捕捉短直线中点）
指定旋转角度，或 [复制(C)/参照(R)] <0>:45

结果如图 5-35 所示。

（5）单击"默认"选项卡"修改"面板中的"旋转"按钮 ↻，捕捉旋转后的短直线中点作为基点，旋转短直线，命令行提示与操作如下。

命令: _rotate
UCS当前的正角方向:　ANGDIR=逆时针　ANGBASE=0
选择对象:（选择旋转后的短直线）
选择对象: ↙
指定基点:（捕捉短直线中点）
指定旋转角度，或 [复制(C)/参照(R)] <90>: C
旋转一组选定对象。
指定旋转角度，或 [复制(C)/参照(R)] <90>:90

最终结果如图 5-31 所示。

图 5-31　断路器符号　　图 5-32　绘制线段　　图 5-33　指定旋转基点　　图 5-34　旋转图形　　图 5-35　旋转直线

🎓 **高手支招**

可以用拖动鼠标的方法旋转对象。选择对象并指定基点后，从基点到当前光标位置处会出现一条连线，移动鼠标选择的对象会动态地随着该连线与水平方向的夹角变化而旋转，按 Enter 键确认旋转操作，如图 5-36 所示。

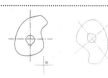

图 5-36　拖动鼠标旋转对象

5.5.5　"缩放"命令

【执行方式】

☑　命令行: scale。

☑　菜单栏: 选择菜单栏中的"修改"→"缩放"命令。

☑　工具栏: 单击"修改"工具栏中的"缩放"按钮 ▱。

☑ 功能区：单击"默认"选项卡"修改"面板中的"缩放"按钮□。

☑ 快捷菜单：选择要缩放的对象，在绘图区单击鼠标右键，从打开的快捷菜单中选择"缩放"命令。

【操作步骤】

执行上述任一操作后，命令行提示与操作如下。

```
命令:_scale
选择对象:（选择要缩放的对象）
选择对象:
指定基点:（指定缩放操作的基点）
指定比例因子或 [复制(C)/参照(R)]:
```

【选项说明】

（1）指定比例因子：选择对象并指定基点后，从基点到当前光标位置处会出现一条线段，线段的长度即为比例大小。鼠标选择的对象会动态地随着该连线长度的变化而缩放，按 Enter 键，确认缩放操作。

（2）复制（C）：选择"复制（C）"选项时，可以复制缩放对象，即缩放对象时，保留原对象，如图 5-37 所示。

（3）参照（R）：采用参考方向缩放对象时，系统提示如下。

图 5-37 复制缩放

```
指定参照长度 <1>:（指定参考长度值）
指定新的长度或 [点(P)] <1.0000>:（指定新长度值）
```

若新长度值大于参考长度值，则放大对象；否则，缩小对象。操作完毕后，系统以指定的基点按指定的比例因子缩放对象。如果选择"点（P）"选项，则指定两点来定义新的长度。

5.6 改变几何特性类命令

该类编辑命令在对指定对象进行编辑后，使编辑对象的几何特性发生改变，包括"倒斜角""倒圆角""断开""修剪""延长""拉长"和"伸展"等命令。

【预习重点】

☑ 了解改变几何特性类命令的种类。

☑ 比较分解、合并前后的对象属性变化。

☑ 比较使用"修剪""延伸"命令。

☑ 比较使用"拉伸""拉长"命令。

☑ 比较使用"圆角""倒角"命令。

☑ 练习使用"打断"命令。

5.6.1　"修剪"命令

【执行方式】

- ☑　命令行：trim。
- ☑　菜单栏：选择菜单栏中的"修改"→"修剪"命令。
- ☑　工具栏：单击"修改"工具栏中的"修剪"按钮 。
- ☑　功能区：单击"默认"选项卡"修改"面板中的"修剪"按钮 。

【操作步骤】

执行上述任一操作后，命令行提示与操作如下。

命令:_trim
当前设置: 投影=UCS，边=无
选择剪切边...
选择对象或 <全部选择>:（选择用作修剪边界的对象，按Enter键结束对象选择）
选择要修剪的对象,或按住Shift键选择要延伸的对象,或[栏选(F)/窗交(C)/投影(P)/边(E)/删除(R)/放弃(U)]:

【选项说明】

（1）按 Shift 键：在选择对象时，如果按住 Shift 键，系统自动将"修剪"命令转换成"延伸"命令，"延伸"命令将在 5.6.3 节介绍。

（2）边（E）：选择该选项时，可以选择对象的修剪方式，即"延伸"和"不延伸"。

① 延伸（E）：延伸边界进行修剪。在该方式下，如果剪切边没有与要修剪的对象相交，系统会延伸剪切边直至与要修剪的对象相交，然后再修剪，如图 5-38 所示。

| 选择剪切边 | 选择要修剪的对象 | 修剪后的结果 |

图 5-38　延伸方式修剪对象

② 不延伸（N）：不延伸边界修剪对象，只修剪与剪切边相交的对象。

（3）栏选（F）：选择该选项时，系统以"栏选"的方式选择被修剪对象，如图 5-39 所示。

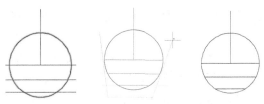

| 选择剪切边 | 选择要修剪的对象 | 修剪后的结果 |

图 5-39　"栏选"方式选择被修剪对象

（4）窗交（C）：选择该选项时，系统以窗交的方式选择被修剪对象，如图 5-40 所示。

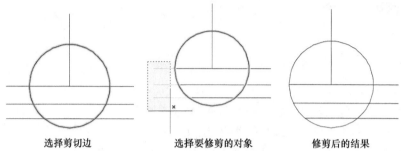

选择剪切边　　　　　　选择要修剪的对象　　　　　修剪后的结果

图 5-40　　"窗交"方式选择被修剪对象

5.6.2　操作实例——绘制 MOS 管符号

绘制如图 5-41 所示的 MOS 管符号。操作步骤如下。

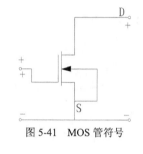

图 5-41　　MOS 管符号

1．绘制 MOS 管轮廓图

（1）单击"默认"选项卡"绘图"面板中的"直线"按钮／，打开"正交模式"，绘制长度为 32mm 的水平直线，如图 5-42 所示。

图 5-42　　绘制直线

（2）单击"默认"选项卡"修改"面板中的"偏移"按钮⊆，将直线依次向上偏移 4mm、1mm、10mm，命令行提示与操作如下。

```
命令: _offset（执行"偏移"命令）
当前设置: 删除源=否　图层=源　OFFSETGAPTYPE=0
指定偏移距离或 [通过(T)/删除(E)/图层(L)] <通过>: 4
选择要偏移的对象，或 [退出(E)/放弃(U)] <退出>:（选择直线为偏移对象）
指定要偏移的那一侧上的点，或 [退出(E)/多个(M)/放弃(U)] <退出>:（选择直线上侧）
选择要偏移的对象，或 [退出(E)/放弃(U)] <退出>:✓
```

偏移后的结果如图 5-43 所示。

注意

　　AutoCAD 中，用户可以使用"偏移"命令对指定的直线、圆弧、圆等对象作定距离偏移复制。在实际应用中，常利用"偏移"命令的特性创建平行线或等距离分布图形，效果同"阵列"。默认情况下，用户需要指定偏移距离，再选择要偏移复制的对象，然后指定偏移方向，以复制出对象。

（3）单击"默认"选项卡"修改"面板中的"镜像"按钮◭，将步骤（2）中上面 3 条线镜像到下方，如图 5-44 所示。

（4）单击"默认"选项卡"绘图"面板中的"直线"按钮／命令，开启"极轴追踪"方式，捕捉直线中点绘制竖向直线，如图 5-45 所示。

（5）单击"默认"选项卡"修改"面板中的"偏移"按钮⊆，将竖向直线依次向左偏移 4mm、1mm、8mm，如图 5-46 所示。

图 5-43　偏移直线 1　　　图 5-44　镜像效果　　　图 5-45　绘制竖向直线　　　图 5-46　偏移直线 2

（6）单击"默认"选项卡"修改"面板中的"修剪"按钮，修剪图形，命令行提示与操作如下。

```
命令:_trim
当前设置:投影=UCS，边=无
选择剪切边...
选择对象或 <全部选择>:（选择全部图形）
选择对象:↙
选择要修剪的对象，或按住Shift键选择要延伸的对象，或 [栏选(F)/窗交(C)/投影(P)/边(E)/删除(R)/放弃(U)]:
选择要修剪的对象，或按住Shift键选择要延伸的对象，或 [栏选(F)/窗交(C)/投影(P)/边(E)/删除(R)/放弃(U)]:↙
```

继续修剪直线，最终结果如图 5-47 所示。

2．绘制引出端及箭头

（1）单击"默认"选项卡"绘图"面板中的"多段线"按钮，开启"极轴追踪"方式，捕捉直线中点，如图 5-48 所示。

（2）在"状态栏"中的"对象捕捉"按钮上单击鼠标右键，在弹出的快捷菜单中选择"对象捕捉设置…"命令，①系统弹出"草图设置"对话框，②选择"极轴追踪"选项卡，③并将增量角设为15°，如图 5-49 所示。

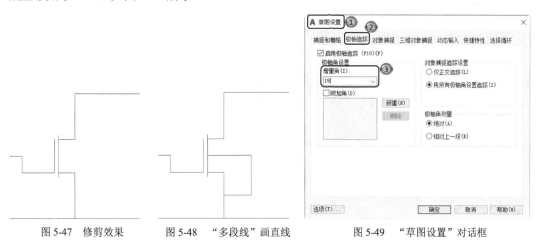

图 5-47　修剪效果　　　图 5-48　"多段线"画直线　　　图 5-49　"草图设置"对话框

（3）单击"默认"选项卡"绘图"面板中的"直线"按钮，捕捉交点，绘制箭头，如图 5-50 所示。

（4）单击"默认"选项卡"绘图"面板中的"图案填充"按钮，打开"图案填充创建"选项卡，用 SOLID 填充箭头，如图 5-51 所示。

图 5-50　绘制箭头　　　　　　　　　图 5-51　填充箭头

（5）单击"默认"选项卡"绘图"面板中的"圆"按钮⊙，绘制输入、输出端子，并剪切掉多余的线段。

（6）单击"默认"选项卡"绘图"面板中的"直线"按钮╱，在输入、输出端子处标上正负号。

3．添加文字及符号

单击"默认"选项卡"注释"面板中的"多行文字"按钮 A （将在第 6 章介绍该命令），在适当位置标上符号，结果如图 5-41 所示。

5.6.3　"延伸"命令

延伸对象是指延伸对象直至另一个对象的边界线，如图 5-52 所示。

选择边界　　　　　　　选择要延伸的对象　　　　　　执行结果

图 5-52　延伸对象

【执行方式】

☑　命令行：extend。
☑　菜单栏：选择菜单栏中的"修改"→"延伸"命令。
☑　工具栏：单击"修改"工具栏中的"延伸"按钮→|。
☑　功能区：单击"默认"选项卡"修改"面板中的"延伸"按钮→|。

【操作步骤】

执行上述任一操作后，命令行提示与操作如下。

```
命令:_extend
当前设置:投影=UCS，边=无
选择边界的边...
选择对象或 <全部选择>:（选择边界对象）
```

【选项说明】

（1）如果要延伸的对象是适配样条多段线，则延伸后会在多段线的控制框上增加新节点。

如果要延伸的对象是锥形的多段线，系统会修正延伸端的宽度，使多段线从起始端平滑地延伸至新的终止端。如果延伸操作导致新终止端的宽度为负值，则取宽度值为 0，如图 5-53 所示。

图 5-53　延伸对象

（2）选择对象时，如果按住 Shift 键，系统会自动把"延伸"命令转换成"修剪"命令。

5.6.4　操作实例——绘制单向操作符号

绘制如图 5-54 所示的单向操作符号。操作步骤如下。

（1）设置图层。设置两个图层：实线层和虚线层，线型分别设置为 Continuous 和 ACAD_ISO02W100。其他属性按默认设置。

（2）绘制基本图形。单击"默认"选项卡"绘图"面板中的"矩形"按钮 □，以原点为起点绘制长为 10mm、宽为 5mm 的矩形，如图 5-55（a）所示。

（3）绘制竖直直线。单击"默认"选项卡"绘图"面板中的"直线"按钮 ／，连接矩形上边中点和下边的中点，效果如图 5-55（b）所示。

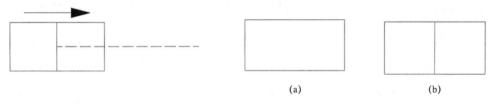

图 5-54　单向操作符号

(a)　　　　　　　(b)

图 5-55　绘制基本图形

（4）绘制水平直线。单击"默认"选项卡"绘图"面板中的"直线"按钮 ／，以矩形右边中点为起点，向右绘制长度为 10mm 的直线，并将其图形属性更改为"虚线层"，单击鼠标右键选择"特性"命令，打开"特性"选项板，将线型比例设置为 0.1，最终结果如图 5-56 所示。

（5）延伸直线。单击"默认"选项卡"修改"面板中的"延伸"按钮 ⇥，选择虚线作为延伸的对象，将其延伸到直线 AB，命令行提示与操作如下。

```
命令: _extend
当前设置:投影=UCS，边=无
选择边界的边...
选择对象或 <全部选择>:（选取AB边）
选择对象: ↙
选择要延伸的对象，或按住 Shift 键选择要修剪的对象，或 [栏选(F)/窗交(C)/投影(P)/边(E)/放弃(U)]:
（选取虚线）
选择要延伸的对象，或按住 Shift 键选择要修剪的对象，或 [栏选(F)/窗交(C)/投影(P)/边(E)/放弃(U)]: ↙
```

效果如图 5-57 所示。

图 5-56　绘制直线　　　　　　　　　　　　　图 5-57　延伸直线

（6）绘制多段线。单击"默认"选项卡"绘图"面板中的"多段线"按钮 ，绘制箭头，命令行提示与操作如下。

```
命令: _pline
指定起点: 1.5,6
当前线宽为 0.0000
指定下一个点或 [圆弧(A)/半宽(H)/长度(L)/放弃(U)/宽度(W)]: @5,0
指定下一点或 [圆弧(A)/闭合(C)/半宽(H)/长度(L)/放弃(U)/宽度(W)]: W
指定起点宽度 <0.0000>: 1
指定端点宽度 <1.0000>: 0
指定下一点或 [圆弧(A)/闭合(C)/半宽(H)/长度(L)/放弃(U)/宽度(W)]: @2,0
指定下一点或 [圆弧(A)/闭合(C)/半宽(H)/长度(L)/放弃(U)/宽度(W)]: ↙
```

最终效果如图 5-54 所示。

5.6.5　"拉伸"命令

拉伸对象是指拖拉选择的对象，使其形状发生改变。拉伸对象时，应指定拉伸的基点和移至点。利用一些辅助工具，如捕捉、钳夹功能及相对坐标等可以提高拉伸的精度。

【执行方式】

☑　命令行: stretch。

☑　菜单栏: 选择菜单栏中的"修改"→"拉伸"命令。

☑　工具栏: 单击"修改"工具栏中的"拉伸"按钮 。

☑　功能区: 单击"默认"选项卡"修改"面板中的"拉伸"按钮 。

【操作步骤】

执行上述任一操作后，命令行提示与操作如下。

```
命令: _stretch
以交叉窗口或交叉多边形选择要拉伸的对象...
选择对象: C
指定第一个角点: 指定对角点: 找到两个（采用交叉窗口的方式选择要拉伸的对象）
指定基点或 [位移(D)]<位移>:（指定拉伸的基点）
指定第二个点或 <使用第一个点作为位移>:（指定拉伸的移至点）
```

此时，若指定第二个点，系统将根据这两点决定的矢量拉伸对象。若直接按 Enter 键，系统会把第一个点的坐标值作为 X 轴和 Y 轴的分量值。

🎓 **高手支招**

用交叉窗口选择拉伸对象时，落在交叉窗口内的端点被拉伸，落在外部的端点保持不动。

5.6.6　"拉长"命令

【执行方式】

- ☑　命令行: lengthen。
- ☑　菜单栏: 选择菜单栏中的"修改"→"拉长"命令。
- ☑　功能区: 单击"默认"选项卡"修改"面板中的"拉长"按钮 。

【操作步骤】

执行上述任一操作后, 命令行提示与操作如下。

```
命令: _lengthen
以交叉窗口或交叉多边形选择要拉伸的对象...
选择对象: C
指定第一个角点: 指定对角点: 找到两个: 采用交叉窗口的方式选择要拉伸的对象
指定基点或 [位移(D)] <位移>: 指定拉伸的基点
指定第二个点或 <使用第一个点作为位移>: 指定拉伸的移至点
```

【选项说明】

(1) 增量(DE): 用指定增加量的方法改变对象的长度或角度。

(2) 百分比(P): 用指定要修改对象的长度占总长度的百分比的方法, 改变圆弧或直线段的长度。

(3) 总计(T): 用指定新的总长度或总角度值的方法改变对象的长度或角度。

(4) 动态(DY): 在这种模式下, 可以使用拖动鼠标的方法动态地改变对象的长度或角度。

5.6.7　操作实例——绘制半导体二极管符号

绘制图 5-58 所示的半导体二极管符号。操作步骤如下。

(1) 绘制三角形。单击"默认"选项卡"绘图"面板中的"多边形"按钮 , 绘制结果如图 5-59 所示。命令行提示与操作如下。

```
命令: _polygon
输入侧面数 <3>:3
指定正多边形的中心点或 [边(E)]: E
指定边的第一个端点: 0,0
指定边的第二个端点: <正交 开> 20(在正交绘图模式下, 用鼠标指向原点的左侧)
```

(2) 绘制水平直线。单击"默认"选项卡"绘图"面板中的"直线"按钮 , 以三角形下角点为起点向右绘制长度为 10mm 的水平直线, 如图 5-60 所示。

(3) 拉长直线。单击"默认"选项卡"修改"面板中的"拉长"按钮 , 将水平直线向左延长 10mm, 命令行提示与操作如下。

```
命令: _lengthen
选择要测量的对象或 [增量(DE)/百分比(P)/总计(T)/动态(DY)] <增量(DE)>: DE
输入长度增量或 [角度(Av) <1.0000>:10
```

选择要修改的对象或 [放弃(U)]:（选择水平直线左端点）
选择要修改的对象或 [放弃(U)]: ↙

结果如图 5-61 所示。

（4）绘制竖直直线。单击"默认"选项卡"绘图"面板中的"直线"按钮╱，以三角形下角点为起点，上边中点为端点绘制一条垂直直线段，如图 5-62 所示。

（5）拉长直线。单击"默认"选项卡"修改"面板中的"拉长"按钮╱，将竖向直线分别向上和向下延长 10mm，命令行提示与操作如下。

命令: _lengthen
选择要测量的对象或 [增量(DE)/百分比(P)/总计(T)/动态(DY)] <增量(DE)>: DE
输入长度增量或 [角度(A)] <1.0000>:10
选择要修改的对象或 [放弃(U)]:（选择竖直直线上端点）
选择要修改的对象或 [放弃(U)]:（选择竖直直线下端点）
选择要修改的对象或 [放弃(U)]: ↙

最终结果如图 5-58 所示。

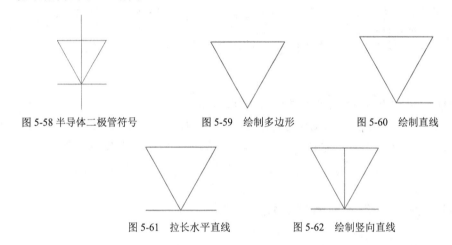

图 5-58 半导体二极管符号　　　　图 5-59　绘制多边形　　　　图 5-60　绘制直线

图 5-61　拉长水平直线　　　　图 5-62　绘制竖向直线

5.6.8　"倒角"命令

倒角是指用斜线连接两个不平行的线型对象。可以用斜线连接直线段、双向无限长线、射线和多段线。

【执行方式】

- ☑　命令行: chamfer。
- ☑　菜单栏: 选择菜单栏中的"修改"→"倒角"命令。
- ☑　工具栏: 单击"修改"工具栏中的"倒角"按钮╱。
- ☑　功能区: 单击"默认"选项卡"修改"面板中的"倒角"按钮╱。

【操作步骤】

执行上述任一操作后，命令行提示与操作如下。

命令:_chamfer

（"不修剪"模式）当前倒角距离 1 = 0.0000，距离 2 = 0.0000

选择第一条直线或 [放弃(U)/多段线(P)/距离(D)/角度(A)/修剪(T)/方式(E)/多个(M)]:（选择第一条直线或别的选项）

选择第二条直线，或按住 Shift 键选择直线以应用角点或 [距离(D)/角度(A)/方法(M)]:（选择第二条直线）

【选项说明】

（1）多段线（P）：对多段线的各个交叉点进行倒角编辑。为了得到最佳连接效果，一般设置斜线是相等的值。系统根据指定的斜线距离把多段线的每个交叉点都作斜线连接，连接的斜线成为多段线新添加的部分，如图 5-63 所示。

（2）距离（D）：选择倒角的两个斜线距离。斜线距离指从被连接的对象与斜线的交点到被连接的两对象的可能的交点之间的距离，如图 5-64 所示。这两个斜线距离可以相同也可以不相同，若二者均为 0，则系统不绘制连接的斜线，而是把两个对象延伸至相交，并修剪超出的部分。

（3）角度（A）：选择第一条直线的斜线距离和角度。采用这种方法斜线连接对象时，需要输入两个参数，即斜线与一个对象的斜线距离及斜线与该对象的夹角，如图 5-65 所示。

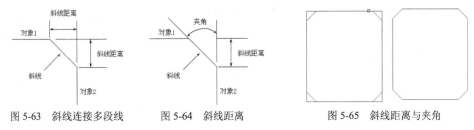

图 5-63　斜线连接多段线　　图 5-64　斜线距离　　　　图 5-65　斜线距离与夹角

（4）修剪（T）：与圆角连接命令 fillet 相同，该选项决定连接对象后，是否剪切原对象。

（5）方式（E）：决定采用"距离"方式还是"角度"方式来倒角。

（6）多个（M）：同时对多个对象进行倒角编辑。

5.6.9　"圆角"命令

圆角是指用指定的半径决定的一段平滑的圆弧连接两个对象。系统规定可以以"圆角"命令连接一对直线段、非圆弧的多段线段、样条曲线、双向无限长线、射线、圆、圆弧和椭圆。可以在任何时刻以"圆角"命令连接非圆弧多段线的每个节点。

【执行方式】

- ☑　命令行：fillet。
- ☑　菜单栏：选择菜单栏中的"修改"→"圆角"命令。
- ☑　工具栏：单击"修改"工具栏中的"圆角"按钮 。
- ☑　功能区：单击"默认"选项卡"修改"面板中的"圆角"按钮 。

【操作步骤】

执行上述任一操作后，命令行提示与操作如下。

命令：_fillet
当前设置：模式 = 修剪，半径 = 0.0000
选择第一个对象或 [放弃(U)/多段线(P)/半径(R)/修剪(T)/多个(M)]:（选择第一个对象或别的选项）
选择第二个对象，或按住 Shift 键选择要应用角点的对象:（选择第二个对象）

高手支招

> 有时用户在执行"圆角"和"倒角"命令时，发现命令不执行或执行后没什么变化，那是因为系统默认圆角半径和斜线距离均为 0，如果不事先设定圆角半径或斜线距离，系统就以默认值执行命令，所以看起来好像没有执行命令。

【选项说明】

（1）多段线（P）：在一条二维多段线的两段直线段的节点处插入圆滑的弧。选择多段线后，系统会根据指定圆弧的半径将多段线各顶点用圆滑的弧连接起来。

（2）修剪（T）：决定在圆角连接两条边时，是否修剪这两条边，如图 5-66 所示。

（3）多个（M）：可以同时对多个对象进行圆角编辑，而不必重新启用命令。

（4）按住 Shift 键选择对象以应用角点：按住 Shift 键并选择两条直线，可以快速创建零距离倒角或零半径圆角。

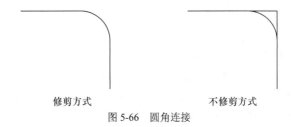

修剪方式   不修剪方式

图 5-66 圆角连接

5.6.10 操作实例——绘制闸流管符号

绘制如图 5-67 所示的闸流管符号。操作步骤如下。

（1）设置图层。单击"默认"选项卡"图层"面板中的"图层特性"按钮，打开"图层特性管理器"选项板，设置"实线层"和"虚线层"两个图层，将"实线层"设置为当前图层。设置好的各图层属性如图 5-68 所示。

（2）单击"默认"选项卡"绘图"面板中的"直线"按钮，在"正交"绘图方式下，绘制一条长度为 5mm 的竖向直线。

（3）单击"默认"选项卡"修改"面板中的"偏移"按钮，将直线向右偏移 10mm，如图 5-69 所示。

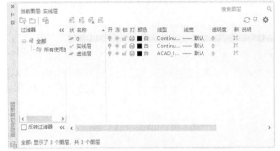

图 5-67 闸流管符号　　　　　　　　　　图 5-68 设置图层　　　　　　　　　　图 5-69 偏移直线 1

（4）单击"默认"选项卡"修改"面板中的"圆角"按钮，对两条直线进行圆角处理，结果如图 5-70 所示。命令行提示与操作如下。

```
命令: _fillet
当前设置: 模式 = 修剪，半径 = 0.5000
选择第一个对象或 [放弃(U)/多段线(P)/半径(R)/修剪(T)/多个(M)]: R
指定圆角半径 <0.5000>: 5
选择第一个对象或 [放弃(U)/多段线(P)/半径(R)/修剪(T)/多个(M)]: M
选择第一个对象或 [放弃(U)/多段线(P)/半径(R)/修剪(T)/多个(M)]:（单击左侧直线上端点）
选择第二个对象，或按住 Shift 键选择对象以应用角点或 [半径(R)]:（单击右侧直线上端点）
选择第一个对象或 [放弃(U)/多段线(P)/半径(R)/修剪(T)/多个(M)]:（单击左侧直线下端点）
选择第二个对象，或按住 Shift 键选择对象以应用角点或 [半径(R)]:（单击右侧直线下端点）
选择第一个对象或 [放弃(U)/多段线(P)/半径(R)/修剪(T)/多个(M)]:↙
```

（5）单击"默认"选项卡"绘图"面板中的"直线"按钮，在"正交"绘图方式下，指定圆弧中点为直线起点，直线下一点坐标为（@0，–1.5），绘制直线，再指定点（@，–1.5）为直线起点，下一点坐标为（@1.5，0），绘制水平直线，如图 5-71 所示。并调用"拉长"命令，将竖直直线向上拉长 1.5mm，将水平直线向左拉长 1.5mm，结果如图 5-72 所示。

（6）单击"默认"选项卡"绘图"面板中的"直线"按钮，在"正交"绘图方式下，绘制一条长为 4mm 的竖直辅助线，继续单击"默认"选项卡"修改"面板中的"移动"按钮，选择辅助线，将其作为移动对象，以直线中点为基点，将其移动到下圆弧的中点位置处，结果如图 5-73 所示。

（7）单击"默认"选项卡"修改"面板中的"偏移"按钮，选择第（6）步绘制的辅助线，将直线分别向两侧偏移 1.5mm，再次偏移 1.5mm，偏移完成后将辅助线删除掉，结果如图 5-74 所示。

　　　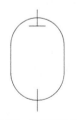　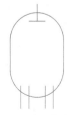

图 5-70 圆角处理 1　图 5-71 绘制直线　图 5-72 拉长直线　图 5-73 绘制辅助线　图 5-74 偏移辅助线

（8）单击"默认"选项卡"修改"面板中的"圆角"按钮，对偏移后的直线进行圆角处理，结果如图 5-75 所示。命令行提示与操作如下。

```
命令: _fillet
当前设置: 模式 = 修剪, 半径 = 5.0000
选择第一个对象或 [放弃(U)/多段线(P)/半径(R)/修剪(T)/多个(M)]: R
指定圆角半径 <5.0000>:3
选择第一个对象或 [放弃(U)/多段线(P)/半径(R)/修剪(T)/多个(M)]:（单击最左侧直线上端点）
选择第二个对象，或按住 Shift 键选择对象以应用角点或 [半径(R)]:（单击最右侧直线上端点）
命令: _fillet
当前设置: 模式 = 修剪, 半径 = 3.0000
选择第一个对象或 [放弃(U)/多段线(P)/半径(R)/修剪(T)/多个(M)]: R
指定圆角半径 <3.0000>:1.5
选择第一个对象或 [放弃(U)/多段线(P)/半径(R)/修剪(T)/多个(M)]:（单击内侧偏左直线上端点）
选择第二个对象，或按住 Shift 键选择对象以应用角点或 [半径(R)]:（单击内侧偏右直线上端点）
选择第一个对象或 [放弃(U)/多段线(P)/半径(R)/修剪(T)/多个(M)]:↙
```

（9）单击"默认"选项卡"绘图"面板中的"直线"按钮 ╱，在"对象追踪"绘图方式下，以图 5-75 中给出的端点位置为直线起点绘制角度为 45°、长为 10mm 的斜直线，结果如图 5-76 所示。

（10）单击"默认"选项卡"修改"面板中的"修剪"按钮 ，对图形进行修剪处理，结果如图 5-77 所示。

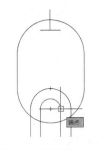

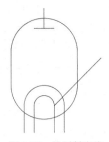

图 5-75　圆角处理 2　　　　　　　图 5-76　绘制斜直线　　　　　　　图 5-77　修剪图形

（11）单击"默认"选项卡"绘图"面板中的"圆"下拉菜单 ，选择"相切、相切、半径"方式绘制直径为 0.5mm 的圆，指定圆的两个切点分别在修剪后的斜直线上和最右侧的竖直直线上，结果如图 5-78 所示。并单击"默认"选项卡"修改"面板中的"移动"按钮 ，在"对象捕捉"绘图方式下，以圆与斜直线的切点为基点，将圆移动到斜直线的中点位置，最终结果如图 5-79 所示。

（12）单击"默认"选项卡"绘图"面板中的"图案填充"按钮 。打开"图案填充创建"选项卡，选择"SOLID"图案，设置"角度"为 0°，"比例"为 1，选择圆，以其作为填充对象。

（13）单击"默认"选项卡"修改"面板中的"偏移"按钮 ，将图 5-80 中的直线 A 向下偏移 3.5mm，并将偏移后的直线转换到"虚线层"内，单击鼠标右键选择"特性"选项，打开"特性"选项板，将线型比例更改为 0.1。

（14）单击"默认"选项卡"绘图"面板中的"直线"按钮 ╱，以虚线左端点为起点向左绘制长度为 6mm 的水平直线，继续单击"默认"选项卡"修改"面板中的"删除"按钮 ，将斜直线删除掉，完成闸流管符号的绘制，最终结果如图 5-67 所示。

图 5-78　绘制圆

图 5-79　移动圆

图 5-80　偏移直线 2

5.6.11　"打断"命令

【执行方式】

- ☑　命令行：break。
- ☑　菜单栏：选择菜单栏中的"修改"→"打断"命令。
- ☑　工具栏：单击"修改"工具栏中的"打断"按钮□。
- ☑　功能区：单击"默认"选项卡"修改"面板中的"打断"按钮□。

【操作步骤】

执行上述任一操作后，命令行提示与操作如下。

命令:_break
选择对象:（选择要打断的对象）
指定第二个打断点或 [第一点(F)]:（指定第二个断开点或输入"F"）

【选项说明】

如果选择"第一点（F）"选项，系统将丢弃前面的第一个选择点，重新提示用户指定两个打断点。

5.6.12　操作实例——绘制中间开关符号

绘制如图 5-81 所示的中间开关符号。操作步骤如下。

（1）绘制圆。单击"默认"选项卡"绘图"面板中的"圆"按钮⊙，在原点绘制一个半径为 5mm 的圆。

（2）绘制直线。单击"默认"选项卡"绘图"面板中的"直线"按钮╱，在"极轴追踪"绘图方式下以原点为起点，绘制角度为 60°、长为 20mm 的斜直线，如图 5-82 所示。

（3）打断斜直线。单击"默认"选项卡"修改"面板中的"打断"按钮□，命令行提示与操作如下。

命令:_break
选择对象:（0,0）
指定第二个打断点或 [第一点(F)]:（选择斜直线与圆的交点）

打断后的图形如图 5-83 所示。

（4）偏移斜直线。单击"默认"选项卡"修改"面板中的"偏移"按钮 ⊂，以第（2）步绘制的斜直线为偏移对象，向下偏移 5mm。

（5）打断斜直线。单击"默认"选项卡"修改"面板中的"打断"按钮 ⊏，命令行提示与操作如下。

```
命令: _break
选择对象:（选择斜直线下端点）
指定第二个打断点或 [第一点(F)]:（选择外圆的右侧象限点）
```

打断后的图形如图 5-84 所示。

（6）绘制直线。单击"默认"选项卡"绘图"面板中的"直线"按钮 ╱，以短斜直线的中点为直线起点，捕捉长斜直线的垂足绘制直线段。中间开关符号绘制完成，结果如图 5-81 所示。

🪛 **举一反三**

绘制斜直线时，要关闭状态栏中的"正交"。

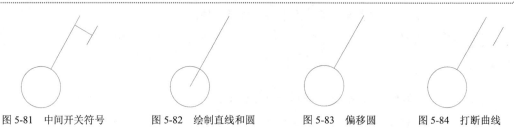

图 5-81 中间开关符号　　图 5-82 绘制直线和圆　　图 5-83 偏移圆　　图 5-84 打断曲线

5.6.13 "分解"命令

【执行方式】

☑ 命令行：explode。
☑ 菜单栏：选择菜单栏中的"修改"→"分解"命令。
☑ 工具栏：单击"修改"工具栏中的"分解"按钮 ◱。
☑ 功能区：单击"默认"选项卡"修改"面板中的"分解"按钮 ◱。

【操作步骤】

执行上述任一操作后，命令行提示与操作如下。

```
命令: _explode
选择对象:（选择要分解的对象）
```

5.6.14 操作实例——绘制热继电器元件图形符号

绘制图 5-85 所示的热继电器元件图形符号。操作步骤如下。

（1）绘制矩形。单击"默认"选项卡"绘图"面板中的"矩

图 5-85 热继电器元件图形符号

形"按钮 ▭ ，绘制一个长

为 20mm、宽为 5mm 的矩形，效果如图 5-86（a）所示。

（2）分解矩形。单击"默认"选项卡"修改"面板中的"分解"按钮 ▭ ，将绘制的矩形分解为 4 条直线，命令行提示与操作如下。

```
命令: _explode
选择对象: 找到 1 个（选择矩形）
选择对象: ↙
```

效果如图 5-86（a）所示。

（3）偏移直线。单击"默认"选项卡"修改"面板中的"偏移"按钮 ⊂ ，以上端水平直线为起始，向下绘制一条水平直线，偏移量为 2.5mm，以左侧竖直直线为起始向右偏移两条竖直直线，偏移量为 2.5mm、8.75mm，效果如图 5-86（b）所示。

（4）修剪图形。单击"默认"选项卡"修改"面板中的"修剪"按钮 ⊻ ，修剪图形，效果如图 5-86（c）所示。

（5）绘制直线。单击"默认"选项卡"修改"面板中的"拉长"按钮 ⁄ ，将与矩形相交的右侧竖向直线分别向上、向下拉长 5mm，并单击"默认"选项卡"修改"面板中的"修剪"按钮 ⊻ ，修剪图形，完成继电器线圈符号的绘制，效果如图 5-86（d）所示。

图 5-86 绘制热继电器元件图形符号

🪛 举一反三

使用"分解"命令可以将一个合成图形分解为其各个部件。例如，一个矩形被分解之后会变成 4 条直线，而一个有宽度的直线被分解之后会失去其宽度属性。

5.6.15 "合并"命令

使用"合并"命令可以将直线、圆、椭圆弧和样条曲线等独立的线段合并为一个对象。

【执行方式】

☑ 命令行: join。

☑ 菜单栏: 选择菜单栏中的"修改"→"合并"命令。

☑ 工具栏: 单击"修改"工具栏中的"合并"按钮 ⁺⁺ 。

☑ 功能区: 单击"默认"选项卡"修改"面板中的"合并"按钮 ⁺⁺ 。

【操作步骤】

执行上述任一操作后，命令行提示与操作如下。

命令:_join
选择源对象或要一次合并的多个对象:（选择一个对象）
选择要合并的对象:（选择另一个对象）
选择要合并的对象:↙

5.7 综合演练——绘制耐张铁帽三视图

绘制图 5-87 所示的耐张铁帽三视图。操作步骤如下。

☆ 手把手教你学

在本实例中，综合运用了本章所学的一些编辑命令，绘制的大体顺序是先设置绘图环境，然后绘制图样布局，最后分别绘制主视图、左视图和俯视图。

1. 设置绘图环境

（1）建立新文件。打开 AutoCAD 2022 应用程序，单击"快速访问"工具栏中的"新建"按钮，以"无样板打开-公制（M）"创建一个新的文件，并将其保存为"耐张铁帽三视图.dwg"。

（2）设置图层。单击"默认"选项卡"图层"面板中的"图层特性"按钮，打开"图层特性管理器"选项板，设置"轮廓线层""实体符号层"和"虚线层"3 个图层，将"轮廓线层"设置为当前图层。设置好的各图层属性如图 5-88 所示。

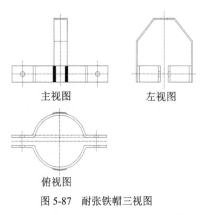

主视图　　左视图

俯视图

图 5-87　耐张铁帽三视图　　　　　　　　图 5-88　设置图层

2. 图样布局

（1）绘制水平线。单击"默认"选项卡"绘图"面板中的"构造线"按钮，在"正交模式"下绘制一条横贯整个屏幕的水平线 1，命令行提示与操作如下。

命令:_xline
指定点或 [水平(H)/垂直(V)/角度(A)/二等分(B)/偏移(O)]: H
指定通过点:（在屏幕上合适位置指定一点）
指定通过点:↙

（2）偏移水平线。单击"默认"选项卡"修改"面板中的"偏移"按钮，将水平线 1 依次向下偏移 85mm、90mm、30mm、30mm、150mm、108mm 和 108mm，得到 7 条直线，结果如图 5-89 所示。

（3）绘制竖直线。单击"默认"选项卡"绘图"面板中的"直线"按钮 ／，绘制竖向直线 2，如图 5-90 所示。

（4）偏移竖向直线。单击"默认"选项卡"修改"面板中的"偏移"按钮 ⋐，将直线 2 依次向右偏移 40mm、40mm、8mm、71mm、25mm、25mm、71mm、8mm、40mm、40mm、108mm、108mm 和 108mm，得到 13 条直线，结果如图 5-91 所示。

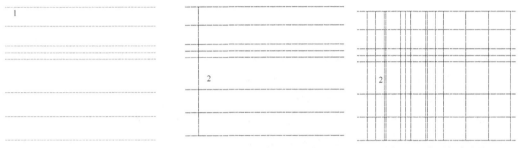

图 5-89　偏移水平线　　　　　图 5-90　绘制竖向直线　　　　　图 5-91　偏移竖向直线

（5）修剪直线。单击"默认"选项卡"修改"面板中的"修剪"按钮 ∛，修剪掉多余的线段，得到图样布局，如图 5-92 所示。

（6）绘制三视图布局。单击"默认"选项卡"修改"面板中的"修剪"按钮 ∛ 和"删除"按钮 ✍，将图 5-92 裁剪成图 5-93 所示的 3 个区域，每个区域对应一个视图。

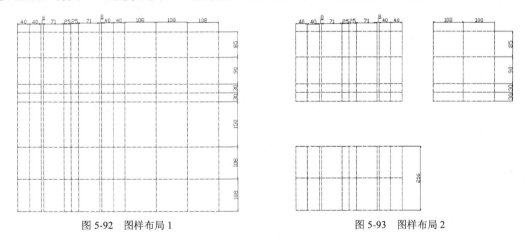

图 5-92　图样布局 1　　　　　　　　　图 5-93　图样布局 2

3．绘制主视图

（1）修剪图形。单击"默认"选项卡"修改"面板中的"修剪"按钮 ∛，修剪图 5-93 所示的左上角区域，得到主视图的大致轮廓，如图 5-94 所示。

（2）绘制主视图左半部分。

① 单击"默认"选项卡"修改"面板中的"偏移"按钮 ⋐，将图 5-94 所示的直线 1 向下偏移 4mm，选中偏移后的直线，将其图层特性设为"虚线层"，单击"默认"选项卡"修改"面板中的"修剪"按钮 ∛，保留图形的左半部分，如图 5-95 所示。

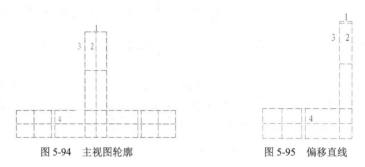

图 5-94 主视图轮廓　　　　　　　　　　图 5-95 偏移直线

② 单击"默认"选项卡"修改"面板中的"偏移"按钮 ⊂，将图 5-95 所示的直线 2 向左偏移 17.5mm，选中偏移后的直线，将其图层特性设为"虚线层"，单击"默认"选项卡"修改"面板中的"修剪"按钮 ▼，得到表示圆孔的隐线。

③ 单击"默认"选项卡"修改"面板中的"偏移"按钮 ⊂，将图 5-95 所示的直线 3 向左偏移 4mm，并将其图形特性设为"实体符号层"，单击"默认"选项卡"修改"面板中的"修剪"按钮 ▼，得到表示架板与抱箍板连接斜面的小矩形。

④ 单击"默认"选项卡"绘图"面板中的"图案填充"按钮 ▥，系统打开"图案填充创建"选项卡，如图 5-96 所示，选择"SOLID"图案，设置"角度"为 0，"比例"为 1，选择填充区域填充图形，效果如图 5-97 所示。

图 5-96 "图案填充创建"选项卡

⑤ 将当前图层由"轮廓线层"切换为"实体符号层"，单击"默认"选项卡"绘图"面板中的"圆"按钮 ⊙，以图 5-98 所示交点为圆心，绘制直径为 17.5mm 的表示螺孔的小圆形，效果如图 5-99 所示。

⑥ 单击"默认"选项卡"绘图"面板中的"多段线"按钮 ⌐⊃，绘制出主视图外轮廓线的左半部分，关闭"轮廓线层"后的效果如图 5-100 所示。

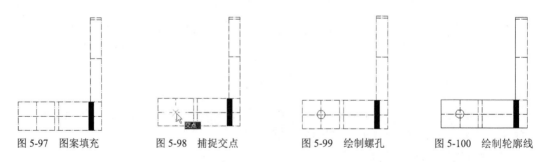

图 5-97 图案填充　　　图 5-98 捕捉交点　　　图 5-99 绘制螺孔　　　图 5-100 绘制轮廓线

⑦ 打开"轮廓线层"，单击"默认"选项卡"修改"面板中的"镜像"按钮 ⚠，以中心线为对称轴，将左边图形对称复制一份，效果如图 5-101 所示。

⑧ 单击"默认"选项卡"修改"面板中的"偏移"按钮 ⊂，将中心线分别向左、向右偏移 12.5mm，单击"默认"选项卡"修改"面板中的"修剪"按钮 ▼，修剪掉多余的图形，得到如

图 5-102 所示图形。

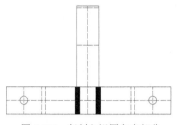
图 5-101　复制主视图左半部分

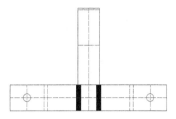
图 5-102　耐张铁帽主视图

4．绘制左视图

（1）单击"默认"选项卡"修改"面板中的"偏移"按钮 ，将左视图区域补充绘制定位线，如图 5-103 所示。

（2）将"实体符号层"设置为当前图层，单击"默认"选项卡"绘图"面板中的"多段线"按钮 ，通过捕捉端点和交点绘制出架板的外轮廓，如图 5-104 所示。

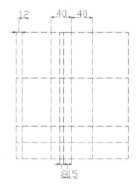
图 5-103　在左视图区域绘制定位线

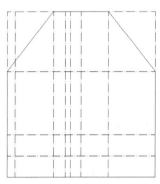
图 5-104　绘制架板的外轮廓

（3）单击"默认"选项卡"修改"面板中的"偏移"按钮 ，将架板的外轮廓向内偏移 4mm，得到架板的内轮廓，如图 5-105 所示。

（4）单击"默认"选项卡"修改"面板中的"修剪"按钮 ，修剪左视图区域的左下方轴线，得到抱箍板的大致轮廓。

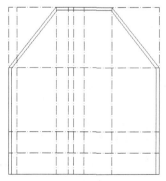
图 5-105　绘制架板的内轮廓

（5）单击"默认"选项卡"绘图"面板中的"多段线"按钮 ，绘制出抱箍板的轮廓，如图 5-106 所示。

（6）绘制表示抱箍板上的螺孔的虚线。

① 将"虚线层"设置为当前图层。

② 选择菜单栏中的"工具"→"绘图设置"命令，①打开"草图设置"对话框，②选择"对象捕捉"选项卡，③将象限点、交点、垂足、中点和端点设置为可捕捉模式，如图 5-107 所示。

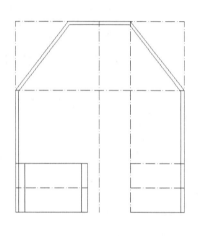

图 5-106　抱箍板的轮廓

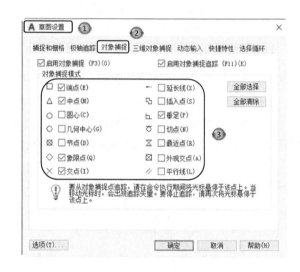

图 5-107　"草图设置"对话框

③ 单击"默认"选项卡"绘图"面板中的"直线"按钮 ，在"对象追踪"绘图方式下，通过追踪主视图中螺孔的象限点，确定直线的第一个端点，如图 5-108 所示，捕捉垂足确定直线的第二个端点，绘制好的直线如图 5-109 所示。

④ 单击"默认"选项卡"修改"面板中的"镜像"按钮 ，镜像复制如图 5-109 所示的抱箍板的左半部分，得到抱箍板的右半部分。

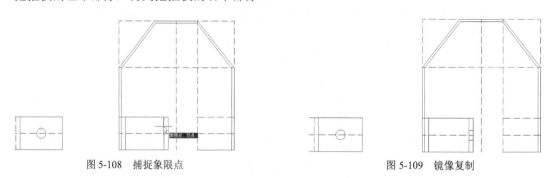

图 5-108　捕捉象限点　　　　　　　　　　　　　图 5-109　镜像复制

⑤ 单击"默认"选项卡"修改"面板中的"偏移"按钮 ，将中心线向左右各偏移 12.5mm，单击"默认"选项卡"修改"面板中的"修剪"按钮 ，修剪多余的直线，并补充绘制右侧图形，至此，基本完成左视图的绘制，关闭"轮廓线层"，显示效果如图 5-110 所示。

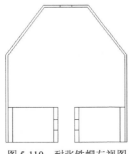

图 5-110 耐张铁帽左视图

5．绘制俯视图

（1）单击"默认"选项卡"修改"面板中的"偏移"按钮 ⊆，在俯视图区域绘制定位线，如图 5-111 所示。

（2）将"实体符号层"设置为当前图层，单击"默认"选项卡"绘图"面板中的"圆"按钮 ⊙，绘制抱箍板图形部分的轮廓，两个圆的半径分别为 96mm 和 104mm。

（3）单击"默认"选项卡"绘图"面板中的"多段线"按钮 ⌐⊃，绘制抱箍板的左上平板部分的轮廓，如图 5-112 所示。

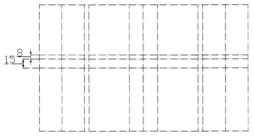

图 5-111 在俯视区域绘制定位线

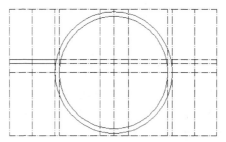

图 5-112 绘制抱箍板的左上平板部分的轮廓

（4）关闭"轮廓线层"，将"虚线层"设置为当前图层。单击"默认"选项卡"绘图"面板中的"直线"按钮 ╱，绘制表示抱箍板上的螺孔。

（5）单击"默认"选项卡"修改"面板中的"圆角"按钮 ⌒，将圆角半径设置为 10mm，然后分别对抱箍板平板向圆板过渡处的内侧及外侧进行"圆角"设置，如图 5-113 所示。

（6）单击"默认"选项卡"修改"面板中的"镜像"按钮 ⚠，镜像复制出抱箍板的右上平板部分。

（7）单击"默认"选项卡"修改"面板中的"修剪"按钮 ↘，修剪两个圆形的多余部分，如图 5-114 所示。

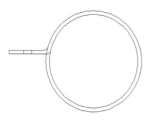

图 5-113 绘制圆角

图 5-114 完成抱箍板绘制

（8）绘制架板在俯视图上的投影。

① 打开"轮廓线层"，然后把"实体符号层"设置为当前图层。

② 单击"默认"选项卡"绘图"面板中的"圆"按钮⊙，绘制架板轮廓的定位圆，如图 5-115 所示。

③ 单击"视图"选项卡"导航"面板中的"范围"下拉菜单中的"窗口"按钮，局部放大图 5-115 的顶部。

④ 单击"默认"选项卡"修改"面板中的"修剪"按钮，以定位线 1 和定位线 2 为修剪边，修剪圆外的多余部分。

⑤ 单击"默认"选项卡"修改"面板中的"偏移"按钮，将定位线 1 和定位线 2 分别向外偏移 4mm。

⑥ 单击"默认"选项卡"绘图"面板中的"直线"按钮，绘制架板与抱箍板连接斜面的两条短线，即绘制架板投影，如图 5-116 所示。

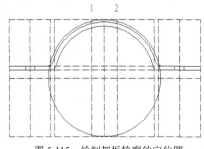

图 5-115　绘制架板轮廓的定位圆

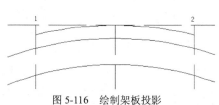

图 5-116　绘制架板投影

⑦ 单击"默认"选项卡"绘图"面板中的"图案填充"按钮，打开"图案填充创建"选项卡，选择"ANSI31"图案，设置"角度"为 0，"比例"为 1，选择填充区域填充图形，如图 5-117 所示。

（9）单击"默认"选项卡"修改"面板中的"镜像"按钮，打开"轮廓线层"，复制出俯视图另一部分，再次关闭定位线层，效果如图 5-118 所示。

（10）单击"视图"选项卡"导航"面板中的"范围"下拉菜单中的"全部"按钮，则三视图全部显示于模型空间中，打开"轮廓线层"，删除不必要的定位线，把余下的定位线修改为轴线，初步效果如图 5-119 所示。

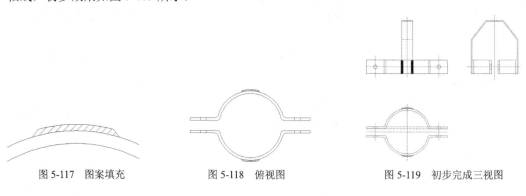

图 5-117　图案填充　　　　　图 5-118　俯视图　　　　　图 5-119　初步完成三视图

5.8 名师点拨——绘图学一学

1. 在复制对象时，误选某不该选择的图元时怎么办

在复制对象时，若误选了某个不该选择的图元，则需要删除该误选对象，该操作在图元修改编辑操作时是极为有用的。此时用户可以在"选择对象"提示下输入"R"（删除），并使用任意选择选项将对象从选择集中删除。如果已使用"删除"选项但想重新为选择集添加该对象，请输入"A"（添加）；也可通过按住 Shift 键，并再次单击对象选择；或者按住 Shift 键，然后从当前选择集中选择已删除对象（可以在选择集中重复添加和删除对象）。

2. 怎样用"修剪"命令同时修剪多条线段

竖直线与 4 条平行线相交，现在要剪切掉竖直线右侧的部分，执行"trim"命令，在命令行中显示"选择对象"时，选择直线并按 Enter 键，然后输入"F"并按 Enter 键，最后在竖直线右侧绘制一条直线并按 Enter 键，即可完成修剪。

3. "偏移"命令的作用是什么

在 AutoCAD 2022 中，可以使用"偏移"命令对指定的直线、圆弧、圆等对象作定距离偏移复制。在实际应用中，常利用"偏移"命令的特性创建平行线或等距离分布图。

5.9 上机实验

【练习 1】绘制图 5-120 所示的桥式全波整流器符号。

【练习 2】绘制图 5-121 所示的加热器符号。

图 5-120　桥式全波整流器符号

图 5-121　加热器符号

5.10 模拟考试

1. 使用"复制"命令时，正确的情况是（　　　）。

A. 复制一个就退出命令

B. 最多可复制 3 个

C. 复制时，选择放弃，则退出命令

D. 可复制多个，直到选择退出，才结束复制

2. 已有一个画好的圆，绘制一组同心圆可以用哪个命令来实现？（　　　）

A. stretch（拉伸） 　　　　　　　　　　　B. offset（偏移）

C. extend（延伸） 　　　　　　　　　　　D. move（移动）

3. 下面图形不能偏移的是（　　　）。

A. 构造线 　　　　　B. 多线 　　　　　C. 多段线 　　　　　D. 样条曲线

4. 如果对图 5-122 中的正方形沿两个点打断，打断之后的长度为（　　　）mm。

A. 150 　　　　　　B. 100 　　　　　　C. 150 或 50 　　　　D. 随机

5. 关于"分解"（explode）命令的描述，正确的是（　　　）。

A. 对象分解后颜色、线型和线宽不会改变

B. 图案分解后图案与边界的关联性仍然存在

C. 多行文字分解后将变为单行文字

D. 构造线分解后可得到两条射线

6. 对两条平行的直线倒圆角（fillet），圆角半径设置为 20，其结果是（　　　）。

A. 不能倒圆角

B. 按半径 20 倒圆角

C. 系统提示错误

D. 倒出半圆，其直径等于直线间的距离

7. 使用"偏移"命令时，下列说法正确的是（　　　）。

A. 偏移值可以小于 0，这是向反向偏移 　　　B. 可以框选对象，一次偏移多个对象

C. 一次只能偏移一个对象 　　　　　　　　　D. 偏移命令执行时不能删除原对象

8. 使用 copy 命令复制一个圆，指定基点为（0,0），提示指定第二个点时按 Enter 键以基点作为位移，则下面说法正确的是（　　　）。

A. 没有复制图形 　　　　　　　　　　　　　B. 复制的图形圆心与（0,0）重合

C. 复制的图形与原图形重合 　　　　　　　　D. 操作无效

9. 对一个多段线对象中的所有角点进行"圆角"设置，可以使用"圆角"命令中的（　　　）命令选项。

A. 多段线（P） 　　　B. 修剪（T） 　　　C. 多个（U） 　　　D. 半径（R）

10. 绘制图 5-123 所示的图形 1。

11. 绘制图 5-124 所示的图形 2。

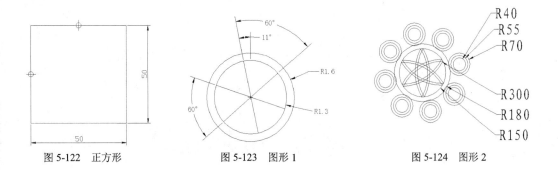

图 5-122　正方形　　　　图 5-123　图形 1　　　　图 5-124　图形 2

第 **6** 章

文字、表格与尺寸标注

　　文字、表格和尺寸标注都属于注释性的绘图元素，也是工程制图中必不可少的环节。AutoCAD 2022 提供了方便、准确的文字、表格和尺寸标注功能。本章将简要介绍这些功能。

6.1　文字输入

　　在制图过程中文字传递了很多设计信息，它可能是一个很长很复杂的说明，也可能是一个简短的文字标注。当需要标注的文本不太长时，用户可以利用 text 命令创建单行文本。当需要标注很长、很复杂的文字信息时，用户可以用 mtext 命令创建多行文本。

【预习重点】

　　☑　打开"文本样式"对话框。
　　☑　设置新样式参数。
　　☑　练习单行文字输入。
　　☑　练习多行文字应用。

6.1.1　文字样式

　　AutoCAD 2022 提供了"文字样式"对话框，通过此对话框用户可方便直观地设置需要的文字样式，或是对已有样式进行修改。

【执行方式】

　　☑　命令行：style 或 ddstyle（快捷命令为 st）。
　　☑　菜单栏：选择菜单栏中的"格式"→"文字样式"命令。
　　☑　工具栏：单击"文字"工具栏中的"文字样式"按钮 A。
　　☑　功能区：单击"默认"选项卡"注释"面板中的"文字样式"按钮 A，如图 6-1 所示；

或单击"注释"选项卡"文字"面板中"文字样式"下拉菜单中的"管理文字样式"按钮，如图 6-2 所示；或单击"注释"选项卡"文字"面板中的"对话框启动器"按钮 。

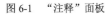

图 6-1 "注释"面板

图 6-2 "文字"面板

【操作步骤】

执行上述任一操作后，系统打开"文字样式"对话框，如图 6-3 所示。

【选项说明】

（1）"样式"列表框：列出所有已设定的文字样式名或对已有样式名进行相关操作。单击"新建"按钮，系统打开如图 6-4 所示的"新建文字样式"对话框。在该对话框中可以为新建的文字样式输入名称。从"样式"列表框中选中要改名的文本样式并单击鼠标右键，选择快捷菜单中的"重命名"命令，如图 6-5 所示，用户可以为所选文本样式输入新的名称。

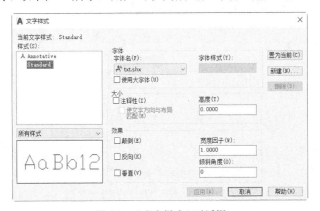

图 6-3 "文字样式"对话框

图 6-4 "新建文字样式"对话框

图 6-5 快捷菜单

（2）"字体"选项组：用于确定字体样式。文字的字体确定字符的形状，在 AutoCAD 中，除固有的 SHX 形状字体文件外，还可以使用 TrueType 字体（如宋体、楷体、italley 等）。一种字体可以设置不同的效果，从而被多种文本样式使用，如图 6-6 所示就是同一种字体（宋体）的不同样式。

（3）"大小"选项组：用于确定文本样式使用的字体文件、字体风格及字高。"高度"文本框用来设置创建文字时的固定字高，在用 text 命令输入文字时，AutoCAD 不再提示输入字高参数。如果在此文本框中将"字高"设置为 0，系统会在每一次创建文字时提示输入字高，所以，如果不想固定字高，就可以把"高度"文本框中的数值设置为 0。

（4）"效果"选项组。

① "颠倒"复选框：选中该复选框，表示将文本文字倒置标注，如图 6-7（a）所示。

② "反向"复选框：确定是否将文本文字反向标注，如图 6-7（b）所示为标注效果。

③ "垂直"复选框：确定文本是水平标注还是垂直标注。选中该复选框时为垂直标注，否则为水平标注，垂直标注如图 6-8 所示。

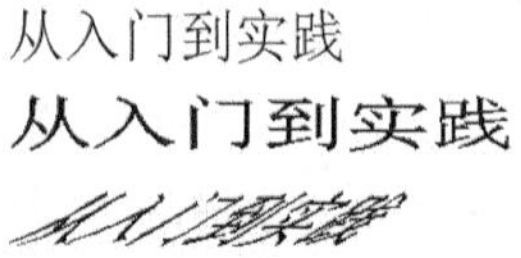

图 6-6　同一字体的不同样式　　　　图 6-7　文字倒置标注与反向标注　　　　图 6-8　垂直标注文字

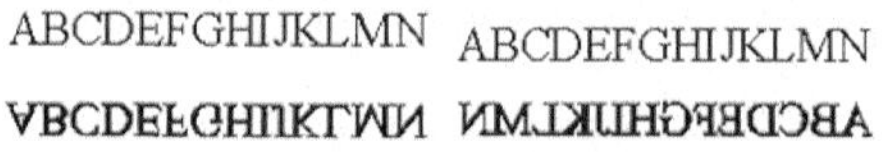

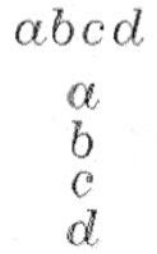

④ "宽度因子"文本框：设置宽度系数，确定文本字符的宽高比。当比例系数为 1 时，表示将按字体文件中定义的宽高比标注文字。当此系数小于 1 时，字会变窄，反之变宽。

⑤ "倾斜角度"文本框：用于确定文字的倾斜角度。角度为 0 时不倾斜，角度为正数时向右倾斜，角度为负数时向左倾斜，效果如图 6-6 所示。

（5）"应用"按钮：确认文字样式的设置。当创建新的文字样式或对现有文字样式的某些特征进行修改后，都需要单击此按钮，系统才会确认改动。

6.1.2　单行文本输入

【执行方式】

☑　命令行：text。

☑　菜单栏：选择菜单栏中的"绘图"→"文字"→"单行文字"命令。

☑　工具栏：单击"文字"工具栏中的"单行文字"按钮 A。

☑　功能区：单击"默认"选项卡"注释"面板中的"单行文字"按钮 A 或单击"注释"选项卡"文字"面板中的"单行文字"按钮 A。

【操作步骤】

执行上述任一操作后，命令行提示与操作如下。

```
命令:_text
当前文字样式:"Standard"　　文字高度:2.5000　　注释性:否　　对正:左
指定文字的起点或 [对正(J)/样式(S)]:
```

【选项说明】

（1）指定文字的起点：在此提示下直接在绘图区选择一点作为输入文本的起始点。执行上述命令后，即可在指定位置输入文本文字，输入后按 Enter 键，文本文字另起一行，可继续输入文字，待全部输入完后按两次 Enter 键，退出 text 命令。可见，text 命令也可创建多行文本，只是这种多行文本每一行是一个对象，不能对多行文本同时进行操作。

（2）对正（J）：在"指定文字的起点或[对正（J）/样式（S）]"提示下输入"J"，用来确定文本的对齐方式，对齐方式决定文本的哪部分与所选插入点对齐。选择此选项，AutoCAD 提示如下。

输入选项 [左(L)/居中(C)/右(R)/对齐(A)/中间(M)/布满(F)/左上(TL)/中上(TC)/右上(TR)/左中(ML)/正中(MC)/右中(MR)/左下(BL)/中下(BC)/右下(BR)]:

在此提示下选择一个选项作为文本的对齐方式。当文本文字水平排列时，AutoCAD 为标注文本的文字定义了如图 6-9 所示的底线、基线、中线和顶线，各种对齐方式如图 6-10 所示，图中大写字母对应上述提示中的各命令。

图 6-9　文本行的底线、基线、中线和顶线　　　　图 6-10　文本的对齐方式

注意

只有当前文本样式中设置的字符高度为 0，再使用 text 命令时，系统才出现要求用户确定字符高度的提示。Auto CAD 允许将文本行倾斜排列，图 6-11 所示为倾斜角度分别是 0°、45°和-45° 时的排列效果。在"指定文字的旋转角度 <0>"提示下输入文本行的倾斜角度或在绘图区拉出一条直线来指定倾斜角度。

图 6-11　文本行倾斜排列的效果

选择"对齐（A）"选项，要求用户指定文本行基线的起始点与终止点的位置，AutoCAD 提示如下。

指定文字基线的第一个端点:（指定文本行基线的起点位置）
指定文字基线的第二个端点:（指定文本行基线的终点位置）
输入文字:（输入一行文本后按Enter键）
输入文字:（继续输入文本或直接按Enter键结束命令）

输入的文本文字均匀地分布在指定的两点之间，如果两点间的连线不水平，则文本行倾斜放置，倾斜角度由两点间的连线与 X 轴的夹角确定；字高、字宽根据两点间的距离、字符的多少及文本样式中设置的宽度系数自动确定。指定了两点之后，每行输入的字符越多，字宽和字高越小。

其他选项与"对齐"类似，此处不再赘述。

实际绘图时，有时需要标注一些特殊字符，例如，直径符号、上划线或下划线、温度符号等，由于这些符号不能直接从键盘上输入，AutoCAD2022 提供了一些控制码用来实现这些要求。控制码用两个百分号（%%）加一个字符构成，常用的控制码如表 6-1 所示。

表 6-1　AutoCAD 常用控制码

符号	功能	符号	功能
%%o	上划线	\u+0278	电相角
%%u	下划线	\u+E101	流线
%%d	度数	\u+2261	恒等于
%%p	正/负	\u+E102	界碑线
%%c	直径	\u+2260	不相等
%%%	百分号	\u+2126	欧姆
\u+2248	几乎相等	\u+03A9	欧米加
\u+2220	角度	\u+214A	地界线
\u+E100	边界线	\u+2082	下标 2
\u+2104	中心线	\u+00B2	上标 2
\u+0394	差值		

其中，%%o 和%%u 分别是上划线和下划线的开关，第一次出现此符号时开始绘制上划线和下划线，第二次出现此符号时上划线和下划线终止。例如，在"输入文字:"提示后输入"I want to %%u go to Beijing%%u"，则得到图 6-12（a）所示的文本行，输入"50%%d+%%c75%%p12"，则得到图 6-12（b）所示的文本行。

图 6-12　文本行

使用 text 命令可以创建一个或若干个单行文本，即用此命令可以标注多行文本。在"输入文字:"提示下输入一行文本后按 Enter 键，用户可输入第二行文本，依此类推，直到文本全部输入完，再在此提示下直接按 Enter 键，结束文本输入命令。每按一次 Enter 键就结束一个单行文本的输入，每一个单行文本是一个对象，可以单独修改其文本样式、字高、旋转角度和对正方式等。

使用 text 命令创建文本时，在命令行输入的文字同时显示在屏幕上，而且在创建过程中可以随时改变文本的位置，只要将光标移到新的位置并单击，则当前行结束，随后输入的文本出现在新的位置上。用这种方法可以把多行文本标注到文件的任何位置。

6.1.3　多行文本标注

【执行方式】

☑　命令行: mtext（快捷命令为 t 或 mt）。

☑　菜单栏: 选择菜单栏中的"绘图"→"文字"→"多行文字"命令。

☑　工具栏: 单击"绘图"工具栏中的"多行文字"按钮 A 或"文字"工具栏中的"多行文字"按钮 A。

☑　功能区: 单击"默认"选项卡"注释"面板中的"多行文字"按钮 A 或"注释"选项卡"文字"面板中的"多行文字"按钮 A。

【操作步骤】

执行上述任一操作后，命令行提示与操作如下。

命令:_mtext
当前文字样式:"Standard"　　文字高度:1.9122　　注释性: 否
指定第一角点:（指定矩形框的第一个角点）
指定对角点或 [高度(H)/对正(J)/行距(L)/旋转(R)/样式(S)/宽度(W)/栏(C)] :

【选项说明】

1．指定对角点

在绘图区选择两个点作为矩形框的两个角点，系统以这两个点为对角点构成一个矩形区域，其宽度作为将来要标注的多行文本的宽度，第一个点作为第一行文本顶线的起点。响应后AutoCAD 打开如图 6-13 所示的"文字编辑器"选项卡和多行文字编辑器，可利用此编辑器输入多行文本文字并对其格式进行设置。关于该对话框中各项的含义及编辑器功能，后面会详细介绍。

图 6-13　"文字编辑器"选项卡和多行文字编辑器

2．对正（J）

用于确定所标注文本的对齐方式。选择此选项，系统提示如下。

输入对正方式 [左上(TL)/中上(TC)/右上(TR)/左中(ML)/正中(MC)/右中(MR)/左下(BL)/中下(BC)/右下(BR)] <左上(TL)>:

这些对齐方式与 text 命令中的各对齐方式相同。选择一种对齐方式，然后按 Enter 键，系统回到上一级提示。

3．行距（L）

用于确定多行文本的行间距。这里所说的行间距指相邻两文本行基线之间的垂直距离。选择此选项，系统提示如下。

输入行距类型 [至少(A)/精确(E)] <至少(A)>:

在此提示下有"至少"和"精确"两种方式确定行间距。

（1）在"至少"方式下，系统根据每行文本中最大的字符自动调整行间距。

（2）在"精确"方式下，系统为多行文本赋予一个固定的行间距，可以直接输入一个确切的间距值，也可以输入"*nx*"。

其中，n 是一个具体数，表示行间距设置为单行文本高度的 n 倍，而单行文本高度是本行文本字符高度的 1.66 倍。

4．旋转（R）

用于确定文本行的倾斜角度。选择此选项，AutoCAD 提示如下。

指定旋转角度 <0>:（输入倾斜角度）

输入角度值后按 Enter 键，系统返回到"指定对角点或[高度(H)/对正(J)/行距(L)/旋转(R)/样式(S)/宽度(W)/栏(C)]:"的提示。

5．样式（S）

用于确定当前文本的文字样式。

6．宽度（W）

用于指定多行文本的宽度。可在绘图区选择一点，与前面确定的第一个角点组成一个矩形框的宽作为多行文本的宽度；也可以输入一个数值，精确设置多行文本的宽度。

🎓 高手支招

在创建多行文本时，只要指定文本行的起始点和宽度后，AutoCAD 就会打开"文字编辑器"选项卡和多行文字编辑器，如图 6-13 所示。该编辑器的界面与 Microsoft Word 编辑器界面相似，事实上该编辑器与 Word 编辑器在某些功能上类似。这样既增强了多行文字的编辑功能，又能使用户更熟练和方便地使用。

7．栏（C）

根据栏宽、栏间距宽和栏高组成矩形框。

8．"文字编辑器"选项卡

用来控制文本文字的显示特性。用户可以在输入文本文字前设置文本的特性，也可以改变已输入的文本文字特性。要改变已有文本文字显示特性，首先应选择要修改的文本，选择文本的方式有 3 种：将光标定位到文本文字开始处，按住鼠标左键，拖到文本末尾；双击某个文字，则该文字被选中；3 次单击鼠标，则选中全部内容。

下面介绍选项卡中部分选项的功能。

（1）"文字高度"下拉列表框：用于确定文本的字符高度，用户可在文本编辑器中输入新的字符高度，也可从此下拉列表框中选择已设定过的高度值。

（2）"粗体"按钮 **B** 和"斜体"按钮 *I*：用于设置"加粗"或"斜体"效果，但这两个按钮只对 TrueType 字体有效，如图 6-14 所示。

（3）"删除线"按钮：用于在文字上添加水平删除线，如图 6-14 所示。

（4）"下划线" **U** 和"上划线" Ō 按钮：用于设置或取消文字的下划线和上划线，如图 6-14 所示。

（5）"堆叠"按钮 _b a ：为层叠或非层叠文本按钮，用于层叠所选的文本文字，即创建分数形式。当文本中某处出现"/""^"或"#"3 种层叠符号之一时，选中需层叠的文字，才可层叠文本。二者缺一不可。则符号左边的文字作为分子，右边的文字作为分母进行层叠。

AutoCAD 提供了以下 3 种分数形式。

① 如果选中"abcd/efgh"后单击此按钮，则得到如图 6-15（a）所示的分数形式。

② 如果选中"abcd^efgh"后单击此按钮，则得到如图 6-15（b）所示的形式，此形式多用于标注极限偏差。

③ 如果选中"abcd # efgh"后单击此按钮，则创建斜排的分数形式，如图 6-15（c）所示。如果选中已经层叠的文本对象后单击此按钮，则恢复到非层叠形式。

图 6-14　文本样式 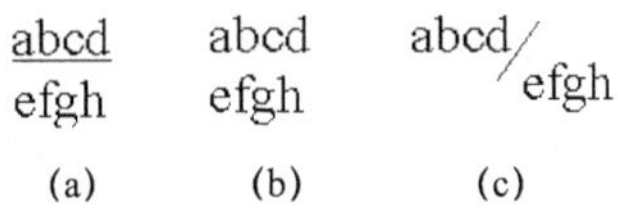　　　　　图 6-15　文本层叠

（6）"倾斜角度"文本框：用于设置文字的倾斜角度。

举一反三

倾斜角度与斜体效果是两个不同的概念，前者可以设置任意倾斜角度，后者是在任意倾斜角度的基础上设置斜体效果，如图 6-16 所示。第一行的倾斜角度为 0°，非斜体效果；第二行的倾斜角度为 12°，非斜体效果；第三行的倾斜角度为 12°，斜体效果。

图 6-16　倾斜角度与斜体效果

（7）"符号"按钮@：用于输入各种符号。单击此按钮，系统打开符号列表，如图 6-17 所示，用户可以从中选择符号输入文本中。

（8）"插入字段"按钮：用于插入一些常用或预设字段。单击此按钮，系统打开"字段"对话框，如图 6-18 所示，用户可从中选择字段插入标注文本。

图 6-17　符号列表

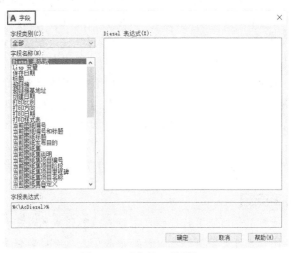

图 6-18　"字段"对话框

（9）"追踪"下拉列表框 ♣：用于增大或减小选定字符之间的空间。1.0 表示常规间距，设置大于 1.0 表示增大间距，设置小于 1.0 表示减小间距。

（10）"宽度因子"下拉列表框 ♀：用于扩展或收缩选定字符。1.0 表示设置代表此字体中字母的常规宽度，用户可以增大该宽度或减小该宽度。

（11）"上标" x 按钮：将选定文字转换为上标，即在输入线的上方设置稍小的文字。

（12）"下标" x 按钮：将选定文字转换为下标，即在输入线的下方设置稍小的文字。

（13）"清除格式"下拉列表框：删除选定字符的字符格式，或删除选定段落的段落格式，或删除选定段落中的所有格式。

① 关闭：如果选择此选项，将从应用了列表格式的选定文字中删除字母、数字和项目符号。不更改缩进状态。

② 以数字标记：将带有句点的数字用于列表中的项的列表格式。

③ 以字母标记：将带有句点的字母用于列表中的项的列表格式。如果列表含有的项多于字母中含有的字母，可以使用双字母继续序列。

④ 以项目符号标记：将项目符号用于列表中的项的列表格式。

⑤ 启动：在列表格式中启动新的字母或数字序列。如果选定的项位于列表中间，则选定项下面的未选中的项也将成为新列表的一部分。

⑥ 继续：将选定的段落添加到上面最后一个列表，然后继续序列。如果选择了列表项而非段落，选定项下面的未选中的项将继续序列。

⑦ 允许自动项目符号和编号：在输入时应用列表格式。以下字符可以用作字母和数字后的标点，并不能用作项目符号，句点（.）、逗号（,）、右括号（)）、右尖括号（>）、右方括号（]）和右花括号（}）。

● 允许项目符号和列表：如果选择此选项，列表格式将应用到外观类似列表的多行文字对象中的所有纯文本。

● 拼写检查：确定输入时拼写检查处于打开状态还是关闭状态。

● 编辑词典：显示"词典"对话框，从中可添加或删除在拼写检查过程中使用的自定义词典。

● 标尺：在编辑器顶部显示标尺。拖动标尺末尾的箭头可更改文字对象的宽度。列模式处于活动状态时，还显示高度和列夹点。

（14）段落：为段落和段落的第一行设置缩进。指定制表位和缩进，控制段落对齐方式、段落间距和段落行距，如图 6-19 所示。

（15）输入文字：选择此项，系统打开"选择文件"对话框，如图 6-20 所示。选择任意 ASCII 或 RTF 格式的文件。输入的文字保留原始字符格式和样式特性，但可以在多行文字编辑器中编辑和格式化输入的文字。选择要输入的文本文件后，用户可以替换选定的文字或全部文字，或在文字边界内将插入的文字附加到选定的文字中。输入文字的文件必须小于 32kB。

（16）编辑器设置：显示"文字格式"工具栏的选项列表。有关详细信息可参见编辑器设置。

🎓 **高手支招**

> 　　多行文字是由任意数目的文字行或段落组成的，布满指定的宽度，还可以沿垂直方向无限延伸。多行文字中，无论行数是多少，单个编辑任务中创建的每个段落集将构成单个对象；用户可对其进行移动、旋转、删除、复制、镜像或缩放操作。

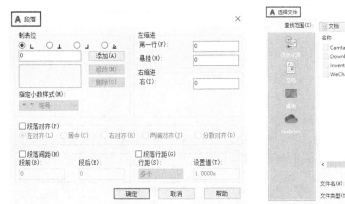

图 6-19　"段落"对话框　　　　　　　图 6-20　"选择文件"对话框

6.1.4　操作实例——绘制直线电动机符号

绘制如图 6-21 所示的直线电动机符号。绘制流程如图 6-22 所示。操作步骤如下。

（1）绘制整圆。单击"默认"选项卡"绘图"面板中的"圆"按钮 ⊙，以原点为圆心，绘制一个半径为 25mm 的圆。命令行提示与操作如下。

图 6-21　直线电动机符号

```
命令: _circle
指定圆的圆心或 [三点(3P)/两点(2P)/切点、切点、半径(T)]：(0,0)
指定圆的半径或 [直径(D)]: 25
```

绘制得到的圆如图 6-22（a）所示。

（2）添加文字。单击"默认"选项卡"注释"面板中的"多行文字"按钮 A，打开"文字编辑器"选项卡和多行文字编辑器，设置文字"高度"为 10，"字体"为"txt"，"对正方式"设置为"正中"，在元件的旁边撰写元件的符号，调整其位置，以对齐文字。添加注释文字后，效果如图 6-22（b）所示。

（3）绘制直线。单击"默认"选项卡"绘图"面板中的"直线"按钮 ∕，绘制过圆心的水平直线，长度为 50mm，如图 6-22（c）所示。

（4）偏移直线。单击"默认"选项卡"修改"面板中的"偏移"按钮 ⊑，将竖直直线向下偏移 15mm，结果如图 6-22（d）所示。

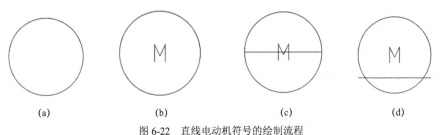

　　　　(a)　　　　　　　　(b)　　　　　　　　(c)　　　　　　　　(d)

图 6-22　直线电动机符号的绘制流程

6.1.5　文字编辑

【执行方式】

☑　命令行：textedit（快捷命令为 ed）。
☑　菜单栏：选择菜单栏中的"修改"→"对象"→"文字"→"编辑"命令。
☑　工具栏：单击"文字"工具栏中的"编辑"按钮 。

【操作步骤】

选择相应的菜单项，或在命令行中输入 textedit 命令后按 Enter 键，系统提示如下。

```
命令:_textedit
当前设置: 编辑模式 = MULTIPLE
选择注释对象或 [放弃(U)/模式(M)]:
```

【选项说明】

要求选择想要修改的文本，同时光标变为拾取框。用拾取框选择对象时要注意以下两点。
（1）如果选择的文本是用 text 命令创建的单行文本，则深显该文本，用户可对其进行修改。
（2）如果选择的文本是用 mtext 命令创建的多行文本，选择对象后则打开"文字编辑器"选项卡和多行文字编辑器，可根据前面的介绍对各项设置或对内容进行修改。

6.2　表格

使用 AutoCAD 2022 提供的"表格"功能，创建表格就变得非常容易，用户可以直接插入设置好样式的表格，而不用绘制由单独的图线组成的表格。

【预习重点】

☑　练习如何定义表格样式。
☑　观察"插入表格"对话框中选项卡设置。
☑　练习插入表格文字。

6.2.1　定义表格样式

表格样式是用来控制表格基本形状和间距的一组设置。和文字样式一样，所有 AutoCAD 2022 图形中的表格都有和其相对应的表格样式。当插入表格对象时，AutoCAD 2022 使用当前设置的表格样式。模板文件 acad.dwt 和 acadiso.dwt 中定义了名为"Standard"的默认表格样式。

【执行方式】

- ☑　命令行：tablestyle。
- ☑　菜单栏：选择菜单栏中的"格式"→"表格样式"命令。
- ☑　工具栏：单击"样式"工具栏中的"表格样式管理器"按钮　。
- ☑　功能区：单击"默认"选项卡"注释"面板中的"表格样式"按钮　，如图 6-23 所示；或者单击"注释"选项卡"表格"面板上的"表格样式"下拉列表中的"管理表格样式"按钮，如图 6-24 所示；或者单击"注释"选项卡"表格"面板中的"对话框启动器"按钮　。

【操作步骤】

执行上述操作后，系统打开"表格样式"对话框，如图 6-25 所示。

 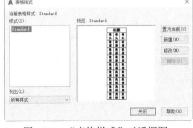

图 6-23　"注释"面板　　图 6-24　"表格"面板　　图 6-25　"表格样式"对话框图

【选项说明】

1."置为当前"按钮

将"样式"列表中选定的表格样式设为当前样式。

2."新建"按钮

单击该按钮，系统打开"创建新的表格样式"对话框，如图 6-26 所示。输入新的表格样式名后，单击"继续"按钮，系统打开"新建表格样式：Standard 副本"对话框，如图 6-27 所示，用户从中可以定义新的表格样式。

图 6-26　"创建新的表格样式"对话框　　　图 6-27　"新建表格样式：Standard 副本"对话框

"新建表格样式：Standard 副本"对话框的"单元样式"下拉列表框中有 3 个重要的选项："数据""表头"和"标题"，它们分别控制表格中数据、列标题和总标题的有关参数，如图 6-28 所示。在"新建表格样式"对话框中有 3 个重要的选项卡，分别介绍如下。

（1）"常规"选项卡：用于控制数据栏格与标题栏格的上下位置关系。"常规"选项卡下列有"特性"选项组和"页边距"选项组以及"创建行/列时合并单元"复选框。

① "特性"选项组

● 填充颜色：指定填充颜色。

● 对齐：为单元内容指定一种对齐方式。

● 格式：设置表格中各行的数据类型和格式。

● 类型：将单元样式指定为标签或数据，在包含起始表格的表格样式中插入默认文字时使用。也用于在工具选项板上创建表格工具的情况。

② "页边距"选项组

● 水平：设置单元中的文字或块与左右单元边界之间的距离。

● 垂直：设置单元中的文字或块与上下单元边界之间的距离。

③ "创建行/列时合并单元"复选框：将使用当前单元样式新创建的所有行或列合并到一个单元中。

（2）"文字"选项卡：用于设置文字属性。在"文字样式"下拉列表框中可以选择已定义的文字样式并应用于数据文字，也可以单击右侧的按钮 重新定义文字样式。其中，"文字高度""文字颜色"和"文字角度"各选项设定的相应参数格式可供用户选择。

（3）"边框"选项卡：用于设置表格的边框属性下的边框线按钮控制数据边框线的各种形式，如绘制所有数据边框线、只绘制数据边框外部边框线、只绘制数据边框内部边框线、无边框线、只绘制底部边框线等。选项卡中的"线宽""线型"和"颜色"下拉列表框则控制边框线的线宽、线型和颜色；选项卡中的"间距"文本框用于控制单元边界和内容之间的间距。

图 6-29 所示为数据文字样式为 Standard，文字高度为 4.5，文字颜色为红色，对齐方式为"右下"；标题文字样式为 Standard，文字高度为 6，文字颜色为蓝色，对齐方式为"正中"，表格方向为"上"，水平单元边距和垂直单元边距都为 1.5 的表格样式。

标题		
表头	表头	表头
数据	数据	数据
数据	数据	数据
数据	数据	数据
数据	数据	数据
数据	数据	数据
数据	数据	数据

图 6-28　表格样式

数据	数据	数据
数据	数据	数据
数据	数据	数据
数据	数据	数据
数据	数据	数据
数据	数据	数据
数据	数据	数据
标题		

图 6-29　表格示例

3．"修改"按钮

用于对当前表格样式进行修改，修改方式与新建表格样式中的设置方式相同。

6.2.2　创建表格

设置好表格样式后，用户可以利用 table 命令创建表格。

【执行方式】

☑　命令行：table。

☑　菜单栏：选择菜单栏中的"绘图"→"表格"命令。

☑　工具栏：单击"绘图"工具栏中的"表格"按钮⊞。

☑　功能区：单击"默认"选项卡"注释"面板中的"表格"按钮⊞或单击"注释"选项卡"表格"面板中的"表格"按钮⊞。

【操作步骤】

执行上述操作后，系统打开"插入表格"对话框，如图 6-30 所示。

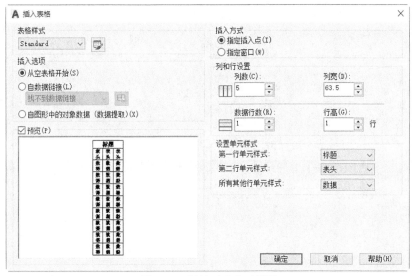

图 6-30　"插入表格"对话框

【选项说明】

（1）"表格样式"选项组：用户可以在"表格样式"下拉列表框中选择一种表格样式，也可以通过单击后面的⊡按钮来新建或修改表格样式。

（2）"插入选项"选项组：指定插入表格的方式。

①　"从空表格开始"单选按钮：创建可以手动填充数据的空表格。

②　"自数据链接"单选按钮：通过启动数据链接管理器来创建表格。

③　"自图形中的对象数据（数据提取）"单选按钮：通过启动"数据提取"向导来创建表格。

（3）"插入方式"选项组。

①　"指定插入点"单选按钮：指定表格的左上角的位置。用户可以使用定点设备，也可以

在命令行中输入坐标值。如果表格样式将表格的读取方向设置为"由下而上",则插入点位于表格的左下角。

② "指定窗口"单选按钮:指定表的大小和位置。用户可以使用定点设备,也可以在命令行中输入坐标值。选定此选项时,行数、列数、列宽和行高取决于窗口的大小及列和行设置。

(4)"列和行设置"选项组:指定列和数据行的数目及列宽与行高。

(5)"设置单元样式"选项组:将"第一行单元样式""第二行单元样式"和"所有其他行单元样式"分别指定为"标题""表头"和"数据"。

高手支招

在"插入方式"选项组中选中"指定窗口"单选按钮后,列与行设置的两个参数中只能指定一个,另外一个由指定窗口的大小自动等分来确定。

在"插入表格"对话框中进行相应设置后,单击"确定"按钮,系统在指定的插入点或窗口自动插入一个空表格,并显示"文字编辑器"选项卡,用户可以逐行逐列输入相应的文字或数据,如图 6-31 所示。

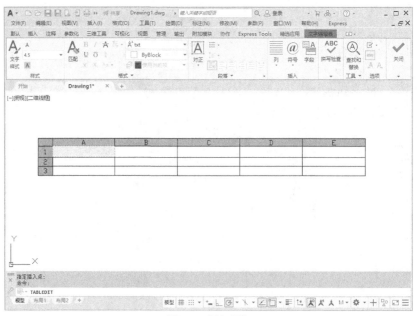

图 6-31　插入表格

举一反三

在插入后的表格中选择某一个单元格,单击后出现钳夹点,用户可通过移动钳夹点改变单元格的大小,如图 6-32 所示。

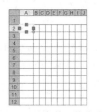

图 6-32　改变单元格大小

高手支招

一个单元行高的高度为文字高度与垂直边距的和。列宽设置必须不小于文字宽度与水平边距的和，如果列宽小于此值，则实际列宽以文字宽度与水平边距的和为准。

6.2.3 表格文字编辑

图 6-33 快捷菜单

【执行方式】

☑ 命令行：tabledit。

☑ 快捷菜单：选择表格中一个或多个单元后单击鼠标右键，从打开的快捷菜单中选择"编辑文字"命令，如图 6-33 所示。

☑ 定点设备：在单元格内双击。

高手支招

如果有多个文本格式一样，用户可以采用复制后修改文字内容的方法进行表格文字的填充，这样只需双击即可直接修改表格文字，而不用重新设置每个文本格式。

6.2.4 操作实例——绘制 ST4 端子技术参数表

绘制如图 6-34 所示的 ST4 端子技术参数。操作步骤如下。

端子厚度6.2(IEC)/mm^2	刚性实心	柔性多芯	AWG	I/A	U/V
IEC 60 947-7-1	0.2~6	0.2~4	24~10	40	800
EN 50019	0.2~6	0.2~4	24~10	34/30	550

图 6-34 ST4 端子技术参数表

（1）设置文字样式。单击"默认"选项卡"注释"面板中的"文字样式"按钮，①弹出"文字样式"对话框。②单击"新建"按钮，③新建"表格文字"样式，④在"字体"选项组下"SHX 字体"下拉列表框中选择"romand.shx"；⑤选中"使用大字体"复选框；⑥在"大字体"下拉列表框中选择"hztxt.shx"字体；⑦设置"宽度因子"为 0.7，如图 6-35 所示。⑧单击"置为当前"按钮，关闭对话框。

（2）单击"默认"选项卡"注释"面板中的"表格样式"按钮，①打开"表格样式"对话框，如图 6-36 所示。

（3）②单击"修改"按钮，③系统打开"修改表格样式"对话框，如图 6-37 所示。在该对话框中进行如下设置。

① ④在左侧"常规"选项组下将"表格方向"设置为"向下"。

② ⑤在右侧"单元样式"下拉列表框中选择"数据"，⑥打开"常规"选项卡，⑦设置"对齐"方式为"正中"；⑧打开"文字"选项卡，⑨设置"文字样式"为"表格文字"，⑩"文字高度"为 10，⑪"文字颜色"为洋红，其他参数按默认设置。

设置结果如图 6-37 所示。

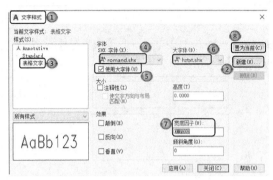

图 6-35　"文字样式"对话框

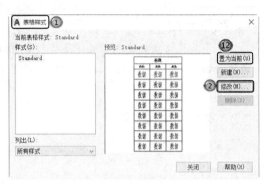

图 6-36　"表格样式"对话框

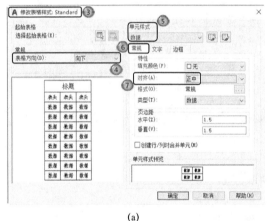

(a)

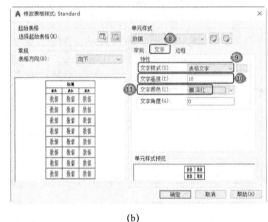

(b)

图 6-37　"修改表格样式"对话框

（4）设置好表格样式后，⑫单击"置为当前"按钮，然后单击"关闭"按钮，退出对话框。

（5）单击"默认"选项卡"注释"面板中的"表格"按钮▦，①打开"插入表格"对话框，如图 6-38 所示，②设置"插入方式"为"指定插入点"，③设置"数据行数"和"列数"为 1 行 6 列，④"列宽"为 30，⑤"行高"为 1 行。⑥在"设置单元样式"选项组中将"第一行单元样式""第二行单元样式"和"所有其他行单元样式"都设置为"数据"。

（6）⑦单击"确定"按钮后，在绘图平面指定插入点，则插入图 6-39 所示的空表格，并显示"文字编辑器"选项卡，如图 6-40 所示，如果不输入文字，直接在空白处单击退出。

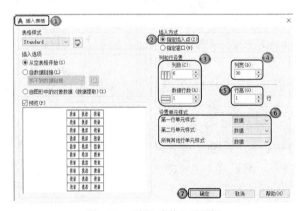

图 6-38　"插入表格"对话框

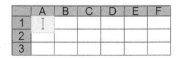

图 6-39　插入表格

（7）单击第 1 列中的任意一个单元格，出现钳夹点后单击鼠标右键，在弹出的快捷菜单中选择"特性"命令，①弹出"特性"选项板，②设置"单元宽度"为150，如图 6-41 所示，用同样方法，将第 2、3、4、5、6 列的"单元宽度"设置为50。同时，③设置"单元高度"均为20，结果如图 6-42 所示。

图 6-40 "文字编辑器"选项卡

图 6-41 "特性"选项板

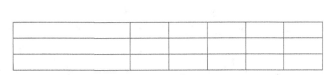

图 6-42 改变列宽

（8）双击要输入文字的单元格，在各单元格中输入相应的文字或数据，最终结果如图 6-34 所示。

注意

在电气图中，汉字为 "hztxt.shx"（仿宋）的字体在 AutoCAD 2022 中显示为 "仿宋_GB2312"；在"文字样式"对话框中将数字、字母设置为 romand.shx，则在单元格中输入的文字默认为 "romand.shx" 字体，用户可在"文字编辑器"选项卡中设置文字样式，如图 6-43 所示。

图 6-43 "文字编辑器"选项卡

6.3 尺寸样式

组成尺寸标注的尺寸界线、尺寸线、尺寸文本及箭头等可以采用多种多样的形式，实际标注一个几何对象的尺寸时，其尺寸标注以什么形态出现，取决于当前所采用的尺寸标注样式。标注样式决定尺寸标注的形式，包括尺寸线、尺寸界线、箭头和中心标记的形式，以及尺寸文本的位置、特性等。在 AutoCAD 2022 中用户可以利用"标注样式管理器"对话框方便地设置自己需要的尺寸标注样式。下面介绍如何定制尺寸标注样式。

【预习重点】

☑　了解设置尺寸样式的方法。

☑　练习不同类型尺寸标注的应用。

6.3.1　新建或修改尺寸样式

在进行尺寸标注之前，要建立尺寸标注的样式。如果用户不建立尺寸样式而直接进行标注，系统会使用默认名称为 standard 的样式。用户如果认为使用的标注样式有某些设置不合适，也可以修改标注样式。

【执行方式】

☑　命令行：dimstyle（快捷命令为 d）。

☑　菜单栏：选择菜单栏中的"格式"→"标注样式"命令或"标注"→"标注样式"命令。

☑　工具栏：单击"标注"工具栏中的"标注样式"按钮┗┛。

☑　功能区：单击"默认"选项卡"注释"面板中的"标注样式"按钮┗┛或单击"注释"选项卡"标注"面板上的"标注样式"下拉菜单中的"管理标注样式"选项或单击"注释"选项卡"标注"面板中的"对话框启动器"按钮 ↘。

【操作步骤】

执行上述操作后，系统打开"标注样式管理器"对话框，如图 6-44 所示。利用此对话框用户可方便直观地定制和浏览尺寸标注样式，包括创建新的标注样式、修改已存在的标注样式、设置当前尺寸标注样式、样式重命名及删除已有标注样式等。

【选项说明】

（1）"置为当前"按钮：单击此按钮，把在"样式"列表框中选择的样式设置为当前标注样式。

（2）"新建"按钮：创建新的尺寸标注样式。单击此按钮，系统打开"创建新标注样式"对话框，如图 6-45 所示，利用此对话框用户可创建一个新的尺寸标注样式，其中各项功能的说明如下。

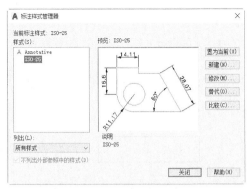

图 6-44　"标注样式管理器"对话框

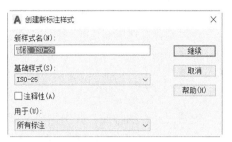

图 6-45　"创建新标注样式"对话框

① "新样式名"文本框：为新的尺寸标注样式命名。

② "基础样式"下拉列表框：选择创建新样式所基于的标注样式。单击"基础样式"下拉列表框，打开当前已有的样式列表，用户从中选择一个作为定义新样式的基础，新的样式是在所选样式的基础上修改一些特性而得到的。

③ "用于"下拉列表框：指定新样式应用的尺寸类型。单击此下拉列表框，打开尺寸类型列表，如果新建样式应用于所有尺寸，则选择"所有标注"选项；如果新建样式只应用于特定的尺寸标注（如只在标注直径时使用此样式），则选择相应的尺寸类型。

④ "继续"按钮：各选项设置好后，单击"继续"按钮，系统打开"新建标注样式"对话框，如图 6-46 所示，用户利用此对话框可对新标注样式的各项特性进行设置。

（3）"修改"按钮：修改一个已存在的尺寸标注样式。单击此按钮，系统打开"修改标注样式"对话框，该对话框中的各选项与"新建标注样式"对话框中的各选项完全相同，用户可以对已有标注样式进行修改。

（4）"替代"按钮：设置临时覆盖尺寸标注样式。单击此按钮，系统打开"替代当前样式"对话框，该对话框中各选项与"新建标注样式"对话框中完全相同，用户可改变选项的设置，以覆盖原来的设置，但这种修改只对指定的尺寸标注起作用，而不影响当前其他尺寸变量的设置。

（5）"比较"按钮：比较两个尺寸标注样式在参数上的区别，或浏览一个尺寸标注样式的参数设置。单击此按钮，系统打开"比较标注样式"对话框，如图 6-47 所示。用户可以把比较结果复制到剪贴板上，然后再将其粘贴到其他的 Windows 应用软件上。

图 6-46　"新建标注样式"对话框

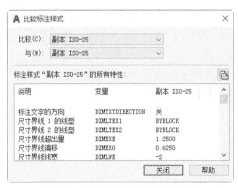

图 6-47　"比较标注样式"对话框

6.3.2　线

在"新建标注样式"对话框中，第一个选项卡是"线"选项卡。该选项卡用于设置尺寸线、尺寸界线的形式和特性。现分别进行说明。

1. "尺寸线"选项组

设置尺寸线的特性。其中主要选项的含义如下。

（1）"颜色"下拉列表框：设置尺寸线的颜色。用户可直接输入颜色名字，也可从下拉列表框中选择，如果选择"选择颜色"，AutoCAD 打开"选择颜色"对话框供用户选择其他颜色。

（2）"线宽"下拉列表框：设置尺寸线的线宽，其下拉列表中列出了各种线宽的名字和宽度。AutoCAD 把设置值保存在 DIMLWD 变量中。

（3）"超出标记"数值框：当尺寸箭头设置为短斜线、短波浪线等，或尺寸线上无箭头时，可利用此微调框设置尺寸线超出尺寸界线的距离。其相应的尺寸变量是 DIMDLE。

（4）"基线间距"数值框：设置以基线方式标注尺寸时，相邻两尺寸线之间的距离，相应的尺寸变量是 DIMDLI。

（5）"隐藏"复选框组：确定是否隐藏尺寸线及相应的箭头。选中"尺寸线 1"复选框表示隐藏第一段尺寸线，选中"尺寸线 2"复选框表示隐藏第二段尺寸线。相应的尺寸变量为 DIMSD1 和 DIMSD2。

2. "尺寸界线"选项组

该选项组用于确定尺寸界线的形式。其中主要选项的含义如下。

（1）"颜色"下拉列表框：设置尺寸界线的颜色。

（2）"尺寸界线 1 的线型"下拉列表框和"尺寸界线 2 的线型"下拉列表框：分别用于设置第一条尺寸界线和第二条尺寸界线的线型（DIMLTEX1 系统变量）。

（3）"线宽"下拉列表框：设置尺寸界线的线宽，AutoCAD 将其值保存在 DIMLWE 变量中。

（4）"超出尺寸线"数值框：确定尺寸界线超出尺寸线的距离，相应的尺寸变量是 DIMEXE。

（5）"起点偏移量"数值框：确定尺寸界线的实际起始点相对于指定的尺寸界线的起始点的偏移量，相应的尺寸变量是 DIMEXO。

（6）"隐藏"复选框组：确定是否隐藏尺寸界线。选中"尺寸界线 1"复选框表示隐藏第一段尺寸界线，选中"尺寸界线 2"复选框表示隐藏第二段尺寸界线。相应的尺寸变量为 DIMSE1 和 DIMSE2。

（7）"固定长度的尺寸界线"复选框：选中该复选框，系统以固定长度的尺寸界线标注尺寸。用户可以在下面的"长度"数值框中输入长度值。

3. "尺寸样式"显示框

在"新建标注样式"对话框的右上方是一个"尺寸样式"显示框，该框以样例的形式显示用户设置的尺寸样式。

6.3.3　文字

在"新建标注样式"对话框中，第 3 个选项卡是"文字"选项卡，如图 6-48 所示。该选项卡用于设置尺寸文本的形式、位置和对齐方式等。

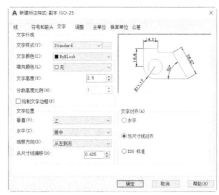

图 6-48　"文字"选项卡

1．"文字外观"选项组

（1）"文字样式"下拉列表框：选择当前尺寸文本采用的文本样式。用户可在其下拉列表中选择一个样式，也可单击右侧的□按钮，打开"文字样式"对话框，以创建新的文字样式或对文字样式进行修改。AutoCAD 将当前文字样式保存在 DIMTXSTY 系统变量中。

（2）"文字颜色"下拉列表框：设置尺寸文本的颜色，其操作方法与设置尺寸线颜色的方法相同。与其对应的尺寸变量是 DIMCLRT。

（3）"填充颜色"下拉列表框：用于设置标注中文字背景的颜色。

（4）"文字高度"数值框：设置尺寸文本的字高，相应的尺寸变量是 DIMTXT。如果选用的文字样式中已设置了具体的字高（不是 0），则此处的设置无效；如果文字样式中设置的字高为 0，此处的设置才有效。

（5）"分数高度比例"数值框：确定尺寸文本的比例系数，相应的尺寸变量是 DIMTFAC。

（6）"绘制文字边框"复选框：选中此复选框，AutoCAD 将在尺寸文本的周围加上边框。

2．"文字位置"选项组

（1）"垂直"下拉列表框

确定尺寸文本相对于尺寸线在垂直方向的对齐方式，相应的尺寸变量是 DIMTAD。在该下拉列表框中可选择的对齐方式有以下 4 种。

① 居中：将尺寸文本放在尺寸线的中间，此时 DIMTAD＝0。

② 上/下：将尺寸文本放在尺寸线的上方/下方，此时 DIMTAD＝1。

③ 外部：将尺寸文本放在远离第一条尺寸界线起点的位置，即和所标注的对象分列于尺寸线的两侧，此时 DIMTAD＝2。

④ JIS：使尺寸文本的放置符合 JIS（日本工业标准）规则，此时 DIMTAD＝3。

上面这几种文本布置方式如图 6-49 所示。

图 6-49　尺寸文本在垂直方向的放置

（2）"水平"下拉列表框

用来确定尺寸文本相对于尺寸线和尺寸界线在水平方向的对齐方式，相应的尺寸变量是

DIMJUST。在下拉列表框中可选择的对齐方式有以下 5 种：居中、第一条尺寸界线、第二尺寸界线、第一条尺寸界线上方、第二条尺寸界线上方，如图 6-50（a）～（e）所示。

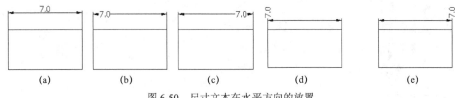

图 6-50　尺寸文本在水平方向的放置

（3）"从尺寸线偏移"数值框

当尺寸文本放在断开的尺寸线中间时,此数值框用来设置尺寸文本与尺寸线之间的距离(尺寸文本间隙),该值保存在尺寸变量 DIMGAP 中。

3．"文字对齐"选项组

用来控制尺寸文本排列的方向。当尺寸文本在尺寸界线之内时，与其对应的尺寸变量是 DIMTIH；当尺寸文本在尺寸界线之外时，与其对应的尺寸变量是 DIMTOH。

（1）"水平"单选按钮：尺寸文本沿水平方向放置。不论标注什么方向的尺寸，尺寸文本总保持水平。

（2）"与尺寸线对齐"单选按钮：尺寸文本沿尺寸线方向放置。

（3）"ISO 标准"单选按钮：当尺寸文本在尺寸界线之间时，沿尺寸线方向放置；在尺寸界线之外时，沿水平方向放置。

6.4　标注尺寸

正确地进行尺寸标注是设计绘图工作中非常重要的一个环节。尺寸标注方法可通过执行命令实现，也可利用菜单或工具图标实现。

【预习重点】

- ☑　了解尺寸标注类型。
- ☑　练习不同类型尺寸标注应用。

6.4.1　线性标注

【执行方式】

- ☑　命令行：dimlinear（快捷命令为 dli）。
- ☑　菜单栏：选择菜单栏中的"标注"→"线性"命令。
- ☑　工具栏：单击"标注"工具栏中的"线性"按钮┡┥。
- ☑　功能区：单击"默认"选项卡"注释"面板中的"线性"按钮┡┥，如图 6-51 所示；或者单击"注释"选项卡"标注"面板中的"线性"按钮┡┥，如图 6-52 所示。

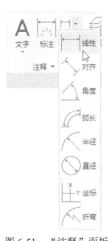

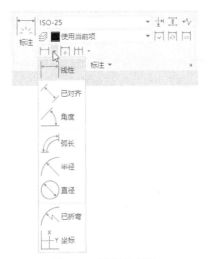

图 6-51　"注释"面板　　　　　　　图 6-52　"标注"面板

【操作步骤】

执行上述任一操作后，命令行提示与操作如下。

命令:_dimlin

选择相应的菜单项或工具图标，或在命令行中输入 dimlin 后按 Enter 键，系统提示如下。

指定第一个尺寸界线原点或 <选择对象>:

【选项说明】

（1）指定尺寸线位置：用于确定尺寸线的位置。用户可移动光标选择合适的尺寸线位置，然后按 Enter 键或单击鼠标，AutoCAD 2022 则自动测量要标注线段的长度并标注出相应的尺寸。

（2）多行文字（M）：用多行文本编辑器确定尺寸文本。

（3）文字（T）：用于在命令行提示下输入或编辑尺寸文本。选择此选项后，命令行提示如下。

输入标注文字 <默认值>:

其中的默认值是系统自动测量得到的被标注线段的长度，直接按 Enter 键即可采用此长度值，也可输入其他数值代替默认值。当尺寸文本中包含默认值时，可使用尖括号 "<>" 表示默认值。

（4）角度（A）：用于确定尺寸文本的倾斜角度。

（5）水平（H）：水平标注尺寸，不论标注什么方向的线段，尺寸线总保持水平放置。

（6）垂直（V）：垂直标注尺寸，不论标注什么方向的线段，尺寸线总保持垂直放置。

（7）旋转（R）：输入尺寸线旋转的角度值，旋转标注尺寸。

6.4.2　直径标注

【执行方式】

☑　命令行：dimdiameter（快捷命令为 ddi）。

☑ 菜单栏：选择菜单栏中的"标注"→"直径"命令。

☑ 工具栏：单击"标注"工具栏中的"直径"按钮 ⊘。

☑ 功能区：单击"默认"选项卡"注释"面板中的"直径"按钮 ⊘ 或单击"注释"选项卡"标注"面板中的"直径"按钮 ⊘。

【操作步骤】

执行上述任一操作后，命令行提示与操作如下。

命令: _dimdiameter
选择圆弧或圆:（选择要标注直径的圆或圆弧）
指定尺寸线位置或 [多行文字(M)/文字(T)/角度(A)]:（确定尺寸线的位置或选择某一选项）

用户可以选择"多行文字""文字"或"角度"选项来输入、编辑尺寸文本或确定尺寸文本的倾斜角度，也可以直接确定尺寸线的位置，标注出指定圆或圆弧的直径。

【选项说明】

（1）指定尺寸线位置：确定尺寸线的角度和标注文字的位置。如果未将标注放置在圆弧上而导致标注指向圆弧外，则 AutoCAD 会自动绘制圆弧延伸线。

（2）多行文字（M）：可用于编辑标注文字。如果要添加前缀或后缀，需在生成的测量值前后输入前缀或后缀。用控制代码和 Unicode 字符串来输入特殊字符或符号。

（3）文字（T）：自定义标注文字，生成的标注测量值显示在尖括号"<>"中。

（4）角度（A）：修改标注文字的角度。

半径标注和直径标注类似，不再赘述。

6.4.3 基线标注

基线标注用于产生一系列基于同一条尺寸界线的尺寸标注，适用于长度尺寸标注、角度标注和坐标标注等。在使用基线标注方式之前，应该先标注出一个相关的尺寸。

【执行方式】

☑ 命令行：dimbaseline（快捷命令为 dba）。

☑ 菜单栏：选择菜单栏中的"标注"→"基线"命令。

☑ 工具栏：单击"标注"工具栏中的"基线"按钮 ⊢⊐。

☑ 功能区：单击"注释"选项卡"标注"面板中的"基线"按钮 ⊢⊐。

【操作步骤】

执行上述任一操作后，命令行提示与操作如下。

命令:_dimbaseline
指定第二条尺寸界线原点或 [放弃(U)/选择(S)] <选择>:

【选项说明】

（1）指定第二条尺寸界线原点：直接确定另一个尺寸的第二条尺寸界线的起点，AutoCAD 以上次标注的尺寸为基准，标注出相应的尺寸。

（2）选择（S）：在上述提示下直接按 Enter 键，AutoCAD 提示如下。

选择基准标注:（选取作为基准的尺寸标注）

🎓 **高手支招**

> 线性标注有"水平""垂直"和"对齐"3 种。使用对齐标注时，尺寸线将平行于两尺寸界线原点之间的直线（想象或实际）。基线（或平行）和连续（或链）标注是一系列基于线性标注的连续标注，连续标注是首尾相连的多个标注。在创建基线或连续标注之前，必须创建线性、对齐或角度标注。可从当前任务最近创建的标注中以增量方式创建基线标注。

6.4.4 连续标注

连续标注又叫尺寸链标注，用于产生一系列连续的尺寸标注，后一个尺寸标注均把前一个标注的第二条尺寸界线作为它的第一条尺寸界线。适用于长度尺寸标注、角度标注和坐标标注等。在使用连续标注方式之前，应该先标注出一个相关的尺寸。

【执行方式】

- ☑ 命令行: dimcontinue（快捷命令为 dco）。
- ☑ 菜单栏: 选择菜单栏中的"标注"→"连续"命令。
- ☑ 工具栏: 单击"标注"工具栏中的"连续"按钮 ⊬⊬。
- ☑ 功能区: 单击"注释"选项卡"标注"面板中的"连续"按钮 ⊬⊬。

【操作步骤】

执行上述任一操作后，命令行提示与操作如下。

命令:_dimcontinue
指定第二条尺寸界线原点或 [放弃(U)/选择(S)] <选择>:

此提示下的各选项与基线标注中完全相同，不再赘述。

🎓 **高手支招**

> AutoCAD 允许用户利用连续标注方式和基线标注方式进行角度标注，如图 6-53 所示。

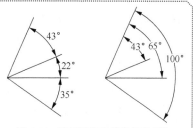

图 6-53　连续型和基线型角度标注

AutoCAD 提供了引线标注功能，利用该功能用户不仅可以标注特定的尺寸，如圆角、倒角等，还可以在图中添加多行旁注、说明。在引线标注中，指引线可以是折线，也可以是曲线，指引线端部可以有箭头，也可以没有箭头。

利用 qleader 命令可快速生成指引线及注释，而且可以通过命令行优化对话框进行用户自定义，由此可以消除不必要的命令行提示，取得最高的工作效率。

6.4.5 一般引线标注

leader 命令可以创建灵活多样的引线标注形式，用户可根据需要把指引线设置为折线或曲线，指引线可带箭头，也可不带箭头，注释文本可以是多行文本，可以是形位公差，也可以从图形其他部位复制，还可以是一个图块。

【执行方式】

☑ 命令行：leader。

【操作步骤】

执行上述任一操作后，命令行提示与操作如下。

```
命令:_leader
指定引线起点:
指定下一点:
指定下一点或 [注释(A)/格式(F)/放弃(U)]<注释>:
指定下一点或 [注释(A)/格式(F)/放弃(U)]<注释>: ↙
输入注释文字的第一行或<选项>: ↙
输入注释选项 [公差(T)/副本(C)/块(B)/无(N)多行文字(M)]<多行文字>: ↙
```

【选项说明】

（1）指定下一点：直接输入一点，AutoCAD 2022 根据前面的点画出折线作为指引线。

（2）注释（A）：输入注释文本，为默认项。在系统提示下直接按 Enter 键，AutoCAD 2022 提示如下。

输入注释文字的第一行或 <选项>:

① 输入注释文本：在此提示下输入第一行文本后按 Enter 键，可继续输入第二行文本，如此反复执行，直到输入全部注释文本，然后在此提示下直接按 Enter 键，AutoCAD 2022 会在指引线终端标注出所输入的多行文本，并结束 leader 命令。

② 直接按 Enter 键：如果在上面的提示下直接按 Enter 键，AutoCAD 2022 提示如下。

输入注释选项 [公差(T)/副本(C)/块(B)/无(N)/多行文字(M)] <多行文字>:

选择一个注释选项或直接按 Enter 键选择默认的"多行文字"选项。其中各选项的含义如下。

● 公差（T）：标注形位公差。
● 副本（C）：把已由 leader 命令创建的注释复制到当前指引线末端。

执行该选项，系统提示与操作如下。

选择要复制的对象:

在此提示下选取一个已创建的注释文本，则 AutoCAD 2022 把它复制到当前指引线的末端。

● 块（B）：插入块，把已经定义好的图块插入指引线的末端。

执行该选项，系统提示与操作如下。

输入块名或 [?]:

在此提示下输入一个已定义好的图块名，AutoCAD 2022 把该图块插入指引线的末端。或输入"?"，列出当前已有图块，用户可从中选择。

● 无（N）：不进行注释，没有注释文本。

● 多行文字（M）：用多行文本编辑器标注注释文本并定制文本格式，为默认选项。

（3）格式（F）：确定指引线的形式。选择该选项，AutoCAD 2022 提示如下。

输入引线格式选项 [样条曲线(S)/直线(ST)/箭头(A)/无(N)] <退出>:
选择指引线形式，或直接按Enter键回到上一级提示

① 样条曲线（S）：设置指引线为样条曲线。

② 直线（ST）：设置指引线为直线。

③ 箭头（A）：在指引线的起始位置画箭头。

④ 无（N）：不在指引线的起始位置画箭头。

⑤ 退出：该选项为默认选项，选择该选项退出"格式"选项，返回"指定下一点或[注释(A)/格式(F)/放弃(U)] <注释>:"提示，并且指引线形式按默认方式设置。

6.4.6 快速引线标注

利用 qleader 命令可快速生成指引线及注释，而且可以通过命令行优化对话框进行用户自定义，由此可以消除不必要的命令行提示，取得最高的工作效率。

【执行方式】

☑ 命令行：qleader。

【操作步骤】

执行上述任一操作后，命令行提示与操作如下。

命令:_qleader
指定第一个引线点或 [设置(S)] <设置>:

【选项说明】

（1）指定第一个引线点：在上面的提示下确定一点作为指引线的第一点。

系统提示用户输入的点的数目由"引线设置"对话框，确定"引线设置"对话框如图 6-55 所示。输入完指引线的点后系统提示如下。

指定文字宽度 <0.0000>:（输入多行文本的宽度）

输入注释文字的第一行 <多行文字(M)>:

此时，有两种命令输入选择，含义如下。

① 输入注释文字的第一行：在命令行输入第一行文本。

② 多行文字（M）：打开多行文字编辑器，输入并编辑多行文字。

直接按 Enter 键，结束 qleader 命令并把多行文本标注在指引线的末端附近。

（2）设置（S）：直接按 Enter 键或输入"S"，打开"引线设置"对话框，允许对引线标注进行设置。该对话框包含"注释""引线和箭头"及"附着"3 个选项卡，下面分别进行介绍。

① "注释"选项卡：用于设置引线标注中注释文本的类型、多行文本的格式并确定注释文本是否多次使用，"注释"选项卡如图 6-54 所示。

② "引线和箭头"选项卡：用于设置引线标注中指引线和箭头的形式。其中，"点数"选项组设置执行 qleader 命令时系统提示用户输入的点的数目。例如，设置点数为 3，执行 qleader 命令时当用户在提示下指定 3 个点后，系统自动提示用户输入注释文本。注意设置的点数要比用户希望的指引线的段数多 1。可利用数值框进行设置，如果选中"无限制"复选框，系统会一直提示用户输入点直到用户连续按两次 Enter 键为止。"角度约束"选项组设置第一段和第二段指引线的角度约束，"引线和箭头"选项卡如图 6-55 所示。

③ "附着"选项卡：设置注释文本和指引线的相对位置。如果最后一段指引线指向右边，系统自动把注释文本放在右侧；反之放在左侧。利用本选项卡左侧和右侧的单选按钮分别设置位于左侧和右侧的注释文本与最后一段指引线的相对位置，二者可相同也可不相同，"附着"选项卡如图 6-56 所示。

图 6-54 "注释"选项卡

图 6-55 "引线和箭头"选项卡

6.4.7 操作实例——耐张铁帽三视图尺寸标注

本实例标注如图 6-57 所示的耐张铁帽三视图。操作步骤如下。

（1）打开"源文件\第 6 章\耐张铁帽三视图"，将其另存为"耐张铁帽三视图尺寸标注"。

（2）标注样式设置。

① 单击"默认"选项卡"注释"面板中的"标注样式"按钮，❶弹出"标注样式管理器"对话框，如图 6-58 所示，❷单击"新建"按钮，❸弹出"创建新标注样式"对话框，如图 6-59 所示。在"用于"下拉列表框中❹选择"直径标注"选项。

图 6-56 "附着"选项卡

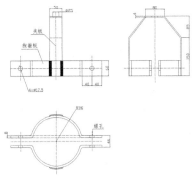

图 6-57 耐张铁帽三视图

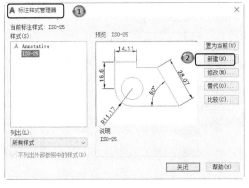

图 6-58 "标注样式管理器"对话框

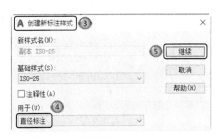

图 6-59 "创建新标注样式"对话框

② ⑤单击"继续"按钮，⑥打开"新建标注样式"对话框。其中有 7 个选项卡，可对新建的"直径标注样式"的风格进行设置。⑦"线"选项卡设置如图 6-60 所示，⑧将"基线间距"设置为 3.75，⑨"超出尺寸线"设置为 1.25。

③ ⑩"符号和箭头"选项卡设置如图 6-61 所示，⑪将"箭头大小"设置为 2，⑫"折弯角度"设置为 90。

图 6-60 "线"选项卡设置

图 6-61 "符号和箭头"选项卡设置

④ ⑬ "文字"选项卡设置如图 6-62 所示，⑭ 设置"文字高度"为 10，⑮ "从尺寸线偏移"为 0.625，⑯ "文字对齐"为"水平"。

⑤ ⑰ "主单位"选项卡设置如图 6-63 所示，⑱ 设置"精度"为 0，⑲ "小数分隔符"为"'·'（句点）"。

⑥ "调整"和"换算单位"选项卡不进行设置，后面用到时再进行设置。设置完毕后，单击"确定"按钮，返回"标注样式管理器"对话框，单击"置为当前"按钮，将新建的"耐张铁帽三视图尺寸标注"设置为当前使用的标注样式。

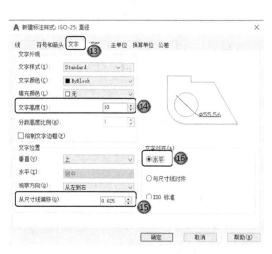

图 6-62　"文字"选项卡设置

图 6-63　"主单位"选项卡设置

（3）标注直径尺寸。

① 单击"默认"选项卡"注释"面板中的"直径"按钮◯，标注如图 6-64 所示的直径。命令行提示与操作如下。

```
命令: _dimdiameter
选择圆弧或圆:（选择小圆）
标注文字 = 17.5
指定尺寸线位置或 [多行文字(M)/文字(T)/角度(A)]:（适当指定一个位置）
```

② 双击欲修改的直径标注文字，打开多行文字编辑器，在已有的文字前面输入"4×"，如图 6-65 所示。

（4）重新设置标注样式。用相同方法，重新设置用于标注半径的标注样式，具体参数设置和直径标注的参数设置相同。

（5）标注半径尺寸。单击"默认"选项卡"注释"面板中的"半径"按钮，标注如图 6-66 所示的半径。命令行提示与操作如下。

```
命令: _dimradius
选择圆弧或圆:（选择俯视图圆弧）
标注文字 = 96
指定尺寸线位置或 [多行文字(M)/文字(T)/角度(A)]:（适当指定一个位置）
```

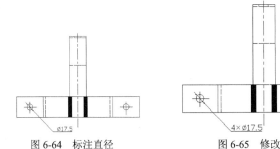

图 6-64　标注直径

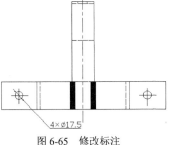

图 6-65　修改标注

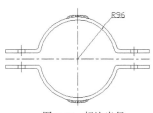

图 6-66　标注半径

（6）重新设置标注样式。使用相同的方法，重新设置用于线性标注的标注样式，在"文字"选项卡的"文字对齐"选项组中选择"与尺寸线对齐"选项，其他参数设置和直径标注的参数设置相同。

（7）标注线性尺寸。单击"默认"选项卡"注释"面板中的"线性"按钮┡┥，标注如图 6-67 所示的线性尺寸。命令行提示与操作如下。

```
命令: _dimlinear
指定第一个尺寸界线原点或 <选择对象>:（捕捉适当位置点）
指定第二条尺寸界线原点:（捕捉适当位置点）
创建了无关联的标注
指定尺寸线位置或 [多行文字(M)/文字(T)/角度(A)/水平(H)/垂直(V)/旋转(R)]: T
输入标注文字 <25>: %%c25
指定尺寸线位置或 [多行文字(M)/文字(T)/角度(A)/水平(H)/垂直(V)/旋转(R)]:（指定适当位置）
```

用相同的方法标注其他线性尺寸。

（8）重新设置标注样式。用相同方法，重新设置用于连续标注的标注样式，参数设置和线性标注的参数设置相同。

（9）标注连续尺寸。单击"注释"选项卡"标注"面板中的"连续"按钮┤┤┤，标注连续尺寸。命令行提示与操作如下。

```
命令: _dimcontinue
选择连续标注:（选择尺寸为150的标注）
指定第二条尺寸界线原点或 [放弃(U)/选择(S)] <选择>:（捕捉合适的位置点）
标注文字 = 80
指定第二条尺寸界线原点或 [放弃(U)/选择(S)] <选择>:↙
```

使用相同的方法绘制另一个连续标注尺寸 40，结果如图 6-68 所示。

（10）添加文字。

① 创建文字样式：单击"默认"选项卡"注释"面板中的"文字样式"按钮 A⌄，①打开"文字样式"对话框，②创建一个样式名为"文字"的文字样式。③设置"字体名"为"仿宋_GB2312"，④"字体样式"为"常规"，⑤"高度"为 15，⑥"宽度因子"为 1，如图 6-69 所示。

② 添加注释文字：单击"默认"选项卡"注释"面板中的"多行文字"按钮 A，一次输入几行文字，然后调整其位置，以对齐文字。调整位置时，结合使用"正交"命令。

③ 使用文字编辑命令修改文字以得到需要的文字。

添加注释文字后，利用"直线"命令绘制几条指引线，即完成了整张图样的绘制。

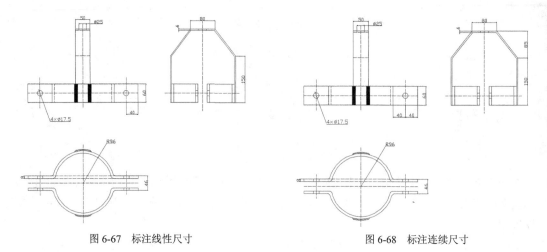

图 6-67　标注线性尺寸　　　　　　　　　　　　　　图 6-68　标注连续尺寸

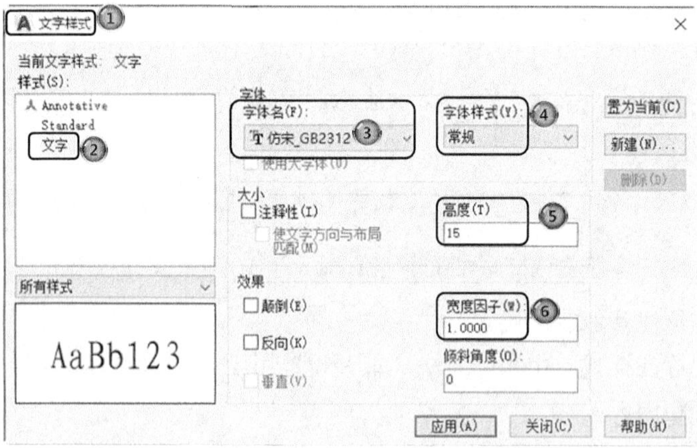

图 6-69　"文字样式"对话框

6.5　综合演练——绘制 A3 电气样板图

绘制图 6-70 所示的 A3 电气样板图。

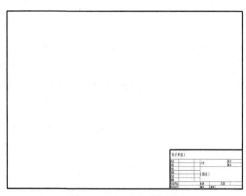

图 6-70　A3 电气样板图

手把手教你学

国家标准规定 A3 图纸的幅面大小是 420mm × 297mm，本例绘制的是带装订边的样板图，内外边框右侧间距为 5mm，如果带装订边，则内外边框右侧间距（图框到纸面边界的距离）应为 10mm。

【操作步骤】

1．设置绘图环境

（1）建立新文件：启动 AutoCAD 2022，使用默认设置绘图环境。单击"快速访问"工具栏中的"新建"按钮，打开"选择样板"对话框，单击"打开"按钮右侧的下拉按钮，选择"无样板打开-公制（M）"，建立新文件。

（2）保存样板文件。单击"快速访问"工具栏中的"保存"按钮，①弹出"图形另存为"对话框，②选择".dwt""文件类型"，同时将新文件③命名为"A3 电气样板图"，如图 6-71 所示。④单击"保存"按钮，⑤弹出"样板选项"对话框，如图 6-72 所示，关闭对话框，完成文件保存。

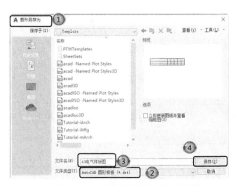

图 6-71　"图形另存为"对话框

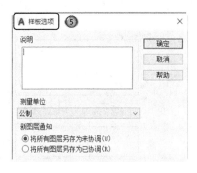

图 6-72　"样板选项"对话框

（3）新建图层。单击"默认"选项卡"图层"面板中的"图层特性"按钮，打开"图层特性管理器"选项板，新建 4 个图层，如图 6-73 所示。

外边框层：将线宽设置为 0.25mm，其他属性保持默认设置。

内边框层：将线宽设置为 0.3mm，其他属性保持默认设置。

标题栏层：将线宽设置为 0.25mm，其他属性保持默认设置。

标题栏文字层：将线宽设置为 0.25mm，颜色设置为洋红，其他属性保持默认设置。

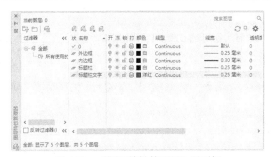

图 6-73　"图层特性管理器"对话框

注意

标题字符应为黄色，但考虑到显示问题（为显示方便，黑色底图设置为白色，因此黄色在白底图中不易看清），设置标题栏文字为洋红，容易显示清楚。其余颜色同样处理。

2．绘制图框

（1）单击"默认"选项卡"绘图"面板中的"矩形"按钮 □，绘制 3 个矩形。命令行提示与操作如下。

```
命令:_rectang
指定第一个角点或 [倒角(C)/标高(E)/圆角(F)/厚度(T)/宽度(W)]: 0,0
指定另一个角点或 [面积(A)/尺寸(D)/旋转(R)]: 420,297
命令:_rectang
指定第一个角点或 [倒角(C)/标高(E)/圆角(F)/厚度(T)/宽度(W)]: 25,5
指定另一个角点或 [面积(A)/尺寸(D)/旋转(R)]: 415,292
命令: rectang
指定第一个角点或 [倒角(C)/标高(E)/圆角(F)/厚度(T)/宽度(W)]: 415,5
指定另一个角点或 [面积(A)/尺寸(D)/旋转(R)]: @-120,63
```

（2）分别将内外边框设置在对应图层上，打开"线宽"模式，结果如图 6-74 所示。

3．绘制标题栏

贴心小帮手

标题栏结构如图 6-75 所示，由于分隔线并不整齐，所以可以先绘制一个 120mm×63mm 的标准表格，然后在此基础上编辑合并单元格。

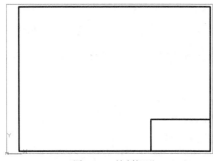

图 6-74　绘制矩形

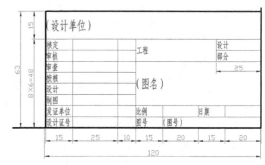

图 6-75　标题栏示意图

将"标题栏层"设置为当前图层。

（1）设置文字样式。单击"默认"选项卡"注释"面板中的"文字样式"按钮 A，❶弹出"文字样式"对话框。❷单击"新建"按钮，❸新建"标题栏文字"样式，❹在"字体"选项组下的"字体名"下拉列表框中选择"仿宋_GB2312"，❺设置"高度"为 3.5、❻"宽度因子"为 0.7，❼单击"置为当前"按钮，如图 6-76 所示，关闭对话框。

（2）打开"表格样式"对话框。

① 单击"默认"选项卡"注释"面板中的"表格样式"按钮 ▦，❶系统弹出"表格样式"

对话框，如图 6-77 所示。

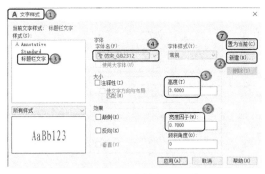

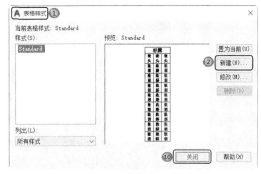

图 6-76　"文字样式"对话框 　　　　　　图 6-77　"表格样式"对话框

② 设置"新建表格样式"对话框。②单击"新建"按钮，系统弹出"创建新的表格样式"对话框，输入"标题栏"文字，单击"继续"按钮，在新建的表格样式中设置参数。

③ 在"单元样式"下拉列表框中③选择"数据"选项，④打开"常规"选项卡，⑤将"对齐"设置为"左中"，⑥"页边距"选项组中的"水平""垂直"均设置为 0.5，如图 6-78 所示。

④ 在"文字"选项卡中将"文字样式"⑦设置为"标题栏文字"，⑧"文字颜色"设置为"洋红"，如图 6-79 所示。

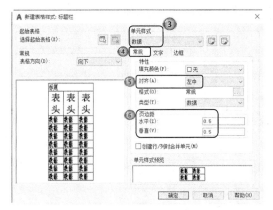

图 6-78　"常规"选项卡 　　　　　　　图 6-79　设置"文字"选项卡

用同样的方法设置"标题"单元样式。

⑤ ⑨单击"确定"按钮，如图 6-79 所示。系统返回"表格样式"对话框，⑩单击"关闭"按钮退出，如图 6-77 所示。

⑥ 设置"插入表格"对话框。单击"默认"选项卡"注释"面板中的"表格"按钮，系统①弹出"插入表格"对话框，在"列和行设置"选项组中将②"列数"设置为 24，③"列宽"设为 5，"数据行数"④设置为 7（加上标题行和表头行共 9 行），⑤"行高"设置为 1行；在"设置单元样式"选项组中⑥将"第一行单元样式"设置为"标题"，将"第二行单元样式"和"所有其他行单元样式"都设置为"数据"，如图 6-80 所示。

⑦ 生成表格。单击"确定"按钮，在图框线右下角附近指定表格位置，系统生成表格，同时打开多行文字编辑器，如图 6-81 所示，直接按 Enter 键，不输入文字，生成的表格如图 6-82所示。

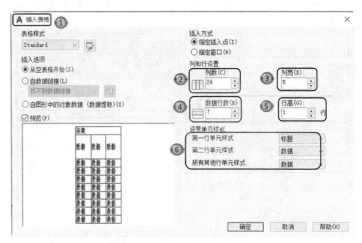

图 6-80 "插入表格"对话框

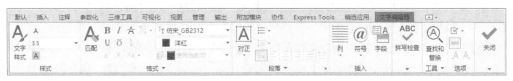

(a) 选项卡

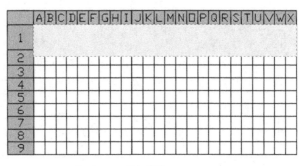

(b) 表格

图 6-81 "文字编辑器"选项卡和表格

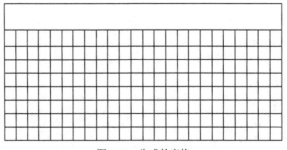

图 6-82 生成的表格

⑧ 修改表格高度。单击表格中的一个单元格，系统显示其编辑夹点，然后单击鼠标右键，在弹出的快捷菜单中选择"特性"命令，如图 6-83 所示。❶系统弹出"特性"选项板，❷将"单元高度"设置为 15，如图 6-84 所示，这样该单元格所在行的高度就统一改为了 15。用同样的方法将其他行的高度改为 6，如图 6-85 所示。

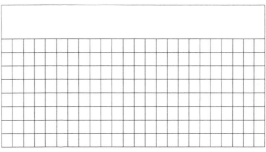

图 6-83 快捷菜单 1　　　图 6-84 "特性"选项板　　　　　图 6-85 修改表格高度

⑨ 合并单元格。选择 A2 单元格，按住 Shift 键，同时选择右边的两个单元格，然后单击鼠标右键，在弹出的快捷菜单中选择"合并"→"全部"命令，如图 6-86 所示，完成单元格合并，如图 6-87 所示。

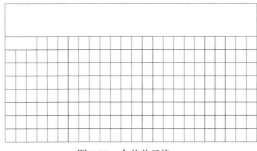

图 6-86 快捷菜单 2　　　　　　　　　　图 6-87 合并单元格

使用同样的方法合并其他单元格，结果如图 6-88 所示。

⑩ 输入文字。在单元格中双击并输入文字，如图 6-89 所示。

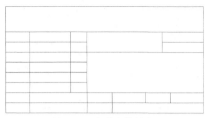

图 6-88 完成表格绘制

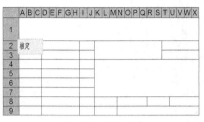

图 6-89 输入文字

使用同样的方法输入其他单元格中的文字，并将表格移动到样板图的右下角，结果如图 6-90 所示。

（3）保存样板图。单击"快速访问"工具栏中的"保存"按钮 🖫，保存样板图文件，最终结果如图 6-70 所示。

用同样的方法绘制"A1 电气样板图.dwt"，结果如图 6-91 所示。

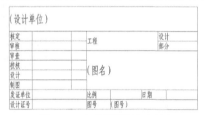

图 6-90 完成标题栏文字输入

图 6-91 A1 电气样板图

6.6 名师点拨——听我说标注

1. 字体的操作有何技巧

① 在够用的前提下，字体越少越好。不管什么类型的设置，字体越多，文件就会越大，在运行软件时，也会给运算速度带来影响。

② 在使用 AutoCAD 2022 时，除了默认的 Standard 字体外，新建的字体样式都设置小于 1 的宽度因子，因为在大多数施工图中，有许多细小的尺寸挤在一起。这时采用较窄的字体，就会减少很多标注相互重叠的情况。

③ 不要选择前面带"@"的字体，因为带"@"的字体本来就是侧倒的。

④ 可以直接使用 Windows 的 TTF 中文字体，但是 TTF 字体影响图形的显示速度，还是尽量避免使用。

2. 标注样式有何操作技巧

可利用 dwt 模板文件创建统一文字及标注样式，方便下次制图时直接调用，而不必重复设置样式。用户也可以从 CAD 设计中心查找所需的标注样式，直接导入至新建的图纸中，即完成了对样式的调用。

3. 如何改变单元格大小

在插入表格中选择某一个单元格，单击后出现钳夹点，通过移动钳夹点可以改变单元格的大小。

6.7　上机实验

【练习 1】绘制图 6-92 所示的电机控制系统图中的电气符号。

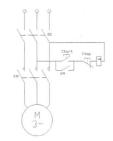

图 6-92　电机控制系统图

【练习 2】绘制图 6-93 所示的电缆分支箱。

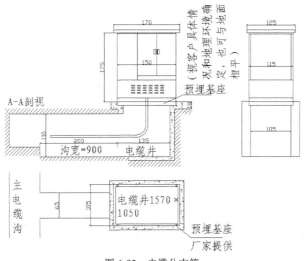

图 6-93　电缆分支箱

6.8　模拟考试

1. 在设置文字样式时，设置了文字的高度，其效果是（　　　）。

    A．在输入单行文字时，能改变文字高度

    B．在输入单行文字时，不能改变文字高度

    C．在输入多行文字时，不能改变文字高度

    D．都能改变文字高度

2. 如图 6-94 所示的标注在"符号和箭头"选项卡中的"箭头"选项组下，这时应如何设

置？（　　　）

    A．建筑标记　　　　　B．倾斜　　　　　C．指示原点　　　　　D．实心方框

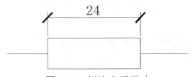

图 6-94　标注水平尺寸

3．在插入字段的过程中，如果显示"####"，则表示该字段（　　　）。

    A．没有值　　　　　B．无效　　　　　C．字段太长，溢出　　　D．字段需要更新

4．将尺寸标注对象，如尺寸线、尺寸界线、箭头和文字作为单一的对象，必须将（　　　）尺寸标注变量设置为 ON。

    A．DIMASZ　　　　B．DIMASO　　　　C．DIMON　　　　　D．DIMEXO

5．下列尺寸标注中共用一条基线的是（　　　）。

    A．基线标注　　　　B．连续标注　　　　C．公差标注　　　　D．引线标注

6．将图和已标注的尺寸同时放大 2 倍，其结果是（　　　）。

    A．尺寸值是原尺寸的 2 倍　　　　　　　B．尺寸值不变，字高是原尺寸的 2 倍

    C．尺寸箭头是原尺寸的 2 倍　　　　　　D．原尺寸不变

7．尺寸公差中的上下偏差可以在线性标注的哪个选项中堆叠起来？（　　　）

    A．多行文字　　　　B．文字　　　　　C．角度　　　　　　D．水平

8．绘制如图 6-95 所示的电气元件表。

配电柜编号		1P1	1P2	1P3	1P4	1P5
配电柜型号		GCK	GCK	GCJ	GCJ	GCK
配电柜柜宽		1000	1800	1000	1000	1000
配电柜用途		计量进线	干式稳压器	电容补偿柜	电容补偿柜	馈电柜
主要元件	隔离开关			QSA-630/3	QSA-630/3	
	断路器	AE-3200A/4P	AE-3200A/3P	CJ20-63/3	CJ20-63/3	AE-1600AX2
	电流互感器	3×LMZ2-0.66-2500/5 4×LMZ2-0.66-3000/5	3×LMZ2-0.66-3000/5	3×LMZ2-0.66-500/5	3×LMZ2-0.66-500/5	6×LMZ2-0.66-1500/5
	仪表规格	DTF-224 1级 6L2-A×3 DXF-226 2级 6L2-V×1	6L2-A×3	6L2-A×3 6L2-COSφ	6L2-A×3	6L2-A
负荷名称/容量		SC9-1600kVA	1600kVA	12×30=360kVAR	12×30=360kVAR	
母线及进出线电缆		母线槽FCM-A-3150A		配十二步自动投切	与主柜联动	

图 6-95　电气元件表

9．在 AutoCAD 中尺寸标注的类型有哪些？

第7章

辅助绘图工具

在设计绘图过程中经常会遇到一些重复出现的图形（例如，电气设计中的开关、线圈、熔断器等），如果每次都重新绘制这些图形，不仅造成大量的重复工作，而且存储这些图形及其信息要占据相当大的磁盘空间。利用图块、设计中心和工具选项板模块化作图，不仅可避免大量的重复工作，提高绘图效率，而且还可以大大节省磁盘空间。

7.1 图块操作

图块也叫块，是由一组图形对象组成的集合，一组对象一旦被定义为图块，则将成为一个整体，拾取图块中任意一个图形对象即可选中构成图块的所有对象。AutoCAD 把一个图块作为一个对象进行编辑修改等操作，用户可根据绘图需要把图块插入图中任意指定的位置，而且在插入时还可以指定不同的缩放比例和旋转角度。如果需要对组成图块的单个图形对象进行修改，还可以利用"分解"命令把图块分解成若干个对象。图块还可以被重新定义，一旦被重新定义，整个图中基于该块的对象都将随之改变。

【预习重点】

☑ 了解图块的定义。
☑ 练习图块的应用。

7.1.1 定义图块

【执行方式】

☑ 命令行：block（快捷命令为 b）。
☑ 菜单栏：选择菜单栏中的"绘图"→"块"→"创建"命令。
☑ 工具栏：单击"绘图"工具栏中的"创建块"按钮 ┖╌。

☑ 功能区：①单击"默认"选项卡②"块"面板中的③"创建"按钮，如图 7-1 所示；或者①单击"插入"选项卡②"块定义"面板中的③"创建块"按钮，如图 7-2 所示。

图 7-1 "块"面板

【操作步骤】

执行上述操作后，系统打开如图 7-3 所示的"块定义"对话框，利用该对话框可定义图块并为之命名。

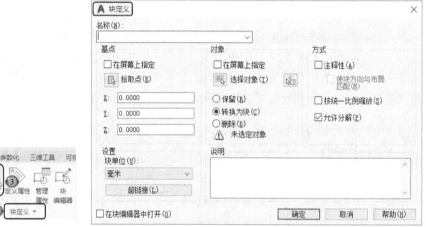

图 7-2 "块定义"面板　　　　　　　图 7-3 "块定义"对话框

【选项说明】

（1）"基点"选项组：确定图块的基点，默认值是（0,0,0），用户也可以在 X、Y、Z 文本框中输入块的基点坐标值。单击"拾取点"按钮，系统临时切换到绘图区，在绘图区选择一点后，返回"块定义"对话框中，把选择的点作为图块的放置基点。

（2）"对象"选项组：用于选择制作图块的对象，以及设置图块对象的相关属性。如图 7-4 所示，将图 7-4（a）中的正五边形定义为图块，图 7-4（b）为选中"删除"单选按钮的结果，图 7-4（c）为选中"保留"单选按钮的结果。

（3）"设置"选项组：指定从 AutoCAD 设计中心拖动图块时用于测量图块的单位，以及进行缩放、分解和超链接等设置。

图 7-4　设置图块对象

（4）"在块编辑器中打开"复选框：选中此复选框，用户可以在块编辑器中定义动态块，后面将详细介绍。

（5）"方式"选项组：指定块的行为。"注释性"复选框用于指定在图纸空间中块参照的方向与布局方向匹配；"按统一比例缩放"复选框用于指定是否阻止块参照不按统一比例缩放；"允许分解"复选框用于指定块参照是否可以被分解。

7.1.2　图块的存盘

利用 block 命令定义的图块保存在其所属的图形当中，该图块只能在该图形中插入，而不能插入其他的图形中。但是有些图块在许多图形中要经常用到，这时可以用 wblock 命令将图块以图形文件的形式（后缀为.dwg）写入磁盘。图形文件可以在任意图形中使用 insert 命令插入。

【执行方式】

- ☑　命令行：wblock（快捷命令为 w）。
- ☑　功能区：单击"插入"选项卡"块定义"面板中的"写块"按钮 。

【操作步骤】

单击"插入"选项卡"块定义"面板中的"写块"按钮 ，打开"写块"对话框。如图 7-5 所示。

图 7-5　"写块"对话框

【选项说明】

（1）"源"选项组：确定要保存为图形文件的图块或图形对象。选中"块"单选按钮，单击右侧的下拉列表框，在其展开的列表中选择一个图块，将其保存为图形文件；选中"整个图形"单选按钮，则把当前的整个图形保存为图形文件；选中"对象"单选按钮，则把不属于图块的图形对象保存为图形文件。对象的选择通过"对象"选项组来完成。

（2）"基点"选项组：用于选择图形。

（3）"目标"选项组：用于指定图形文件的名称、保存路径和插入单位。

7.1.3　操作实例——绘制接触器符号图块

绘制图 7-6 所示的非门图形符号并将其定义为图块，命名其为"接触器符号"并保存。操作步骤如下。

（1）单击"默认"选项卡"绘图"面板中的"矩形"按钮 ▭ 和"直线"按钮 ╱，绘制适当大小的矩形，分别捕捉矩形上、下边线的中点，绘制竖直短线，绘制结果如图 7-6 所示。

（2）单击"默认"选项卡"块"面板中的"创建"按钮 ⬚，①打开"块定义"对话框。

（3）②在"名称"下拉列表框中输入"接触器符号"，③单击"拾取点"按钮切换到作图屏幕，选择下端直线的下端点为插入基点，④单击"选择对象"按钮 ▦ 切换到作图屏幕，选择图 7-6 中的对象后，按 Enter 键返回"块定义"对话框，如图 7-7 所示。单击"确定"按钮关闭对话框。

图 7-6　接触器符号　　　　　　　图 7-7　"块定义"对话框

（4）在命令行中输入 wblock 命令，系统打开"写块"对话框，如图 7-5 所示。在"源"选项组中选中"块"单选按钮，在后面的下拉列表框中选择"接触器符号"块，进行其他相关设置后，单击"确定"按钮退出对话框。

7.1.4　图块的插入

在绘图过程中，用户可根据需要随时把已经定义好的图块或图形文件插入当前图形的任意位置，在插入的同时还可以改变图块的大小、旋转一定角度或把图块炸开等。插入图块的方法有多种，本节将逐一介绍。

【执行方式】

☑　命令行：insert（快捷命令为 i）。

☑　菜单栏：选择菜单栏中的"插入"→"块选项板"命令。

☑　工具栏：单击"插入"工具栏中的"插入块"按钮 ⬚ 或"绘图"工具栏中的"插入块"按钮 ⬚。

☑　功能区：单击"默认"选项卡"块"面板中的"插入"下拉菜单或①单击"插入"选项卡"块"面板中的②"插入"下拉菜单，如图 7-8 所示。

【操作步骤】

执行上述操作后，即可单击并放置所显示功能区库中的块。该库显示当前图形中的所有块定义。单击并放置这些块。其他两个选项（即"最近使用的块"和"其他图形的块"）会将"块"选项板打开到相应选项卡，如图 7-9 所示，从选项卡中用户可以指定要插入的图块及插入位置。

图 7-8　"插入"下拉菜单

图 7-9　"插入"对话框

【选项说明】

（1）"当前图形"选项卡：显示当前图形中可用块定义的预览或列表。

（2）"最近使用"选项卡：显示当前和上一个任务中最近插入或创建的块定义的预览或列表。这些块可能来自各种图形。

> **注意**
>
> 可以删除"最近使用"选项卡中显示的块（方法是在其上单击鼠标右键，并选择"从最近列表中删除"选项）。若要删除"最近使用"选项卡中显示的所有块，可将 BLOCKMRULIST 系统变量设置为 0。

（3）"其他图形"选项卡：显示单个指定图形中块定义的预览或列表。将图形文件作为块插入当前图形中。单击选项板顶部的"..."按钮，可以浏览其他图形文件。

> **注意**
>
> 用户可以创建存储所有相关块定义的"块库图形"。如果使用此方法，则在插入块库图形时选择选项板中的"分解"选项，可防止图形本身在预览区域中显示或列出。

（4）"选项"下拉列表。

① "插入点"复选框：指定插入点，插入图块时该点与图块的基点重合。用户可以在右侧的文本框中输入坐标值，勾选复选框可以在绘图区指定该点。

② "比例"复选框：指定插入块的缩放比例。可以以任意比例放大或缩小。图 7-10（a）所示为被插入的图块；图 7-10（b）所示为 X 轴方向、Y 轴方向按比例系数 1.5 插入该图块的结果；图 7-10（c）所示为 X 轴方向、Y 轴方向按比例系数 0.5 插入该图块的结果；图 7-10（d）所示为 X 轴方向、Y 轴方向按比例系数分别 1、1.5 插入该图块的结果。另外，比例系数还可以是一个负数，当为负数时表示插入图块的镜像，其效果如图 7-11 所示。

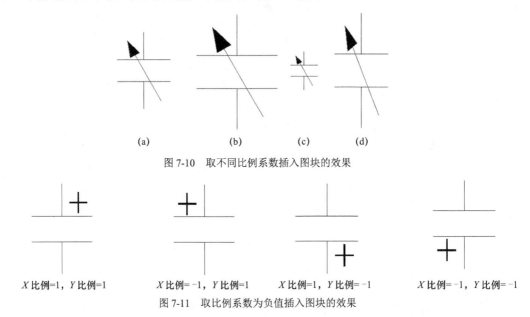

图 7-10　取不同比例系数插入图块的效果

X 比例=1，Y 比例=1　　　X 比例=-1，Y 比例=1　　　X 比例=1，Y 比例=-1　　　X 比例=-1，Y 比例=-1

图 7-11　取比例系数为负值插入图块的效果

③ "旋转"复选框：指定插入图块时的旋转角度。图块被插入至当前图形中时，用户可以绕其基点旋转一定的角度，角度可以是正数（表示沿逆时针方向旋转），也可以是负数（表示沿顺时针方向旋转）。如图 7-12（a）所示为直接插入图块的效果，图 7-12（b）所示为图块旋转 45°后插入的效果，图 7-12（c）所示为图块旋转-45°后插入的效果。

图 7-12　以不同旋转角度插入图块的效果

如果选中"旋转"复选框，系统切换到绘图区，在绘图区选择一点，AutoCAD 自动测量插入点与该点连线和 X 轴正方向之间的夹角，并将其作为块的旋转角。用户也可以在"角度"文本框中直接输入插入图块时的旋转角度。

④ "重复放置"复选框：控制是否自动重复块插入。如果选中该选项，系统将自动提示其他插入点，直到按 Esc 键取消命令。如果取消选中该选项，将插入指定的块一次。

⑤　"分解"复选框：选中此复选框，则在插入块的同时将其炸开，插入图形中的组成块对象不再是一个整体，可对每个对象单独进行编辑操作。

7.1.5　动态块

利用动态块功能，用户在操作时可以轻松地更改图形中的动态块参照。可以使用块编辑器创建动态块。块编辑器是一个专门的编写区域，用于添加能够使块成为动态块的元素。用户可以重新创建块，也可以向现有的块定义中添加动态行为，还可以像在绘图区域中一样创建几何图形。

【执行方式】

☑　命令行：bedit（快捷命令为 be）。

☑　菜单栏：选择菜单栏中的"工具"→"块编辑器"命令。

☑　工具栏：单击"标准"工具栏中的"块编辑器"按钮📝。

☑　功能区：单击"默认"选项卡"块"面板中的"块编辑器"按钮📝或单击"插入"选项卡"块定义"面板中的"块编辑器"按钮📝。

☑　快捷菜单：选择一个块参照，在绘图区单击鼠标右键，从打开的快捷菜单中选择"块编辑器"命令。

【操作步骤】

执行上述任一操作后，命令行提示与操作如下。

命令：_bedit

①系统打开"编辑块定义"对话框，如图 7-13 所示，②在"要创建或编辑的块"文本框中输入块名或在列表框中选择已定义的块或当前图形。单击"确定"按钮后，系统打开③"块编辑器"选项卡和④"块编写选项板"，如图 7-14 所示。

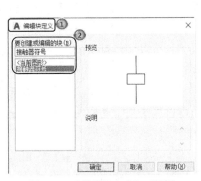

图 7-13　"编辑块定义"对话框

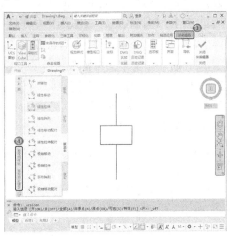

图 7-14　块编辑状态绘图平面

【选项说明】

1．块编写选项板

该选项板有 4 个选项卡，具体介绍如下。

（1）"参数"选项卡：提供用于向块编辑器中的动态块定义中添加参数的工具。参数用于指定几何图形在块参照中的位置、距离和角度。将参数添加到动态块定义中时，该参数将定义块的一个或多个自定义特性。此选项卡也可以通过命令 bparameter 打开。

① 点：向当前的动态块定义中添加点参数，并定义块参照的自定义 X 和 Y 特性。用户可以将移动或拉伸动作与点参数相关联。

② 线性：向当前的动态块定义中添加线性参数，并定义块参照的自定义距离特性。用户可以将移动、缩放、拉伸或阵列动作与线性参数相关联。

③ 极轴：向当前的动态块定义中添加极轴参数。定义块参照的自定义距离和角度特性。用户可以将移动、缩放、拉伸、极轴拉伸或阵列动作与极轴参数相关联。

④ XY：向当前的动态块定义中添加 XY 参数，并定义块参照的自定义水平距离和垂直距离特性。用户可以将移动、缩放、拉伸或阵列动作与 XY 参数相关联。

⑤ 旋转：向当前的动态块定义中添加旋转参数，并定义块参照的自定义角度特性。只能将一个旋转动作与一个旋转参数相关联。

⑥ 对齐：向当前的动态块定义中添加对齐参数。因为对齐参数影响整个块，所以不需要（或不可能）将动作与对齐参数相关联。

⑦ 翻转：向当前的动态块定义中添加翻转参数。定义块参照的自定义翻转特性。翻转参数用于翻转对象。在块编辑器中，翻转参数显示为投影线。用户可以围绕这条投影线翻转对象。翻转参数将显示一个值，该值显示块参照是否已被翻转。用户可以将翻转动作与翻转参数相关联。

⑧ 可见性：向动态块定义中添加一个可见性参数，并定义块参照的自定义可见性特性。可见性参数允许用户创建可见性状态并控制对象在块中的可见性。可见性参数总是应用于整个块，并且无须与任何动作相关联。在图形中单击夹点可以显示块参照中所有可见性状态的列表。在块编辑器中，可见性参数显示为带有关联夹点的文字。

⑨ 查寻：向动态块定义中添加一个查寻参数，并定义块参照的自定义查寻特性。查寻参数用于定义自定义特性，用户可以指定或设置该特性，以便从定义的列表或表格中计算出某个值。该参数可以与单个查寻夹点相关联。在块参照中单击该夹点可以显示可用值的列表。在块编辑器中，查寻参数显示为文字。

⑩ 基点：向动态块定义中添加一个基点参数。基点参数用于定义动态块参照相对于块中的几何图形的基点。基点参数无法与任何动作相关联，但可以属于某个动作的选择集。在块编辑器中，基点参数显示为带有十字光标的圆。

（2）"动作"选项卡：提供向块编辑器中的动态块定义中添加动作的工具。动作定义了在图形中操作块参照的自定义特性时，动态块参照的几何图形将如何移动或变化。应将动作与参数相关联。此选项卡也可以通过 bactiontool 命令打开。

① 移动：此操作用于在用户将移动动作与点参数、线性参数、极轴参数或 XY 参数关联时，将该动作添加到动态块定义中。移动动作类似于 move 命令。在动态块参照中，移动动作

将使对象移动指定的距离和角度。

②　查寻：向动态块定义中添加一个查寻动作。将查寻动作添加到动态块定义中并将其与查寻参数相关联时，将创建一个查寻表。用户可以使用查寻表指定动态块的自定义特性和值。

其他动作与以上各项类似，不再赘述。

（3）"参数集"选项卡：提供在块编辑器中向动态块定义中添加一个参数和至少一个动作的工具。将参数集添加到动态块中时，动作将自动与参数相关联。将参数集添加到动态块中后，双击黄色警示图标（或使用 bactionset 命令），然后按照命令行上的提示将动作与几何图形选择集相关联。此选项卡也可以通过命令 bparameter 打开。

①　点移动：向动态块定义中添加一个点参数。系统会自动添加与该点参数相关联的移动动作。

②　线性移动：向动态块定义中添加一个线性参数。系统会自动添加与该线性参数的端点相关联的移动动作。

③　可见性集：向动态块定义中添加一个可见性参数并允许定义可见性状态。无须添加与可见性参数相关联的动作。

④　查寻集：向动态块定义中添加一个查寻参数。系统会自动添加与该查寻参数相关联的查寻动作。

其他参数集与以上各项类似，不再赘述。

（4）"约束"选项卡：可将几何对象关联在一起，或者指定固定的位置或角度。

①　重合：约束两个点使其重合，或者约束一个点使其位于曲线（或曲线的延长线）上。用户可以使对象上的约束点与某个对象重合，也可以使其与另一对象上的约束点重合。

②　垂直：使直线或点位于与当前坐标系的 Y 轴平行的位置。

③　平行：使选定的直线位于彼此平行的位置。平行约束在两个对象之间应用。

④　相切：将两条曲线约束为保持彼此相切或其延长线保持彼此相切。相切约束在两个对象之间应用。圆可以与直线相切，即使该圆与该直线不相交。

⑤　水平：使直线或点位于与当前坐标系的 X 轴平行的位置。默认选择类型为对象。

⑥　竖直：使直线或点位于与当前坐标系的 Y 轴平行的位置。

⑦　共线：使两条或多条直线段沿同一直线方向。

⑧　同心：将两个圆弧、圆或椭圆约束到同一个中心点。结果与将重合约束应用于曲线的中心点所产生的结果相同。

⑨　平滑：将样条曲线约束为连续，并与其他样条曲线、直线、圆弧或多段线保持 G2 连续性。

⑩　对称：使选定对象受对称约束，相对于选定直线对称。

● 相等：将选定圆弧和圆的尺寸重新调整为半径相同，或将选定直线的尺寸重新调整为长度相同。

● 固定：约束一个点或一条曲线，使其固定在相对于世界坐标系的特定位置和方向上。

2．"块编辑器"选项卡

该选项卡提供了在块编辑器中使用、创建动态块及设置可见性状态的工具。

（1）编辑块：显示"编辑块定义"对话框。

（2）保存块：保存当前块定义。

（3）将块另存为：显示"将块另存为"对话框，用户可以在其中用一个新名称保存当前块定义的副本。

（4）测试块：执行 btestblock 命令，可从块编辑器中打开一个外部窗口以测试动态块。

（5）自动约束：执行 autoconstain 命令，可根据对象相对于彼此的方向将几何约束应用于对象的选择集。

（6）显示/隐藏：执行 constraintbar 命令，可显示或隐藏对象上的可用几何约束。

（7）块表：执行 btable 命令，可显示对话框以定义块的变量。

（8）参数管理器：参数管理器处于未激活状态时执行 parameters 命令。否则，将执行 parametersclose 命令。

（9）编写选项板：编写选项板处于未激活状态时执行 bauthorpalette 命令。否则，将执行 bauthorpaletteclose 命令。

（10）属性定义：显示"属性定义"对话框，从中用户可以定义模式、属性标记、提示、值、插入点和属性的文字选项。

① 可见性模式：设置 bvmode 系统变量，可以使当前可见性状态下不可见的对象变暗或隐藏。

② 使可见：执行 bvshow 命令，可以使对象在当前可见性状态或所有可见性状态下均可见。

③ 使不可见：执行 bvhide 命令，可以使对象在当前可见性状态或所有可见性状态下均不可见。

④ 可见性状态：显示"可见性状态"对话框。从中可以创建、删除、重命名和设置当前可见性状态。在列表框中选择一种状态，再单击鼠标右键，选择快捷菜单中的"新状态"命令，打开"新建可见性状态"对话框，用户可以设置可见性状态。

⑤ 关闭块编辑器：执行 bclose 命令，可关闭块编辑器，并提示用户保存或放弃对当前块定义所做的任何更改。

注意

在动态块中，由于属性的位置包括在动作的选择集中，因此必须将其锁定。

7.2 图块的属性

图块除包含图形对象以外，还可以具有非图形信息，例如，将一个椅子的图形定义为图块后，还可把椅子的号码、材料、重量、价格及说明等文本信息一并加入图块。图块的这些非图形信息叫作图块的属性，是图块的一个组成部分，与图形对象一起构成一个整体，在插入图块时，AutoCAD 把图形对象连同属性一起插入图形。

【预习重点】

☑ 编辑图块属性。

☑ 练习编辑图块应用。

7.2.1　定义图块属性

【执行方式】

☑　命令行：attdef（快捷命令为 att）。
☑　菜单栏：选择菜单栏中的"绘图"→
"块"→"定义属性"命令。
☑　功能区：单击"默认"选项卡"块"
面板中的"定义属性"按钮 或单击"插入"
选项卡"块定义"面板中的"定义属性"按
钮 。

【操作步骤】

执行上述操作后，打开"属性定义"对
话框，如图 7-15 所示。

【选项说明】

图 7-15　"属性定义"对话框

（1）"模式"选项组：用于确定属性的
模式。

①　"不可见"复选框：选中此复选框，属性为不可见显示方式，即插入图块并输入属性值
后，属性值在图中并不显示出来。

②　"固定"复选框：选中此复选框，属性值为常量，即属性值在属性定义时给定，在插入
图块时系统不再提示输入属性值。

③　"验证"复选框：选中此复选框，当插入图块时，系统重新显示属性值提示用户验证该
值是否正确。

④　"预设"复选框：选中此复选框，当插入图块时，系统自动把事先设置好的默认值赋予
属性，而不再提示用户输入属性值。

⑤　"锁定位置"复选框：锁定块参照中属性的位置。解锁后，属性可以相对于使用夹点编
辑块的其他部分移动，并且可以调整多行文字属性的大小。

⑥　"多行"复选框：选中此复选框，用户可以指定属性值包含多行文字，还可以指定属性
的边界宽度。

（2）"属性"选项组：用于设置属性值。在每个文本框中，AutoCAD 最多允许输入 256 个
字符。

①　"标记"文本框：输入属性标签。属性标签可由除空格和感叹号以外的所有字符组成，
系统自动把小写字母改为大写字母。

②　"提示"文本框：输入属性提示。属性提示是插入图块时系统要求输入属性值的提示，
如果不在此文本框中输入文字，则以属性标签作为提示。如果在"模式"选项组中选中"固定"
复选框，即属性设置为常量，不需设置属性提示。

③ "默认"文本框：设置默认的属性值。用户可把使用次数较多的属性值作为默认值，也可不设默认值。

（3）"插入点"选项组：用于确定属性文本的位置。可以在插入时由用户在图形中确定属性文本的位置，也可在 X、Y、Z 文本框中直接输入属性文本的位置坐标。

（4）"文字设置"选项组：用于设置属性文本的对齐方式、文本样式、字高和倾斜角度。

（5）"在上一个属性定义下对齐"复选框：选中此复选框，表示把属性标签直接放在前一个属性的下面，而且该属性继承前一个属性的文本样式、字高和倾斜角度等特性。

7.2.2　修改属性的定义

在定义图块之前，用户可以对属性的定义加以修改，不仅可以修改属性标签，还可以修改属性提示和属性默认值。

【执行方式】

☑ 命令行：ddedit（快捷命令为 ed）。
☑ 菜单栏：选择菜单栏中的"修改"→"对象"→"文字"→"编辑"命令。

【操作步骤】

执行上述操作后，选择定义的图块，打开"编辑属性定义"对话框，如图 7-16 所示。该对话框表示要修改属性的"标记""提示"及"默认值"，可在各文本框中对各项进行修改。

图 7-16　"编辑属性定义"对话框

7.2.3　图块属性编辑

当属性被定义到图块当中，甚至图块被插入图形当中之后，用户还可以对图块属性进行编辑。利用 attedit 命令用户可以通过对话框对指定图块的属性值进行修改，利用 attedit 命令用户不仅可以修改属性值，而且还可以对属性的位置、文本等其他设置进行编辑。

【执行方式】

☑ 命令行：attedit（快捷命令为 ate）。
☑ 菜单栏：选择菜单栏中的"修改"→"对象"→"属性"→"单个"命令。
☑ 工具栏：单击"修改 II"工具栏中的"编辑属性"按钮 。
☑ 功能区：单击"默认"选项卡"块"面板中的"编辑属性"按钮 。

【操作步骤】

执行上述任一操作后，命令行提示与操作如下。

命令: _attedit
选择块参照:

【选项说明】

在命令输入编辑属性命令，系统弹出"编辑属性"对话框，如图 7-17 所示。对话框中显示出所选图块中包含的前 8 个属性的值，用户可对这些属性值进行修改。如果该图块中还有其他属性，可单击"上一个"和"下一个"按钮对其进行观察和修改。

当用户通过菜单栏或工具栏执行上述命令时，系统打开"增强属性编辑器"对话框，如图 7-18 所示。该对话框不仅可以编辑属性值，还可以编辑属性的文字选项和图层、线型、颜色等特性值。

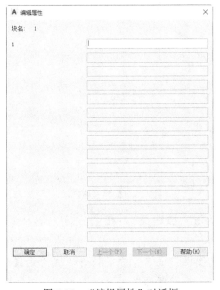

图 7-17 "编辑属性"对话框

图 7-18 "增强属性编辑器"对话框

另外，用户还可以通过"块属性管理器"对话框来编辑属性。选择菜单栏中的"修改"→"对象"→"属性"→"块属性管理器"命令，①系统打开"块属性管理器"对话框，如图 7-19 所示。②单击"编辑"按钮，③系统打开"编辑属性"对话框，如图 7-20 所示，用户可以通过该对话框编辑属性。

图 7-19 "块属性管理器"对话框

图 7-20 "编辑属性"对话框

7.2.4　操作实例——绘制 MC1413 芯片符号

绘制图 7-21 所示 MC1413 芯片符号。操作步骤如下。

（1）单击"默认"选项卡"注释"面板中的"文字样式"按钮 **A**，打开"文字编辑器"选项卡，新建"说明文字"字体，设置"字体"为"仿宋_GB2312"，"宽度因子"为 0.7，并将设置好的字体样式置为当前样式。

（2）单击"默认"选项卡"绘图"面板中的"矩形"按钮 □，在空白处单击，绘制尺寸为 90mm×60 mm 的矩形。

（3）单击"默认"选项卡"修改"面板中的"分解"按钮，将矩形分解为 4 条边线。

（4）单击"默认"选项卡"修改"面板中的"偏移"按钮 ⊆，将左侧边线依次向右偏移 8 次，每次偏移距离均为 10mm，结果如图 7-22 所示。

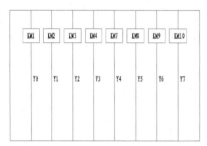

图 7-21　MC1413 芯片符号

图 7-22　偏移直线

（5）单击"默认"选项卡"绘图"面板中的"矩形"按钮 □，在空白处单击，绘制尺寸为 8 mm×6.4 mm 的矩形。

（6）选择菜单栏中的"绘图"→"块"→"定义属性"命令，系统打开"属性定义"对话框，进行图 7-23 所示的设置，单击"确定"按钮退出，将接触器符号插入图形，结果如图 7-24 所示。

图 7-23　"属性定义"对话框

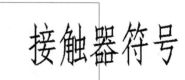

图 7-24　插入图形

（7）在命令行中输入 wblock 命令，①打开"写块"对话框，拾取矩形下边线的中点为基点，以图形为对象，②选中"转换为块"单选按钮，③输入图块名称并指定路径，输入名称"接触器符号"，如图 7-25 所示。④单击"确定"按钮，⑤弹出"编辑属性"对话框，如图 7-26 所示，⑥在"代号"栏中输入 KM1，编辑结果如图 7-27 所示。

图 7-25　"写块"对话框　　　　图 7-26　"编辑属性"对话框　　　图 7-27　编辑结果

（8）单击"默认"选项卡的"块"面板中的"插入"下拉菜单中"最近使用的块"选项，①打开图 7-28 所示的"块"选项板，②在"最近使用"选项卡中③选择"接触器符号"图块，将该图块插入图 7-29 所示的图形中，命令行提示与操作如下。

命令：_insert
指定插入点或 [基点(B)/比例(S)/X/Y/Z/旋转(R)]：（指定如图7-29所示的点）

这时，④打开"编辑属性"对话框，在该对话框中⑤输入代号 KM1，如图 7-30 所示。

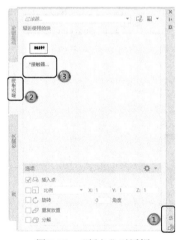

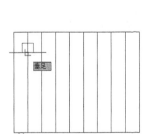

图 7-28　"插入"对话框　　　　图 7-29　插入接触器代号　　　图 7-30　"编辑属性"对话框

（9）继续插入接触器代号，分别输入代号 KM2、KM3、KM4、KM7、KM8、KM9、KM10，直到完成所有接触器的插入，结果如图 7-31 所示。

（10）单击"默认"选项卡"注释"面板中的"多行文字"按钮 A 和"修改"面板中的"复制"按钮 ⅩⅩ，在接触器右下方标注文字，设置"文字高度"为 2.5，依次将绘制结果复制到对应位置，并双击文字弹出"文字格式"编辑器，修改文字内容，依次输入 Y0~Y7，结果如图 7-32 所示。

（11）单击"默认"选项卡"修改"面板中的"修剪"按钮，修剪接触器内多余的线段，完成芯片绘制，最终结果如图 7-21 所示。

（12）在命令行中输入 wblock 命令，打开"写块"对话框，拾取图形最下方边线的中点为基点，以图形为对象，输入图块名称"MC1413"，并指定路径，如图 7-33 所示。单击"确定"按钮，退出对话框，完成块的创建。

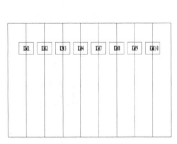

图 7-31　插入结果

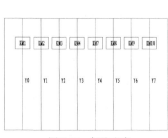

图 7-32　标注文字

图 7-33　"写块"对话框

7.3　设计中心

使用 AutoCAD 2022 设计中心，用户可以很容易地组织设计内容，并将其拖动到自己的图形中。用户可以使用 AutoCAD 2022 设计中心窗口的内容显示区观察资源管理器所浏览资源的细目，如图 7-34 所示。左边方框为 AutoCAD 2022 设计中心的资源管理器，右边方框为 AutoCAD 2022 设计中心窗口的内容显示框。其中，上面窗口为文件显示框，中间窗口为图形预览显示框，下面窗口为说明文本显示框。

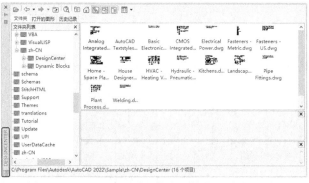

图 7-34　AutoCAD 设计中心的资源管理器和内容显示区

【预习重点】

☑　打开设计中心。

☑　利用设计中心操作图形。

7.3.1　启动设计中心

【执行方式】

☑　命令行：adcenter（快捷命令为 adc）。
☑　菜单栏：选择菜单栏中的"工具"→"选项板"→"设计中心"命令。
☑　工具栏：单击"标准"工具栏中的"设计中心"按钮 ⌗。
☑　功能区：单击"视图"选项卡"选项板"面板中的"设计中心"按钮 ⌗。
☑　快捷组合键：Ctrl+2。

【操作步骤】

执行上述任一操作后，系统打开"设计中心"选项板。第一次启动设计中心时，默认打开的选项卡为"文件夹"选项卡。内容显示区采用大图标显示，左边的资源管理器采用树状结构显示系统的目录，选中需要浏览的资源，在内容显示区就会显示所浏览资源的有关细目或内容，如图 7-34 所示。

【选项说明】

用户可以利用鼠标拖动边框的方法来改变 AutoCAD 2022 设计中心资源管理器和内容显示区及绘图区的大小，但内容显示区的最小尺寸应能显示两列大图标。

如果要改变设计中心的位置，用户可以按住鼠标左键拖动，松开鼠标左键后，设计中心便处于当前位置，到新位置后，仍可用鼠标改变各窗口的大小。也可以通过设计中心边框左上方的"自动隐藏"按钮 ⊠ 来自动隐藏设计中心。

7.3.2　插入图形

在利用 AutoCAD 2022 绘制图形时，用户可以将图块插入图形。将一个图块插入图形中时，块定义就被复制到图形数据库中，如果原来的图块被修改，则插入图形中的图块也会随之改变。

当正在执行其他命令时，不能插入图块到图形当中。例如，如果在插入块时，系统正在执行一个命令，此时光标会变成一个带斜线的圆，提示该操作无效。另外，一次只能插入一个图块。

设计中心提供了插入图块的两种方法，即利用鼠标指定比例和旋转方式和精确指定坐标、比例和旋转角度方式。

1．利用鼠标指定比例和旋转方式插入图块

系统根据光标拉出的线段长度、角度确定比例与旋转角度，插入图块的步骤如下。

（1）从文件夹列表或查找结果列表中选择要插入的图块，按住鼠标左键，将光标拖动到打开的图形中。松开鼠标左键，此时选择的对象被插入当前被打开的图形中。利用当前设置的捕捉方式，可以将对象插入任何存在的图形。

（2）在绘图区单击指定一点作为插入点，移动鼠标，光标位置点与插入点之间距离为缩放比例，单击确定比例。采用同样的方法移动鼠标，光标指定位置和插入点的连线与水平线的夹角为旋转角度。被选择的对象就根据光标指定的比例和角度插入图形。

2．精确指定坐标、比例和旋转角度方式插入图块

利用该方法可以设置插入图块的参数，插入图块的步骤如下。

（1）从文件夹列表或查找结果列表框中选择要插入的对象，将对象拖动到打开的图形中。

（2）单击鼠标右键，可以选择快捷菜单中的"比例""旋转"等命令，如图 7-35 所示。

（3）在相应的命令行提示下输入比例和旋转角度等数值。被选择的对象根据指定的参数插入图形。

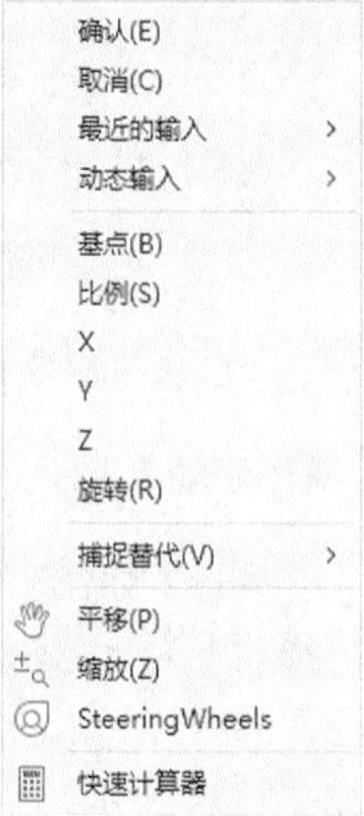

7.3.3　图形复制

1．在图形之间复制图块

利用 AutoCAD 2022 设计中心可以浏览和装载需要复制的图块，然后将图块复制到剪贴板中，再利用剪贴板将图块粘贴到图形当中，具体方法如下。

（1）在"设计中心"选项板中选择需要复制的图块，然后单击鼠标右键，选择快捷菜单中的"复制"命令。

（2）将图块复制到剪贴板上，然后通过"粘贴"命令将其粘贴到当前图形中。

2．在图形之间复制图层

利用 AutoCAD 2022 设计中心可以将任何一个图形的图层复制到其他图形。如果已经绘制了一个包括设计所需的所有图层的图形，在绘制新图形时，可以新建一个图形，并通过设计中心将已有的图层复制到新的图形当中，这样可以节省时间，并保证图形间的一致性。

现对图形之间复制图层的两种方法介绍如下。

（1）拖动图层到已打开的图形中。确认要复制图层的目标图形文件被打开，并且是当前的图形文件。在"设计中心"选项板中选择要复制的一个或多个图层，按住鼠标左键拖动图层到打开的图形文件中，松开鼠标左键后被选择的图层即被复制到打开的图形中。

（2）复制或粘贴图层到打开的图形中。确认要复制图层的图形文件被打开，并且是当前的图形文件。在"设计中心"选项板中选择要复制的一个或多个图层，再单击鼠标右键，选择快捷菜单中的"复制"命令。如果要粘贴图层，确认粘贴的目标图形文件被打开，目标图形文件设为当前文件。

图 7-35　快捷菜单

7.4　工具选项板

该选项板是"工具选项板"窗口中选项卡形式的区域，提供组织、共享和放置块及填充图案的有效方法。工具选项板还可以包含由第三方开发人员提供的自定义工具。

【预习重点】

☑　打开工具选项板。
☑　设置工具选项板参数。

7.4.1　打开工具选项板

【执行方式】

☑　命令行：toolpalettes（快捷命令为 tp）。
☑　菜单栏：选择菜单栏中的"工具"→"选项板"→"工具选项板"命令。
☑　工具栏：单击"标准"工具栏中的"工具选项板窗口"按钮 。
☑　功能区：单击"视图"选项卡"选项板"面板中的"工具选项板"按钮。
☑　快捷组合键：Ctrl+3。

【操作步骤】

执行上述任一操作后，系统自动打开工具选项板，如图 7-36 所示。

在工具选项板中，系统设置了一些常用的图形选项卡，这些常用图形可以方便用户绘图。

图 7-36　工具选项板

🎓 **高手支招**

在绘图中用户还可以将常用命令添加到工具选项板上。在快捷菜单中执行"自定义"命令，"自定义"对话框打开后，即可将工具从工具栏拖到工具选项板上，或者将工具从"自定义用户界面"（CUI）编辑器拖到工具选项板上。

7.4.2　新建工具选项板

用户可以创建新的工具选项板，这样有利于满足特殊作图的需要。

【执行方式】

☑ 命令行：customize。

☑ 菜单栏：执行菜单栏中的"工具"→"自定义"→"工具选项板"命令。

☑ 快捷菜单：在快捷菜单中执行"自定义"命令。

【操作步骤】

执行菜单栏命令后，系统打开"自定义"对话框，如图 7-37 所示。在"选项板"列表框中单击鼠标右键，打开快捷菜单，选择"新建选项板"命令。在"选项板"列表框中出现一个"新建选项板"，用户可以为新建的工具选项板命名，确定后，工具选项板中就增加了一个新的选项卡，如图 7-38 所示。

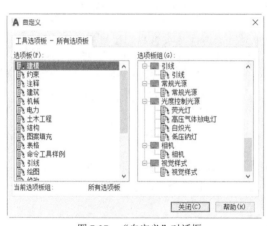

图 7-37 "自定义"对话框

图 7-38 新建选项卡

7.4.3 向工具选项板添加内容

（1）将图形、块和图案填充从设计中心拖动到工具选项板上。

例如，在 DesignCenter 文件夹上单击鼠标右键，系统弹出快捷菜单，①选择"创建块的工具选项板"命令，如图 7-39（a）所示。②设计中心中存储的图元就出现在工具选项板中新建的 DesignCenter 选项卡上，如图 7-39（b）所示。这样就可以将设计中心与工具选项板结合起来，建立一个方便快捷的工具选项板。将工具选项板中的图形拖动到另一个图形中时，图形将作为块插入。

（2）使用"剪切""复制"和"粘贴"命令将一个工具选项板中的工具移动或复制到另一个工具选项板中。

(a) 设计中心　　　　　　　　　　　　　(b) 工具选项板

图 7-39　将存储图元组建成"设计中心"工具选项板

7.5 综合演练——绘制起重机电气控制图

绘制图 7-40 所示的起重机电气控制图。

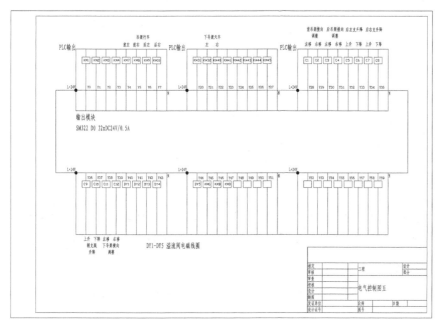

图 7-40　起重机电气控制图

⭐ **手把手教你学**

电气控制图即电气控制原理图，也就是常说的电路图，阐述控制系统的原理，引导技术人员配线调试设备。本节以控制图为例，对比讲解如何利用图块和设计中心及工具选项板两种方法快速绘制电气图。

7.5.1 图块辅助绘制方法

本节采用插入图块的方法绘制起重机电气控制图。操作步骤如下。

1. 配置绘图环境

（1）打开 AutoCAD 2022 应用程序，单击"快速访问"工具栏中的"新建"按钮 ，打开网盘资源中的"源文件\第 7 章\A3 电气样板图.dwg"为模板，如图 7-41 所示，单击"打开"按钮，新建模板文件。

（2）单击"快速访问"工具栏中的"保存"按钮 ，将新文件命名为"起重机电气控制图.dwg"并保存。

（3）单击"默认"选项卡"图层"面板中的"图层特性"按钮 ，打开"图层特性管理器"选项板，新建以下 3 个图层，如图 7-42 所示。

元件层：设置"线宽"为 0.5mm，其他属性保持默认设置。

回路层：设置"线宽"为 0.25mm，"颜色"为蓝色，其他属性保持默认设置。

说明层：设置"线宽"为 0.25mm，"颜色"为红色，其他属性保持默认设置。

图 7-41 "选择样板"对话框

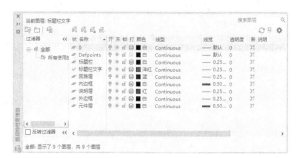

图 7-42 新建图层

2. 绘制模块

将"元件层"设置为当前图层，单击"默认"选项卡"绘图"面板中的"矩形"按钮 ，绘制输出模块外轮廓，角点坐标分别为（45,140）、（@350,80），结果如图 7-43 所示。

🎓 **高手支招**

电路图中，不绘制各电气元件实际的外形图，而采用国家标准，文字符号也要符合国家标准。

3．插入芯片图块

（1）单击"默认"选项卡"块"面板中的"插入"下拉菜单，在当前绘图空间依次插入已经创建的芯片 MC1413 图块，在当前绘图窗口上分别单击选择图块放置点（110,200）、（220,200）、（330,200），如图 7-44 所示。

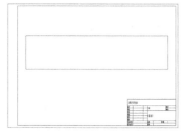

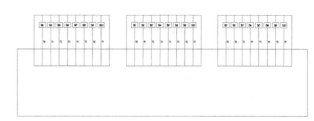

图 7-43　绘制输出模块外轮廓　　　　　　　　　图 7-44　插入芯片

🎓 高手支招

调用已有的图块，能够大大节省绘图工作量，提高绘图效率。采用插入一次图块，再复制两次图块的方法，会得到与连续 3 次插入图块相同的结果。

（2）单击"默认"选项卡"修改"面板中的"复制"按钮 ⁛，打开"正交模式""对象捕捉"模式，捕捉左侧图块左上角点（65,260），向下捕捉输出模块下边线中的点（65,140），复制上方插入的 3 个图块，结果如图 7-45 所示。

4．绘制设备线

（1）将"回路层"设为当前图层。单击"默认"选项卡"修改"面板中的"分解"按钮 ⬚，分解插入的芯片图块及文字注释图块，然后通过"删除"命令删除多余的文字，并双击文字注释对其进行修改，结果如图 7-46 所示。

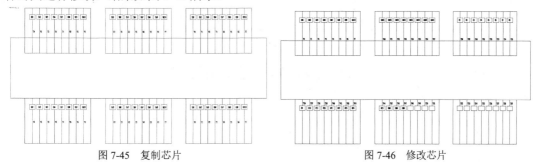

图 7-45　复制芯片　　　　　　　　　　　　图 7-46　修改芯片

（2）单击"默认"选项卡"绘图"面板中的"直线"按钮 ∕，连接中间芯片下端，补全回路，并将芯片下端线设置为"回路层"，结果如图 7-47 所示。

（3）单击"默认"选项卡"绘图"面板中的"圆环"按钮 ◎，绘制线路连线点，命令行提示与操作如下。

```
命令: _donut
指定圆环的内径 <0.5000>: 0
```

指定圆环的外径 <1.0000>: 3
指定圆环的中心点或 <退出>: (捕捉放置点)

🎓 **高手支招**

电路图中，要用黑圆点表示有直接联系的交叉导线连接点。如果没有直接联系的交叉导线连接点，则不用画黑圆点。

（4）将"说明层"设为当前图层。单击"默认"选项卡"注释"面板中的"多行文字"按钮 **A**，在控制图中添加注释，结果如图 7-48 所示。

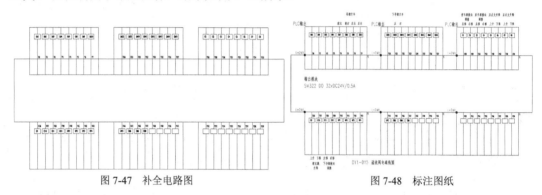

图 7-47　补全电路图　　　　　　　图 7-48　标注图纸

5．标注标题栏

将"标题栏文字"设为当前图层。

双击标题栏中的单元格，打开"文字编辑器"选项卡，设置参数，在标题栏中添加图纸名称，如图 7-49 所示。

(a)"文字编辑器"选项卡

(b) 标题栏

图 7-49　"文字编辑器"选项卡和标题栏

全部完成的电气控制图如图 7-40 所示。

7.5.2　设计中心及工具选项板辅助绘制方法

本节采用工具选项板的方法绘制起重机电气控制图。

【操作步骤】

1．保存单个元件文件符号

将图 7-40 中用到的电气元件符号利用 wblock 命令，按图 7-50 所示的文件名分别保存到"芯片"文件夹中。

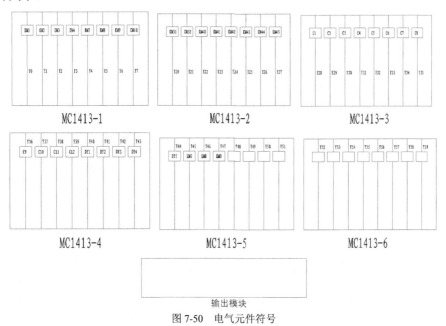

图 7-50　电气元件符号

2．配置绘图环境

（1）打开 AutoCAD 2022 应用程序，单击"快速访问"工具栏中的"新建"按钮 ，打开"源文件\第 7 章\A3 电气样板图.dwg"文件，以此为模板，单击"打开"按钮，新建模板文件。

（2）单击"快速访问"工具栏中的"保存"按钮 ，将新文件命名为"起重机电气控制图.dwg"并保存。按照 7.5.1 节新建 3 个图层："元件层""回路层"和"说明层"，将"元件层"设置为当前图层。

3．利用"设计中心"插入元件符号

（1）打开设计中心。单击"视图"选项卡"选项板"面板中的"设计中心"按钮 ，打开"设计中心"选项板，找到"芯片"文件夹，选择该文件夹，设计中心右边的显示框列表显示该文件夹中的各图形文件，如图 7-51 所示。

（2）选择其中的文件，按住鼠标左键，将文件拖动到当前绘制的图形中，命令行提示与操作如下。

```
命令: _insert 输入块名或 [?]: "源文件\第7章\电气元件\输出模块.dwg"
单位: 毫米    转换: 1.0000
指定插入点或 [基点(B)/比例(S)/X/Y/Z/旋转(R)]: 45,140✓
输入 X 比例因子，指定对角点，或 [角点(C)/XYZ(XYZ)] <1>: ✓
输入 Y 比例因子或 <使用 X 比例因子>:✓
指定旋转角度 <0>:✓
```

结果如 7.5.1 节中的图 7-43 所示。

（3）继续利用"设计中心"插入各符号，最终结果如图 7-52 所示。

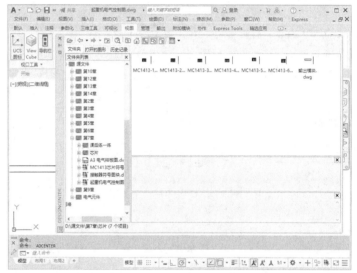

图 7-51　"设计中心"选项板

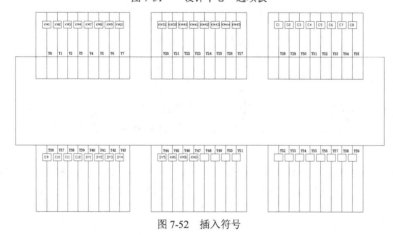

图 7-52　插入符号

4．利用"工具选项板"插入元件符号

打开"设计中心"选项板后，选择"芯片"文件夹，单击鼠标右键，在弹出的快捷菜单中选择"创建块的工具选项板"命令，如图 7-53 所示，弹出工具选项板，如图 7-54 所示。

在"工具选项板"中选择"输出模块",单击插入元件,命令行提示与操作如下。

指定插入点或 [基点(B)/比例(S)/X/Y/Z/旋转(R)]: 45,140

用同样的方法继续插入元件,最终结果如图 7-52 所示。

电路图设备线绘制及文字注释同 7.5.1 节,这里不再赘述,最终结果如图 7-40 所示。

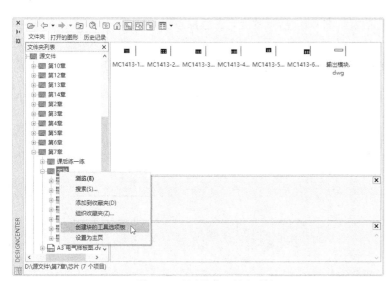

图 7-53 创建块的工具选项板   图 7-54 新的工具选项板

7.6 名师点拨——绘图细节

1. 面域、块、实体的概念是什么

面域是用闭合的外形或环创建的二维区域;块是可组合起来形成单个对象(或称为块定义)的对象集合(一张图在另一张图中一般可作为块);实体有两个概念,其一是构成图形的有形的基本元素,其二是指三维物体。对于三维实体,可以使用"布尔运算"使之联合,对于广义的实体,可以使用"块"或"组"进行联合。

2. Bylayer(随层)与 Byblock(随块)的作用是什么

Bylayer 设置就是在绘图时把当前颜色、当前线型或当前线宽设置为 Bylayer。如果当前颜色(当前线型或当前线宽)使用 Bylayer 设置,则所绘对象的颜色(线型或线宽)与所在图层的图层颜色(图层线型或图层线宽)一致,所以 Bylayer 设置也称为随层设置。

Byblock 设置就是在绘图时把当前颜色、当前线型或当前线宽设置为 Byblock。如果当前颜色使用 Byblock 设置，则所绘对象的颜色为白色（White）；如果当前线型使用 Byblock 设置，则所绘对象的线型为实线（Continuous）；如果当前线宽使用 Byblock 设置，则所绘对象的线宽为默认线宽（Default），一般默认线宽为 0.25mm，默认线宽也可以重新设置，Byblock 设置也称为随块设置。

7.7 上机实验

【练习1】利用图块插入的方法绘制图 7-55 所示的变电工程原理图。

【练习2】直接利用设计中心插入图块的方法绘制图 7-55 所示的变电工程原理图。

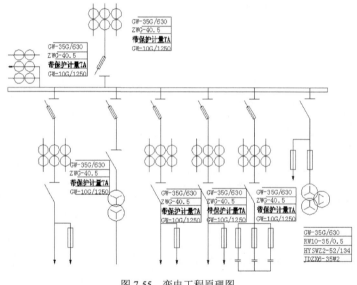

图 7-55　变电工程原理图

7.8 模拟考试

1. 使用 block 命令定义的内部图块，下列说法正确的是（　　　）。
   A. 只能在定义它的图形文件内自由调用
   B. 只能在另一个图形文件内自由调用
   C. 既能在定义它的图形文件内自由调用，又能在另一个图形文件内自由调用
   D. 两者都不能用

2. 在 AutoCAD 2022 设计中心选项板的（　　　）选项卡中，可以查看当前图形中的图形信息。

A．文件夹　　　　　　　　　　B．打开的图形

C．历史记录　　　　　　　　　D．联机设计中心

3．关于外部参照说法错误的是（　　　）。

A．如果外部参照包含任何可变块属性，它们将被忽略

B．用于定位外部参照的已保存路径只能是完整路径或相对路径

C．可以使用设计中心将外部参照附着到图形

D．可以从设计中心拖动外部参照

4．利用设计中心不可能完成的操作是（　　　）。

A．根据特定的条件快速查找图形文件

B．打开所选的图形文件

C．将某一图形中的块通过鼠标拖动添加到当前图形中

D．删除图形文件中未使用的命名对象，例如，块定义、标注样式、图层、线型和文字样式等

5．（多选）下列哪些方法能插入创建好的块？（　　　）

A．从 Windows 资源管理器中将图形文件图标拖动到 AutoCAD 绘图区域插入块

B．从设计中心插入块

C．用粘贴命令 pasteclip 插入块

D．用插入命令 insert 插入块

6．下列关于块的说法正确的是（　　　）。

A．块只能在当前文档中使用

B．只有用 wblock 命令写到盘上的块才可以插入另一图形文件中

C．任何一个图形文件都可以作为块插入另一幅图中

D．用 block 命令定义的块可以直接通过 insert 命令插入任何图形文件中

7．设计中心及工具选项板中的图形与普通图形有什么区别？与图块又有什么区别？

第二篇
电气设计综合实例篇

　　本篇主要结合实例讲解利用 AutoCAD 2022 进行各种电气设计的操作步骤、方法技巧等，包括电路图设计和机械电气设计及通信电气设计等知识。

　　本篇内容通过各种电气设计实例加深读者对 AutoCAD 2022 功能的理解和掌握，使读者更加熟悉各种类型电气设计的方法。

- ▶▶ 　电 路 图 设 计
- ▶▶ 　机 械 电 气 设 计
- ▶▶ 　电 力 电 气 设 计
- ▶▶ 　控 制 电 气 设 计
- ▶▶ 　通 信 电 气 设 计
- ▶▶ 　建 筑 电 气 设 计

第**8**章

电路图设计

电路图是人们为了满足电路研究以及工程规划的需要，用约定的符号绘制的一种表示电路结构的图形，通过电路图人们可以知道实际电路的情况。电子线路是最常见、也是应用最为广泛的一类电气线路，在各个工业领域都占据了重要的位置。在日常生活中，绝大多数环节都和电子线路有着或多或少的联系，例如电话机、电视机、电冰箱等。本章将简单介绍电路图的概念和分类，以及电路图基本符号的绘制，然后结合3个电子线路的例子来具体介绍电路图的绘制方法。

8.1 电路图基本理论

在学习设计和绘制电路图之前，先来了解一下电路图的基本概念和电子线路的分类。

【预习重点】

☑ 了解电路图的基本概念。

☑ 了解电子线路的分类。

8.1.1 基本概念

电路图是用图形符号绘制的，并按工作顺序排列，详细表示电路、设备或成套装置的基本组成部分的连接关系，而不考虑其实际位置的一种简图。

电子线路是由电子器件（又被称为有源器件，如电子管、半导体二极管、晶体管、集成电路等）和电子元件（又被称为无源器件，如电阻器、电容器、变压器等）组成的具有一定功能的电路。电路图一般包括以下主要内容。

（1）电路中元件或功能件的图形符号。

（2）元件或功能件之间的连接线、单线或多线，连接线或中断线。

（3）项目代号，如高层代号、种类代号和必要的位置代号、端子代号。

（4）用于信号的电平约定。

（5）了解功能件必需的补充信息。

电路图的主要用途是了解实现系统、分系统、电器、部件、设备、软件等功能所需的实际元器件及其在电路中的作用；详细地表达和理解设计对象（电路、设备或装置）的作用原理，分析和计算电路特性；它作为编制接线图的依据，可为测试和寻找故障提供详细信息。

8.1.2　电子线路的分类

1．信号的分类

电子信号可以分为数字信号和模拟信号。

（1）数字信号：指在时间上和数值上都处于离散状态的信号。

（2）模拟信号：除数字外的所有形式的信号统称为模拟信号。

2．电路的分类

根据不同的划分标准，电路可以按照如下类别来划分。

（1）根据工作信号，分为模拟电路和数字电路。

① 模拟电路：工作信号为模拟信号的电路。模拟电路的应用非常广泛，经常被应用于收音机、音响、精密的测量仪器、复杂的自动控制系统、数字数据采集系统等领域。

② 数字电路：工作信号为数字信号的电路。绝大多数的数字系统仍需完成以下过程。

模拟信号→数字信号→模拟信号

数据采集→A/D 转换→D/A 转换→应用

图 8-1 所示为一个由模拟电路和数字电路共同组成的电子系统的实例。

（2）根据信号的频率范围，分为低频电子线路和高频电子线路。高频电子线路和低频电子线路的频率等级划分如下。

极低频：3kHz 以下。

甚低频：3～30kHz。

低频：30～300kHz。

中频：300kMz～3MHz。

高频：3～30MHz。

甚高频：30～300MHz。

特高频：300MHz～3GHz。

超高频：3～30GHz。

也可按下列方式划分。

超低频：0.03～300Hz。

极低频：300～3000Hz。

甚低频：3～300kHz。

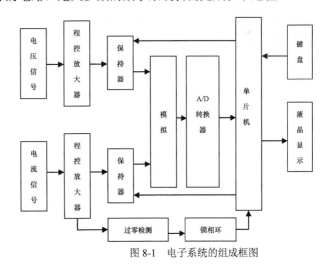

图 8-1　电子系统的组成框图

长波：30～300kHz。

中波：300～3000kHz。

短波：3～30MHz。

甚高频：30～300MHz。

超高频：300～3000MHz。

特高频：3～30GHz。

极高频：30～300GHz。

远红外：300～3000GHz。

（3）根据核心元件的伏安特性，可将整个电子线路分为线性电子线路和非线性电子线路。

① 线性电子线路：指电路中的电压和电流在向量图上同相，既不超前，也不滞后。纯电阻电路就是线性电子电路。

② 非线性电子线路：包括容性电路，此电路所带负载为容性的，即有电流超前电压特性（如补偿电容）；感性电路，此电路所带负载为感性的，即有电流滞后电压的特性（如变压器），以及混合型电路（如各种晶体管电路）。

8.2 键盘显示器接口电路图

本例绘制的键盘显示器接口电路图如图 8-2 所示。键盘和显示器是数控系统人机对话的外围设备，键盘用来完成数据输入，显示器显示计算机运行时的状态和数据。键盘和显示器接口电路使用 8155 芯片。

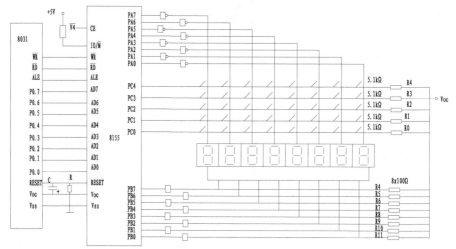

图 8-2　键盘显示器接口电路

由于 8155 芯片内有地址锁存器，所以 8031 的 P0.0～P0.7 口输出的低 8 位数据不需要另加锁存器，直接与 8155 芯片的 AD0～AD7 相连，AD0～AD7 既作为低 8 位地址总线又作为数据总线，地址直接用 ALE 信号在 8155 中锁存，8031 用 ALE 信号实现对 8155 分时传送地址和数据信号。高 8 位地址由 8155 片选信号端和 IO/$\overline{\text{M}}$ 决定。由于 8155 只作为并行接口使用，不使用内部 RAM，因此 8155 的 IO/$\overline{\text{M}}$ 引脚直接经电阻 R 接高电平。片选信号端接

74LS138 译码器输出线 $\overline{V_4}$ 端，

当 $\overline{V_4}$ 为低电平时，选中该 8155 芯片。8155 的 $\overline{WR}$ 、$\overline{RD}$ 、ALE、RESET 引脚直接与 8031 的同名引脚相连。

绘制此电路图的大致思路如下：首先绘制连接线图，然后绘制主要元器件，最后将各个元器件插入连接线图中，完成键盘显示器接口电路的绘制。

【预习重点】

☑　掌握键盘显示器接口线路图绘制的大体思路。

☑　掌握键盘显示器接口线路图的绘制方法。

☑　了解键盘显示器接口线路图的工作原理。

8.2.1　设置绘图环境

绘图环境中图层的管理可根据不同的需要，对需要绘制的对象进行细致划分。

1．新建文件

启动 AutoCAD 2022 应用程序，单击"快速访问"工具栏中的"新建"按钮 🗋，弹出"新建"对话框，选择默认模板，单击"打开"按钮，进入绘图环境，然后单击"快速访问"工具栏中的"保存"按钮 💾，将其保存为"键盘显示器接口电路.dwg"。

2．设置图层

单击"默认"选项卡"图层"面板中的"图层特性"按钮 🗊，打开"图层特性管理器"选项板，在"图层特性管理器"选项板中新建"连接线层"和"实体符号层"两个图层，各图层的颜色、线型、线宽及其他属性设置如图 8-3 所示。将"连接线层"设置为当前图层。

8.2.2　绘制连接线

连接线实际上就是用导线将图中相应的模块连接起来，只需要进行简单的"直线""偏移"和"修剪"操作即可。

1．绘制水平直线

单击"默认"选项卡"绘图"面板中的"直线"按钮 ／，绘制长度为 260mm 的水平直线。

2．偏移水平直线

单击"默认"选项卡"修改"面板中的"偏移"按钮 ⊜，将水平直线向上依次偏移，偏移距离分别为 10mm、10mm、10mm、10mm、20mm、6mm、6mm、6mm、6mm、6mm、6mm、6mm，得到 12 条直线；然后将步骤 1 中绘制的水平直线依次向下偏移，偏移距离分别为 50mm、6mm、6mm、6mm、6mm、6mm、6mm、6mm，得到 8 条直线，偏移结果如图 8-4 所示。

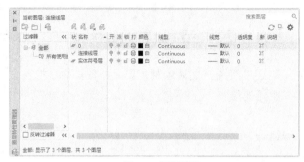

图 8-3　图层设置

图 8-4　偏移水平直线

3．绘制竖向直线

单击"默认"选项卡"绘图"面板中的"直线"按钮 ／，以图 8-4 中的 *A* 点为起点，*B* 点为终点绘制竖向直线，如图 8-5（a）所示。

4．偏移竖向直线

单击"默认"选项卡"修改"面板中的"偏移"按钮 ⊂，将图 8-5（a）所示的 *AB* 竖向直线向右偏移，再将偏移后的直线再向右进行偏移，偏移距离分别为 60mm、20mm、20mm、20mm、20mm、20mm、20mm、20mm、60mm，得到 9 条直线，偏移结果如图 8-5（b）所示。

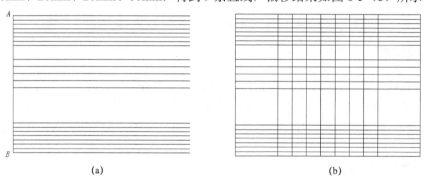

(a) (b)

图 8-5　绘制竖向直线 1

5．修剪图形

单击"默认"选项卡"修改"面板中的"修剪"按钮，对图 8-5（b）进行修剪，修剪结果如图 8-6 所示。

6．绘制竖向直线

单击"默认"选项卡"绘图"面板中的"直线"按钮 ／，以图 8-6 中的 *C* 点为起点绘制竖向直线 *CD*，如图 8-7（a）所示。

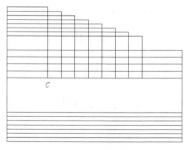

图 8-6　修剪图形

7．偏移竖向直线

单击"默认"选项卡"修改"面板中的"偏移"按钮 ⊂，将图 8-7（a）所示的竖向直线

CD 向右偏移 10mm，再将偏移后的直线再向右偏移 7 次，偏移距离均为 18mm，得到 8 条竖直线，偏移结果如图 8-7（b）所示。

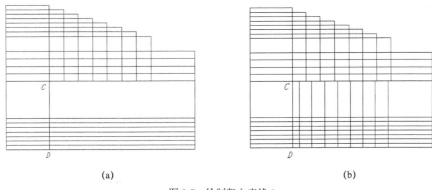

（a）　　　　　　　　　　　　　　　　（b）

图 8-7　绘制竖向直线 2

8. 修剪图形

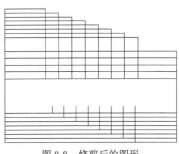

单击"默认"选项卡"修改"面板中的"修剪"按钮，和"删除"按钮，对图 8-7（b）进行修剪；单击"默认"选项卡"绘图"面板中的"直线"按钮，补充绘制直线，得到的图形如图 8-8 所示。

图 8-8　修剪后的图形

8.2.3　绘制电气元件符号

电路图中实际发挥作用的是电气元件，不同的元件实现不同的功能，将这些电气元件组合起来就能发挥出它的作用。

1. 绘制 LED 数码显示器符号

（1）绘制矩形。单击"默认"选项卡"绘图"面板中的"矩形"按钮，绘制一个长为 8mm、宽为 8mm 的矩形。

（2）分解矩形。单击"默认"选项卡"修改"面板中的"分解"按钮，将绘制的矩形分解，如图 8-9（a）所示。

（3）倒角。单击"默认"选项卡"修改"面板中的"倒角"按钮，命令行提示与操作如下。

```
命令: _chamfer
（"修剪"模式）当前倒角距离  1 = 0.0000，距离  2 = 0.0000
选择第一条直线或 [放弃(U)/多段线(P)/距离(D)/角度(A)/修剪(T)/方式(E)/多个(M)]: D
指定第一个倒角距离<1.0000>: ✓
指定第一个倒角距离<1.0000>: ✓
选择第一条直线或 [放弃(U)/多段线(P)/距离(D)/角度(A)/修剪(T)/方式(E)/多个(M)]:（选择直线1）
选择第二条直线，或 按住 Shift 键选择直线以应用角点或 [距离(D)/角度(A)/方法(M)]:（选择直线2）
```

重复上述操作，对矩形进行倒角，倒角结果如图 8-9（b）所示。

（4）复制倒角矩形。开启"正交模式"，单击"默认"选项卡"修改"面板中的"复制"按

钮 ，将图 8-9（b）所示的倒角矩形向 *Y* 轴负方向复制移动 8mm，如图 8-10（a）所示。

（5）删除倒角边。单击"默认"选项卡"修改"面板中的"删除"按钮 ，删除 4 个倒角边，生成数字显示器，如图 8-10（b）所示。

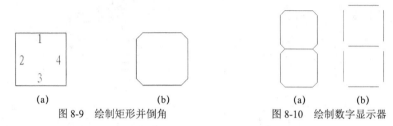

图 8-9　绘制矩形并倒角 　　　　　　　　图 8-10　绘制数字显示器

（6）绘制矩形。单击"默认"选项卡"绘图"面板中的"矩形"按钮 ，在数字显示器的外围绘制一个长为 20mm、宽为 20mm 的矩形，如图 8-11 所示。

（7）阵列图形。单击"默认"选项卡"修改"面板中的"矩形阵列"按钮 ，以图 8-11 所示的图形作为阵列对象，行数为 1，列数为 8，列间距为 20，阵列结果如图 8-12 所示。

图 8-11　绘制矩形 　　　　　　　　　　图 8-12　阵列图形

2．绘制 74LS06 非门符号

（1）绘制矩形。单击"默认"选项卡"绘图"面板中的"矩形"按钮 ，绘制一个长为 4.5mm、宽为 6mm 的矩形，如图 8-13 所示。

（2）绘制直线。单击"默认"选项卡"绘图"面板中的"直线"按钮 ，开启"对象捕捉"模式，捕捉矩形左侧边的中点，以其为起点水平向左绘制一条长度为 5mm 的直线，如图 8-14 所示。

（3）绘制圆。单击"默认"选项卡"绘图"面板中的"圆"按钮 ，捕捉矩形的右侧边中点，以其为圆心，绘制半径为 1mm 的圆，如图 8-15 所示。

（4）移动圆。单击"默认"选项卡"修改"面板中的"移动"按钮 ，将圆沿 *X* 轴正方向平移 1mm，平移后的效果如图 8-16 所示。

图 8-13　绘制矩形 　　图 8-14　绘制直线 　　图 8-15　绘制圆 　　图 8-16　平移圆

（5）绘制直线。单击"默认"选项卡"绘图"面板中的"直线"按钮 ，捕捉圆心，以其为起点水平向右绘制一条长度为 5mm 的直线，如图 8-17 所示。

（6）修剪直线。单击"默认"选项卡"修改"面板中的"修剪"按钮 ，以圆为剪切边，剪去圆内的直线，完成非门符号的绘制，如图 8-18 所示。

3．绘制 74LS244 芯片符号

（1）绘制矩形。单击"默认"选项卡"绘图"面板中的"矩形"按钮 ，绘制一个长为 4.5mm、宽为 6mm 的矩形，如图 8-19 所示。

（2）绘制直线。单击"默认"选项卡"绘图"面板中的"直线"按钮 ╱，以矩形两侧边的中点为起点，分别向两侧绘制长度为 5mm 的直线，如图 8-20 所示，完成芯片 74LS244 符号的绘制。

图 8-17　绘制直线　　　　图 8-18　非门符号　　　　图 8-19　绘制矩形　　　图 8-20　74LS244 芯片符号

4. 绘制 8155 芯片符号

（1）绘制矩形。单击"默认"选项卡"绘图"面板中的"矩形"按钮 ▭，绘制一个长为 50mm、宽为 210mm 的矩形，如图 8-21（a）所示。

（2）分解矩形。单击"默认"选项卡"修改"面板中的"分解"按钮 ▥，分解矩形。

（3）偏移直线。单击"默认"选项卡"修改"面板中的"偏移"按钮 ⊂，将矩形中的直线 1 向下偏移 35mm，如图 8-21（b）所示。

（4）绘制直线。单击"默认"选项卡"绘图"面板中的"直线"按钮 ╱，以直线 2 的左端点为起点，水平向左绘制一条长度为 40mm 的直线 3，如图 8-21（c）所示。

（5）偏移直线。单击"默认"选项卡"修改"面板中的"偏移"按钮 ⊂，将图 8-21（c）中的直线 3 向下偏移，然后将偏移后的直线再向下进行偏移，偏移距离分别为 10mm、10mm、10mm、10mm、10mm、10mm、10mm、10mm、10mm、10mm、10mm、10mm、10mm、10mm，得到 14 条直线，偏移效果如图 8-21（d）所示。

（6）修剪图形。单击"默认"选项卡"修改"面板中的"删除"按钮 ✎，删除图 8-21（d）中的直线 2，如图 8-21（e）所示，完成 8155 芯片符号的绘制。

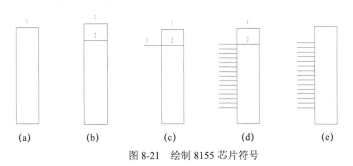

（a）　　　　　　（b）　　　　　　（c）　　　　　　（d）　　　　　　（e）

图 8-21　绘制 8155 芯片符号

5. 绘制 8031 芯片符号

单击"默认"选项卡"绘图"面板中的"矩形"按钮 ▭，绘制一个长为 30mm、宽为 180mm 的矩形，如图 8-22 所示。

6. 绘制其他元器件符号

电阻、电容符号在前面绘制过，在此不再赘述。单击"默认"选项卡"修改"面板中的"复制"按钮 ❀，将电阻、电容符号复制到当前绘图窗口，如图 8-23（a）和图 8-23（b）所示。

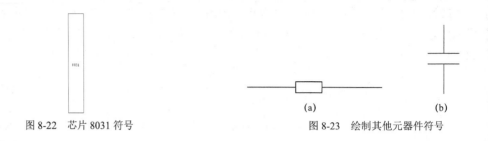

图 8-22　芯片 8031 符号　　　　　　　　　　　图 8-23　绘制其他元器件符号

8.2.4　连接各个元器件符号

将绘制好的各个元器件符号连接到一起，注意各元器件符号的大小可能存在不协调的情况，用户可以根据实际需要利用"缩放"功能及时调整。本例中元器件符号较多，下面以将图 8-24（a）所示的数码显示器符号连接到图 8-24（b）中为例来说明操作方法。

1．平移图形

单击"默认"选项卡"修改"面板中的"移动"按钮✛，选择图 8-24（a）所示的图形符号为平移对象，捕捉如图 8-25 所示的中点，以其为平移基点，以图 8-24（b）中的点 C 为目标点，平移结果如图 8-26 所示。

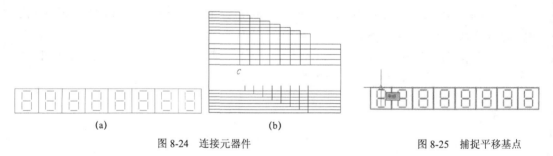

图 8-24　连接元器件　　　　　　　　　　　图 8-25　捕捉平移基点

2．连接显示器符号

单击"默认"选项卡"修改"面板中的"移动"按钮✛，将图 8-26 中的显示器图形符号作为平移对象，竖直向下平移 10mm，平移结果如图 8-27（a）所示。单击"默认"选项卡"绘图"面板中的"直线"按钮╱，补充绘制其他直线，效果如图 8-27（b）所示。

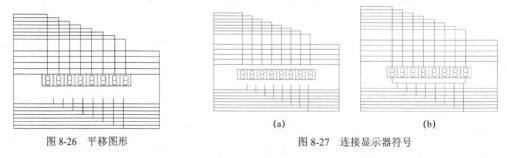

图 8-26　平移图形　　　　　　　　　图 8-27　连接显示器符号

采用同样的方法，将前面绘制好的其他元器件相连接，并补充绘制其他直线，具体操作过程不再赘述，结果如图 8-28 所示。

8.2.5　添加注释文字

电气元件与线路的完美结合虽然可以发挥它相应的作用，但是对于图纸的使用者来说，给元件的名称添加注释，有助于读者快速理解图纸。

（1）创建文字样式。单击"默认"选项卡"注释"面板中的"文字样式"按钮 A，①系统弹出"文字样式"对话框，如图 8-29 所示。②在"文字样式"对话框中单击"新建"按钮，弹出"新建文字样式"对话框，③输入样式名为"键盘显示器接口电路"，单击"确定"按钮，返回"文字样式"对话框。④在"字体名"下拉列表框中选择"仿宋_GB2312"，⑤设置"高度"设置为 5，⑥"宽度因子"为 0.7，⑦"倾斜角度"为 0，⑧单击"应用"按钮，完成文字样式的创建。

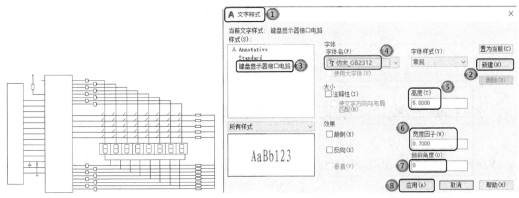

图 8-28　连接其他元器件　　　　　　　　　　图 8-29　"文字样式"对话框

（2）添加注释文字。单击"默认"选项卡"注释"面板中的"多行文字"按钮 A，添加注释文字，命令行提示与操作如下。

```
命令: _mtext
当前文字样式:"键盘显示器接口电路"  文字高度:  5  注释性:  是
指定第一角点:（指定文字所在单元格的左上角点）
指定对角点或 [高度(H)/对正(J)/行距(L)/旋转(R)/样式(S)/宽度(W)/栏(C)]:（指定文字所在单元格的右下角点）
```

（3）系统弹出"文字编辑器"选项卡和多行文字编辑器，选择文字样式为"键盘显示器接口电路"，在输入框中输入"5.1kΩ"，如图 8-30 所示。其中符号"Ω"的输入，需要单击"插入"面板中的 @ 按钮，系统弹出"特殊符号"下拉菜单，如图 8-31 所示。从中选择"欧米加"符号，单击"确定"按钮，完成文字的输入。

图 8-30　"文字编辑器"选项卡和多行文字编辑器

（4）添加其他注释文字操作的具体过程不再赘述，完成键盘显示器接口电路图绘制。

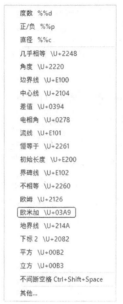

图 8-31 "特殊符号"下拉菜单

8.3 绘制并励直流电动机串联电阻启动电路

本例绘制并励直流电动机串联电阻启动电路,如图 8-32 所示。首先观察并分析图纸的结构,绘制出主要的电路图导线;然后绘制各个电子元件,将各个电子元件插入结构图中相应的位置;最后在电路图的适当位置添加相应的注释说明,完成电路图的绘制。

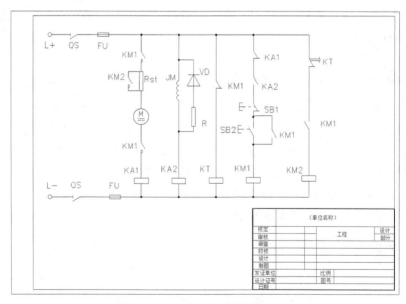

图 8-32 并励直流电动机串联电阻启动电路

【预习重点】

☑　掌握绘制并励直流电动机串联电阻启动电路的大体思路。

☑　掌握并励直流电动机串联电阻启动电路的绘制方法。

☑　了解并励直流电动机串联电阻启动电路的工作原理。

8.3.1　设置绘图环境

在绘制电路图之前，用户需要进行基本的设置操作，包括文件的创建、保存及图层的管理。

1．新建文件

启动 AutoCAD 2022 应用程序，在命令行中输入 new 命令，或单击"快速访问"工具栏中的"新建"按钮 ，系统弹出"选择样板"对话框。在该对话框中选择所需的样板，单击"打开"按钮，添加图形样板，其中，图形样板左下端点的坐标为（0,0）。本例选用 A3 图形样板，如图 8-33 所示。

2．设置图层

单击"默认"选项卡"图层"面板中的"图层特性"按钮 ，在弹出的"图层特性管理器"选项板中新建两个图层，分别命名为"连接线层"和"实体符号层"，图层的颜色、线型、线宽等属性设置如图 8-34 所示。

图 8-33　添加 A3 图形样板

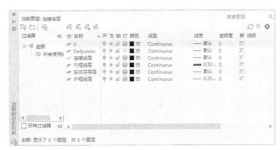

图 8-34　新建图层

8.3.2　绘制线路结构图

在绘制并励直流电动机串联电阻启动电路的线路结构图时，用户可以调用"直线"命令，绘制若干条水平直线和竖直直线。在绘制过程中，开启"对象捕捉"和"正交模式"。绘制相邻直线时，用户可以捕捉直线的端点，以其为起点；也可以调用"偏移"命令，将已经绘制好的直线进行偏移，同时保留原直线。综合运用"镜像"和"修剪"命令，可使线路图变得更完整。

图 8-35 所示为绘制完成的线路结构图。其中，$AC=BD=100\text{mm}$，$CE=DF=40\text{mm}$，$EG=FH=40\text{mm}$，$GL=HM=40\text{mm}$，$LN=MO=60\text{mm}$，$PR=QS=14\text{mm}$，$PQ=RS=20\text{mm}$，$CR=42\text{mm}$，$SD=$

108mm，$ET=24$mm，$TU=VW=75$mm，$UF=71$mm，$TV=UW=16$mm，$GH=NO=170$mm，$LX=91$mm，$XY=Z_1Z_2=30$mm，$XZ_1=YZ_2=18$mm，$YM=49$mm。

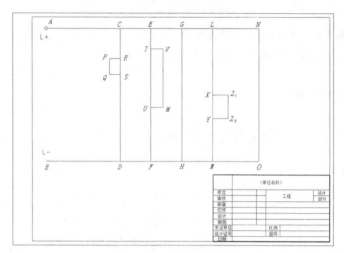

图 8-35　线路结构图

8.3.3　绘制电气元件符号

在图纸的绘制过程中，首先绘制主要元件备用，在连线绘制过程中，再进行查漏补缺。

1.绘制直流电动机符号

（1）绘制圆。单击"默认"选项卡"绘图"面板中的"圆"按钮⊙，绘制直径为 15mm 的圆，如图 8-36 所示。

（2）输入文字。单击"默认"选项卡"注释"面板中的"多行文字"按钮 A，在圆的中间位置输入字母 M。

（3）绘制直线。单击"默认"选项卡"绘图"面板中的"直线"按钮╱，绘制一条实线和一条虚线，如图 8-37 所示，完成直流电动机符号的绘制。

2.绘制动断触点

（1）绘制直线 1。单击"默认"选项卡"绘图"面板中的"直线"按钮╱，开启"正交模式"，在竖直方向上绘制一条长度为 8mm 的直线 1，如图 8-38 所示。

图 8-36　绘制圆

图 8-37　直流电动机

图 8-38　绘制直线 1

（2）绘制直线 2。单击"默认"选项卡"绘图"面板中的"直线"按钮╱，开启"对象捕捉"模式，捕捉直线 1 的下端点作为直线的起点，绘制一条长度为 8mm 的竖直直线 2，如图 8-39 所示。

（3）绘制直线 3。单击"默认"选项卡"绘图"面板中的"直线"按钮 ╱，捕捉直线 2 的下端点，以其为起点，绘制一条长度为 8mm 的竖直直线 3，绘制结果如图 8-40 所示。

（4）旋转直线。单击"默认"选项卡"修改"面板中的"旋转"按钮 ↻，关闭"正交模式"，捕捉直线 2 的下端点，以其为旋转基点，输入旋转角度-30°（即顺时针旋转 30°），旋转结果如图 8-41 所示。

（5）绘制水平直线。单击"默认"选项卡"绘图"面板中的"直线"按钮 ╱，开启"正交模式"，捕捉直线 1 的下端点，以其为起点，水平向右绘制一条长度为 6mm 的直线，如图 8-42 所示。

图 8-39　绘制直线 2　　　图 8-40　绘制直线 3　　　图 8-41　旋转直线 2　　　图 8-42　绘制水平直线

（6）拉长直线。单击"默认"选项卡"修改"面板中的"拉长"按钮 ╱，关闭"正交模式"，输入拉长增量 3mm，将直线 2 拉长，如图 8-43 所示。

（7）绘制直线。单击"默认"选项卡"绘图"面板中的"直线"按钮 ╱，开启"正交模式"，捕捉直线 3 的上端点，以其为起点，水平向右绘制一条长度为 10mm 的直线 4，如图 8-44 所示。

（8）偏移直线。单击"默认"选项卡"修改"面板中的"偏移"按钮 ⊆，将直线 4 向上偏移 2mm，如图 8-45 所示。

（9）修剪直线。单击"默认"选项卡"修改"面板中的"修剪"按钮 ⊁，以直线 2 为修剪边，对直线 5 进行修剪，修剪结果如图 8-46 所示。

图 8-43　拉长直线　　　　图 8-44　绘制直线 4　　　　图 8-45　偏移直线　　　　图 8-46　修剪直线

（10）偏移直线。单击"默认"选项卡"修改"面板中的"偏移"按钮 ⊆，将直线 4 向上偏移 1mm，如图 8-47 所示。

（11）绘制圆。单击"默认"选项卡"绘图"面板中的"圆"按钮 ⊙，关闭"正交模式"，捕捉直线 6 的中点为圆心，捕捉直线 5 的右端点作为圆周上的一点，绘制结果如图 8-48 所示。

（12）绘制直线。单击"默认"选项卡"绘图"面板中的"直线"按钮 ╱，开启"正交模式"，在右半圆上绘制一条竖直直线，如图 8-49 所示。

（13）修剪图形。单击"默认"选项卡"绘图"面板中的"直线"按钮 ⊁，将图 8-49 中多余的部分修剪掉，完成动断触点的绘制，如图 8-50 所示。

图 8-47　偏移直线　　　　图 8-48　绘制圆　　　　图 8-49　绘制竖直直线　　　图 8-50　动断触点

8.3.4　将元件插入线路结构图

在线路的主要位置放置对应的元件，同时根据需求进行相应的修剪，最终完善电路图的绘制。

1．插入直流电动机

将图 8-37 所示的直流电动机插入图 8-51 中的导线 *SD* 上。单击"默认"选项卡"修改"面板中的"移动"按钮 ✛，开启"对象捕捉"模式，捕捉圆的圆心，以其为移动基点，如图 8-52 所示，将图形移动到导线 *SD* 处，捕捉 *SD* 上合适的位置，以其为图形插入点，如图 8-53 所示，插入结果如图 8-54 所示。

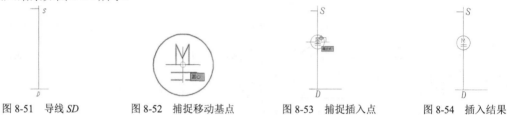

图 8-51　导线 *SD*　　　　图 8-52　捕捉移动基点　　　　图 8-53　捕捉插入点　　　　图 8-54　插入结果

2．修剪图形

单击"默认"选项卡"修改"面板中的"修剪"按钮 ✂，修剪掉图中多余的直线，修剪结果如图 8-55 所示。

3．插入按钮开关

将图 8-56 所示的按钮开关符号插入图 8-57 中的导线 *XY* 上。

图 8-55　修剪图形　　　　　　　图 8-56　按钮开关符号　　　　　　　图 8-57　导线 *XY*

4．旋转图形

单击"默认"选项卡"修改"面板中的"旋转"按钮 ↻，开启"对象捕捉"模式，以按钮开关符号为旋转对象，捕捉直线 3 的右端点，以其为旋转基点，输入旋转角度为 90°，旋转结果如图 8-58 所示。

5．移动对象

单击"默认"选项卡"修改"面板中的"移动"按钮 ✛，开启"对象捕捉"模式，捕捉直线 3 的上端点，以其为移动基点，将图形移动到导线 *XY* 处，捕捉导线 *XY* 上的端点 *X*，以其为插入点，结果如图 8-59 所示。

6．修剪图形

（1）单击"默认"选项卡"修改"面板中的"修剪"按钮，修剪掉导线 XY 上多余的直线，修剪结果如图 8-60 所示。

图 8-58　旋转图形　　　　　　　　图 8-59　平移图形　　　　　　　　图 8-60　修剪图形

（2）其他实体符号也可以按照上述方法进行插入，在此不再赘述。将所有的元器件符号插入线路结构图，如图 8-61 所示。

（3）单击"默认"选项卡"绘图"面板中的"直线"按钮和"圆"按钮，绘制导线连接点，结果如图 8-62 所示。

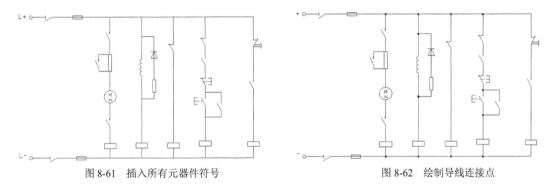

图 8-61　插入所有元器件符号　　　　　　　　　　图 8-62　绘制导线连接点

8.3.5　添加文字和注释

本实例主要对元件的名称一一对应注释，以方便读者快速读懂图纸。

（1）单击"默认"选项卡"注释"面板中的"文字样式"按钮，系统①弹出"文字样式"对话框，如图 8-63 所示。

（2）新建文字样式。②单击"新建"按钮，系统弹出"新建文字样式"对话框，③输入样式名为"注释"，单击"确定"按钮，返回"文字样式"对话框。④在"字体名"下拉列表框中选择"仿宋_GB2312"选项，⑤设置"高度"为 0、⑥"宽度因子"为 1、⑦"倾斜角度"为 0，将"注释"样式设置为当前文字样式，⑧单击"应用"按钮，返回绘图窗口。

（3）添加注释文字。单击"默认"选项卡"注释"面板中的"多行文字"按钮，在需要注释的位置拖出一个矩形框，打开"文字编辑器选项卡和多行文字编辑器"。选择"注释"样式，根据需要在图中添加注释文字，完成电路图的绘制，最终结果如图 8-64 所示。

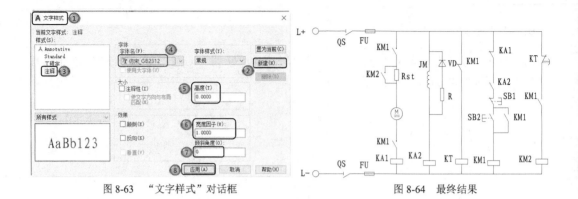

图 8-63   "文字样式"对话框   图 8-64   最终结果

8.4   上机实验

【练习1】绘制图 8-65 所示的调频器电路图。

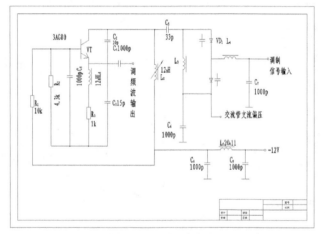

图 8-65   调频器电路图

【练习2】绘制图 8-66 所示的停电来电自动告知线路图。

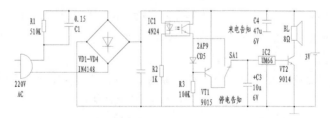

图 8-66   停电来电自动告知线路图

第**9**章

机械电气设计

机械电气是电气工程的重要组成部分。随着相关技术的发展，机械电气的使用日益广泛。本章主要着眼于机械电气的设计，通过几个具体的实例由浅入深地讲述在 AutoCAD 2022 环境下机械电气设计的过程。

9.1 机械电气系统简介

【预习重点】

☑ 了解机械电气系统的含义。

☑ 了解机械电气系统的组成部分。

机械电气系统是一类较特殊的电气系统，主要指应用在机床上的电气系统，也可以称为机床电气系统，包括应用在车床、磨床、钻床、铣床和镗床上的电气系统，以及机床的电气控制系统、伺服驱动系统和计算机控制系统等。随着数控系统的发展，机床电气系统也成为了电气工程的一个重要组成部分。

机床电气系统主要由以下几部分组成。

1. 电力拖动系统

电力拖动系统以电动机为动力驱动控制对象（工作机构）做机械运动。按照不同的分类方式，可以分为直流拖动系统与交流拖动系统，或单电动机拖动系统与多电动机拖动系统。

（1）直流拖动系统：具有良好的启动、制动性能和调速性能，可以方便地在很宽的范围内平滑调速，尺寸大，价格高，运行可靠性差。

（2）交流拖动系统：具有单机容量大、转速高、体积小、价钱便宜、工作可靠和维修方便等优点，但调速困难。

（3）单电动机拖动系统：在每台机床上安装一台电动机，再通过机械传动装置将机械能传递到机床的各运动部件上。

（4）多电动机拖动系统：在一台机床上安装多台电动机，分别拖动各运动部件。

2．电气控制系统

对各拖动电动机进行控制，使其按规定的状态、程序运动，并使机床各运动部件的运动得到合乎要求的静态和动态特性。

（1）继电器－接触器控制系统：由按钮开关、行程开关、继电器、接触器等电气元件组成，控制方法简单直接，价格低。

（2）计算机控制系统：由计算机控制，特点是高柔性、高精度、高效率、高成本。

（3）可编程控制器控制系统：克服了继电器－接触器控制系统的缺点，又具有计算机控制系统的优点，并且编程方便，可靠性高，价格便宜。

9.2 绘制变频器电气接线原理图

为了准确提供各个项目中元件、器件、组件和装置之间实际连接的信息，设计完整的技术文件和生产工艺，必须提供接线文件。该文件含有产品设计和生产工艺形成所需要的所有接线信息。这些接线信息由接线图和接线表的形式给出。文件的编制参照《电气技术用文件的编制　第3部分：接线图和接线表》（GB/T 6988.3 - 1997）。

电气接线图是根据电气设备和电气元件的实际位置和安装情况绘制的，只用来表示电气设备和电气元件的位置、接线方式和配线方式，而不明显表示电气动作原理，图 9-1 所示为变频器电气接线原理图。

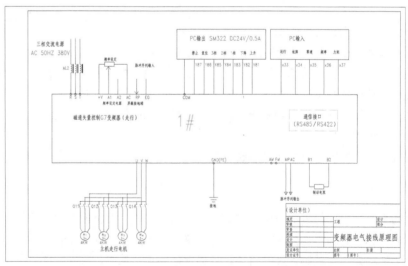

图 9-1　变频器电气接线原理图

【预习重点】

☑　了解变频器电气接线线路的工作原理。

☑　掌握变频器电气接线原理图的绘制方法。

9.2.1 配置绘图环境

在绘制电路图之前，用户需要进行基本的设置操作，包括文件的创建、保存、栅格的显示、图形界限的设定及图层的管理等，根据不同的需要，读者选择必备的操作，本实例主要讲述文件的创建、保存、图层与文字样式的设置。

（1）打开 AutoCAD 2022 应用程序，单击"快速访问"工具栏中的"新建"按钮 □ ，打开"源文件\第 9 章\A3 电气样板图.dwt"文件，以此为模板，单击"打开"按钮，新建模板文件。

（2）单击"快速访问"工具栏中的"保存"按钮 🖫 ，将新文件命名为"变频器电气接线原理图.dwg"并保存。

（3）单击"默认"选项卡"图层"面板中的"图层特性"按钮 🖆 ，打开"图层特性管理器"选项板，新建 4 个图层，如图 9-2 所示。

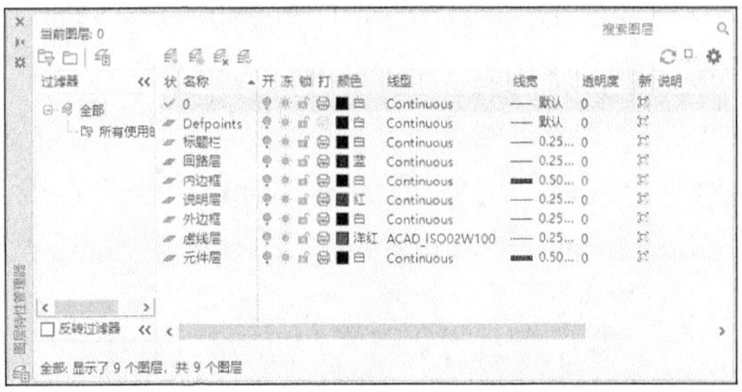

元件层：设置"线宽"为 0.5mm，其他属性保持默认设置。

图 9-2　"图层特性管理器"选项板

虚线层：设置"线宽"为 0.25mm，"颜色"为洋红，线型设置为 ACAD_ISO02W100，其他属性保持默认设置。

回路层：设置"线宽"为 0.25mm，"颜色"为蓝色，其他属性保持默认设置。

说明层：设置"线宽"为 0.25mm，"颜色"为红色，其他属性保持默认设置。

（4）单击"默认"选项卡"注释"面板中的"文字样式"按钮 A，❶弹出"文字样式"对话框，❷单击"新建"按钮，❸输入名称"英文注释"，❹设置"字体名"为"romand.shx"，其他参数设置如图 9-3 所示。

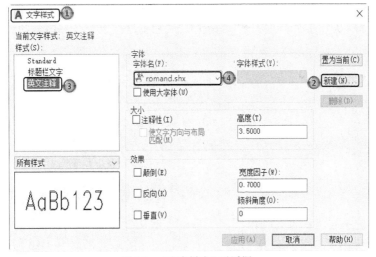

图 9-3　"文字样式"对话框

9.2.2 绘制主机电路

首先绘制回路，然后绘制电机符号和低压断路器，最后绘制导线连接点，并将绘制完成的主机电路创建为块，以便调用。

1. 绘制回路

（1）将"回路层"设置为当前图层。单击"默认"选项卡"绘图"面板中的"直线"按钮 ╱，绘制相交辅助直线，点坐标值分别为[（80,70）、（@70,0）]、[（80,30）、（@0,85）]，结果如图9-4所示。

图9-4 绘制相交直线

（2）单击"默认"选项卡"修改"面板中的"偏移"按钮 ⊆，将水平直线向上偏移4.5mm、9 mm，将竖直直线向右依次偏移5 mm、5 mm、10 mm、5 mm、5 mm、10 mm、5 mm、5 mm、10 mm、5 mm、5 mm，得到11条竖直线，结果如图9-5所示。

（3）单击"默认"选项卡"修改"面板中的"删除"按钮 ✏ 和"修剪"按钮 ▼，修剪掉多余线段，结果如图9-6所示。

图9-5 绘制辅助线网络

2. 绘制电机符号

（1）将"元件层"设置为当前图层。单击"默认"选项卡"绘图"面板中的"圆"按钮 ⊙，捕捉竖直辅助线下端点3、下端点4、下端点5、下端点6，以此4个端点为圆心，分别绘制半径为5mm的圆，如图9-7所示。

（2）单击"默认"选项卡"绘图"面板中的"直线"按钮 ╱，捕捉圆心，以其为起点，利用"对象捕捉追踪"命令，分别绘制与水平线成60°和120°、长度为15mm的直线，如图9-8所示。

（3）单击"默认"选项卡"修改"面板中的"修剪"按钮 ▼，修剪辅助线，结果如图9-9所示。

图9-6 修剪回路

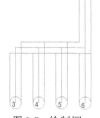
图9-7 绘制圆

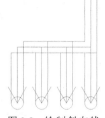
图9-8 绘制斜向线

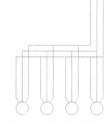
图9-9 修剪辅助线

（4）将"说明层"设置为当前图层。单击"默认"选项卡"注释"面板中的"多行文字"按钮 A，弹出"文字编辑器"选项卡和多行文字编辑器，如图9-10所示。在电机内部添加名称"M11 3～"（选中"11"，单击"格式"面板中的"下标"按钮 X₂，将"11"设置为下标）。

图 9-10　"文字编辑器"选项卡和多行文字编辑器

（5）单击"默认"选项卡"修改"面板中的"复制"按钮，复制多行文字，并双击修改文字编号，结果如图 9-11 所示。

3．绘制低压断路器符号

（1）将"元件层"设置为当前图层。单击"默认"选项卡"绘图"面板中的"矩形"按钮，捕捉角点（80,62）、（@-1.5,5），绘制辅助矩形。

（2）单击"默认"选项卡"绘图"面板中的"直线"按钮，捕捉矩形对角点，绘制直线，如图 9-12 所示。

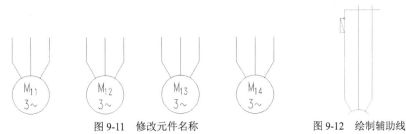

图 9-11　修改元件名称　　　　　　图 9-12　绘制辅助线

（3）单击"默认"选项卡"绘图"面板中的"圆"按钮，绘制半径为 0.3mm 的圆。

（4）单击"默认"选项卡"修改"面板中的"复制"按钮，复制小矩形、斜向直线与小圆。

（5）单击"默认"选项卡"修改"面板中的"删除"按钮和"修剪"按钮，修剪辅助图形，结果如图 9-13 所示。

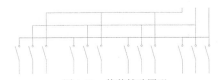

图 9-13　修剪辅助图形

（6）单击"默认"选项卡"绘图"面板中的"直线"按钮，捕捉斜向线中点，绘制连线，将直线设置在"虚线层"，同时设置线型比例为 0.15，图形绘制结果如图 9-14 所示。

4．绘制导线连接点

（1）单击"默认"选项卡"绘图"面板中的"圆环"按钮，捕捉线路交点，绘制线路连线点。其中，将圆环内径设置为 0，将外径设置为 1，结果如图 9-15 所示。

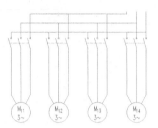

图 9-14　图形绘制结果

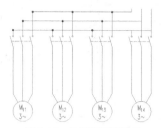

图 9-15　绘制导线连接点

（2）将"说明层"设置为当前图层。单击"默认"选项卡"注释"面板中的"多行文字"按钮 A，依次注释电机符号与断路器符号，最终结果如图 9-16 所示。

（3）单击"默认"选项卡"修改"面板中的"复制"按钮，将断路器符号复制到空白处。

（4）单击"默认"选项卡"绘图"面板中的"直线"按钮，补全低压断路器符号，结果如图 9-17 所示。

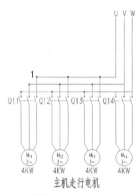

图 9-16　添加注释

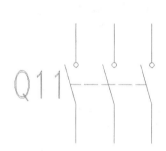

图 9-17　补全低压断路器符号

（5）在命令行中输入 wblock 命令，弹出"写块"对话框，选择步骤（4）中绘制的图形，创建"低压断路器"块。

注意

汉字采用"标题栏文字"样式，字母及数字采用"英文注释"样式；绘制过程中，读者自行切换，这里不再赘述。

（6）在命令行中输入 wblock 命令，❶弹出"写块"对话框，选择绘制完成的"主机电路"图形，捕捉图 9-16 中的点 1，以其为拾取点，设置文件路径，❷输入文件名称"主机电路"，如图 9-18 所示。

9.2.3　绘制变频器符号

本节利用"矩形""多点"和"点样式"命令绘制变频器符号。

（1）将"元件层"设置为当前图层。单击"默认"选项卡"绘图"面板中的"矩形"按钮，绘制变频器符号，输入角点坐标值（50,115）、（@320,80），结果如图 9-19 所示。

（2）单击"默认"选项卡"实用工具"面板中的"点样式"按钮，弹出"点样式"对话框，选择"▨"选项，如图 9-20 所示。

图 9-18　"写块"对话框　　　　　　　　　图 9-19　绘制矩形

（3）单击"默认"选项卡"绘图"面板中的"多点"按钮，输入点坐标（70,195）、（75,195）、（80,195）、（100,195）、（110,195）、（120,195）、（130,195）、（140,195）、（150,195）、（190,195）、（290,195）、（220,115）、（280,115）、（285,115）、（295,115）、（300,115）、（320,115）、（340,115），绘制芯片上接口，结果如图 9-21 所示。

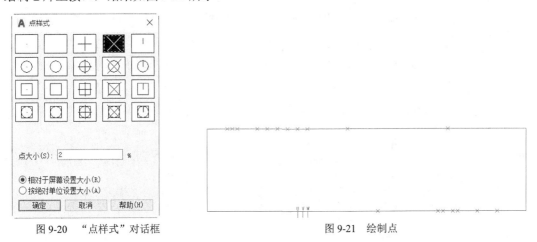

图 9-20　"点样式"对话框　　　　　　　　图 9-21　绘制点

9.2.4　绘制电路元件符号

本图涉及很多电路元件，电路元件符号的绘制是本图最基本的内容，下面分别进行说明。读者掌握了绘制方法后，可以把这些电路元件符号保存为图块，方便以后用到这些相同的符号时加以调用，提高工作效率。

1. 绘制铁芯线圈

（1）单击"默认"选项卡"绘图"面板中的"多段线"按钮，绘制电感符号，命令行提示与操作如下。

命令: _pline

指定起点:（在空白处指定一点）

当前线宽为 0.0000

指定下一个点或[圆弧(A)/半宽(H)/长度(L)/放弃(U)/宽度(W)]: @0,1.25 (绘制接线端)

指定下一点或[圆弧(A)/闭合(C)/半宽(H)/长度(L)/放弃(U)/宽度(W)]: A

指定圆弧的端点(按住Ctrl键以切换方向)或[角度(A)/圆心(CE)/闭合(CL)/方向(D)/半宽(H)/直线(L)/半径(R)/第二个点(S)/放弃(U)/宽度(W)]: A

指定夹角: 180

指定圆弧的端点(按住Ctrl键以切换方向)或[圆心(CE)/半径(R)]: R

指定圆弧的半径: 1.25

指定圆弧的弦方向(按住Ctrl键以切换方向) <90>: ↙

指定圆弧的端点(按住Ctrl键以切换方向)或[角度(A)/圆心(CE)/闭合(CL)/方向(D)/半宽(H)/直线(L)/半径(R)/第二个点(S)/放弃(U)/宽度(W)]: A

指定夹角: 180

指定圆弧的端点(按住Ctrl键以切换方向)或[圆心(CE)/半径(R)]:R

指定圆弧的半径: 1.25

指定圆弧的弦方向(按住Ctrl键以切换方向) <180>: 90

指定圆弧的端点(按住Ctrl键以切换方向)或[角度(A)/圆心(CE)/闭合(CL)/方向(D)/半宽(H)/直线(L)/半径(R)/第二个点(S)/放弃(U)/宽度(W)]: A

指定夹角: 180

指定圆弧的端点(按住Ctrl键以切换方向)或[圆心(CE)/半径(R)]: R

指定圆弧的半径: 1.25

指定圆弧的弦方向(按住Ctrl键以切换方向) <180>: 90

指定圆弧的端点(按住Ctrl键以切换方向)或[角度(A)/圆心(CE)/闭合(CL)/方向(D)/半宽(H)/直线(L)/半径(R)/第二个点(S)/放弃(U)/宽度(W)]: A

指定夹角: 180

指定圆弧的端点(按住Ctrl键以切换方向)或[圆心(CE)/半径(R)]: R

指定圆弧的半径: 1.25

指定圆弧的弦方向(按住Ctrl键以切换方向) <180>: 90

指定圆弧的端点(按住Ctrl键以切换方向)或[角度(A)/圆心(CE)/闭合(CL)/方向(D)/半宽(H)/直线(L)/半径(R)/第二个点(S)/放弃(U)/宽度(W)]: L

指定下一点或[圆弧(A)/闭合(C)/半宽(H)/长度(L)/放弃(U)/宽度(W)]: @0, 1.25 (绘制接线端)

指定下一点或[圆弧(A)/闭合(C)/半宽(H)/长度(L)/放弃(U)/宽度(W)]: ↙

线圈绘制结果如图 9-22 所示。

（2）单击"默认"选项卡"绘图"面板中的"多段线"按钮，在电感线圈左侧绘制铁芯，将线宽设置为 1mm，捕捉图 9-22 中的点 1 和点 2，以其为起点，绘制竖直直线，结果如图 9-23 所示。

（3）单击"默认"选项卡"修改"面板中的"移动"按钮 ✛，将图 9-23 中的铁芯向右移动 2.5mm，最终结果如图 9-24 所示。

（4）在命令行中输入 wblock 命令，弹出"写块"对话框，选择步骤（3）绘制的图形，捕捉图 9-24 中的点 3，以其为基点，创建"铁芯线圈"图块。

2．绘制可调电阻

（1）单击"默认"选项卡"绘图"面板中的"矩形"按钮 ▭ ，绘制大小为 10mm×5mm 的矩形。

（2）单击"默认"选项卡"绘图"面板中的"直线"按钮 ，捕捉矩形两侧的竖直边线，绘制长度为 5 mm 的水平直线，结果如图 9-25 所示。

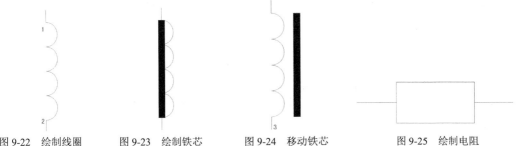

图 9-22 绘制线圈　　　　图 9-23 绘制铁芯　　　　图 9-24 移动铁芯　　　　图 9-25 绘制电阻

（3）单击"默认"选项卡"修改"面板中的"分解"按钮 ，分解矩形。

（4）单击"默认"选项卡"修改"面板中的"偏移"按钮 ，将矩形左侧竖直边线向右偏移 4 mm，结果如图 9-26 所示。

图 9-26 偏移直线

（5）单击"默认"选项卡"绘图"面板中的"直线"按钮 ，捕捉偏移后的直线下端点，以其为起点，分别向下绘制长度为 4 mm 和 5 mm 的竖直直线 4 和直线 5，结果如图 9-27 所示。

（6）单击"默认"选项卡"修改"面板中的"旋转"按钮 ，将直线 4 分别向两侧旋转 30°和-30°。

（7）单击"默认"选项卡"修改"面板中的"删除"按钮 ，删除偏移后的直线，最终结果如图 9-28 所示。

（8）在命令行中输入 wblock 命令，弹出"写块"对话框，创建"可调电阻"图块。

3．绘制接地符号

（1）单击"默认"选项卡"绘图"面板中的"多边形"按钮 ，在空白处绘制内切圆半径为 5 mm 的正三角形。

（2）单击"默认"选项卡"修改"面板中的"旋转"按钮 ，将正三角形旋转 180°，结果如图 9-29 所示。

（3）单击"默认"选项卡"修改"面板中的"分解"按钮 ，分解绘制的多边形。

（4）单击"默认"选项卡"绘图"面板中的"定数等分"按钮 ，将三角形斜边分成 3 等份。

（5）单击"默认"选项卡"绘图"面板中的"直线"按钮 ，捕捉等分点，绘制两条水平直线。

（6）单击"默认"选项卡"绘图"面板中的"直线"按钮 ，捕捉最上端水平直线的中点并以其为起点，绘制长度为 5 mm 的竖直直线，绘制成的轮廓线如图 9-30 所示。

图 9-27 绘制直线　　　　图 9-28 旋转直线　　　　图 9-29 绘制三角形　　　　图 9-30 绘制轮廓线

（7）单击"默认"选项卡"修改"面板中的"删除"按钮，删除三角形两侧边线及点，结果如图 9-31 所示。

（8）在命令行中输入 wblock 命令，弹出"写块"对话框，创建"接地符号"图块。

4．绘制脉冲符号

（1）单击"默认"选项卡"绘图"面板中的"多边形"按钮，在空白处绘制外接圆半径为 2 mm 的正三角形，结果如图 9-32 所示。

（2）单击"默认"选项卡"修改"面板中的"旋转"按钮，将正三角形旋转 180°，结果如图 9-33 所示。

（3）单击"默认"选项卡"绘图"面板中的"直线"按钮，捕捉正三角形下端点，以其为起点，绘制长度为 18 mm 的竖向直线，最终结果如图 9-34 所示。

图 9-31　删除辅助线　　　　图 9-32　绘制正三角形　　图 9-33　旋转三角形　　图 9-34　绘制竖向直线

（4）在命令行中输入 wblock 命令，弹出"写块"对话框，创建"脉冲符号"图块。

5．绘制输出芯片

（1）单击"默认"选项卡"绘图"面板中的"矩形"按钮，绘制大小为 92 mm×35 mm 的矩形。

（2）单击"默认"选项卡"修改"面板中的"分解"按钮，分解绘制的矩形。

（3）单击"默认"选项卡"修改"面板中的"偏移"按钮，将左侧边线依次向右偏移 8mm、10mm、10mm、10mm、10mm、10mm、10mm、10mm，得到 8 条直线，结果如图 9-35 所示。

（4）单击"默认"选项卡"修改"面板中的"拉长"按钮，将增量设置为 10，选择偏移后的直线，完成拉长操作，结果如图 9-36 所示。

（5）单击"默认"选项卡"修改"面板中的"修剪"按钮，修剪掉多余线段，结果如图 9-37 所示。

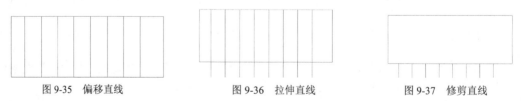

图 9-35　偏移直线　　　　　　图 9-36　拉伸直线　　　　　　图 9-37　修剪直线

（6）单击"默认"选项卡"注释"面板中的"多行文字"按钮，标注芯片"PC 输出 SM322DC24V/0.5A"，将"文字高度"设置为 5。

（7）单击"默认"选项卡"修改"面板中的"复制"按钮，复制多行文字到对应位置，双击修改，将"文字高度"设置为 3.5，结果如图 9-38 所示。

（8）在命令行中输入 wblock 命令，弹出"写块"对话框，创建"输出芯片"图块。

用同样的方法绘制输入芯片，结果如图 9-39 所示。

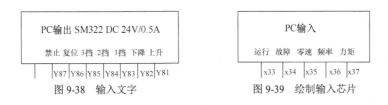

图 9-38　输入文字　　　　　　图 9-39　绘制输入芯片

9.2.5　绘制外围回路

首先将"输出芯片""输入芯片""铁芯线圈""可调电阻""接地符号"和"脉冲符号"插入对应的位置，然后利用"直线"命令将其连接起来，最后绘制接线端。

（1）单击"默认"选项卡的"块"面板中的"插入"下拉菜单中"最近使用的块"选项，系统弹出"块"选项板，选择"输出芯片"并将其插入，如图 9-40 所示。单击"确定"按钮，在绘图区域显示要插入的零件，将插入点坐标设置为（195,220）。

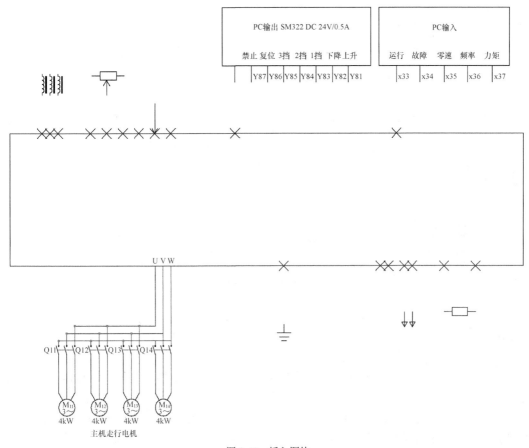

图 9-40　插入图块

（2）用同样的方法插入"输入芯片""铁芯线圈""可调电阻""接地符号"和"脉冲符号"，并将其放置到对应位置。

（3）单击"默认"选项卡"修改"面板中的"分解"按钮 🗗 和"删除"按钮 🖉，分解步骤（2）中插入的图块并删除多余部分。

（4）将"回路层"设置为当前图层。单击"默认"选项卡"绘图"面板中的"直线"按钮 ✏，按照元件位置连接线路图。

（5）单击"默认"选项卡"实用工具"面板中的"点样式"按钮 ⸬，弹出"点样式"对话框，选择"空白"符号，取消点标记。

（6）单击"默认"选项卡"绘图"面板中的"圆"按钮 ⊙，绘制接线端，结果如图 9-41 所示。

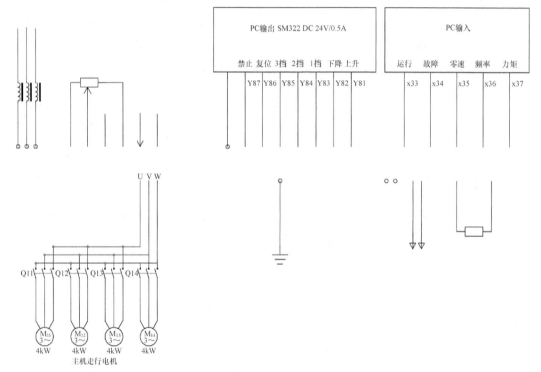

图 9-41　连接电路

9.2.6　添加注释

电路图中注释文字的添加降低了图纸的理解难度，根据文字，读者能更好地理解图纸的意义。

（1）将"说明层"设置为当前图层。单击"默认"选项卡"注释"面板中的"多行文字"按钮 **A**，依次添加电路图注释，最终结果如图 9-42 所示。

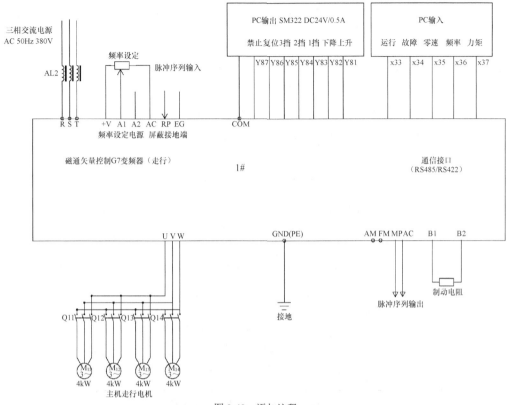

图 9-42　添加注释

（2）在命令行中输入 wblock 命令，弹出"写块"对话框，创建"低压照明配电箱柜"图块，如图 9-43 所示。

（3）单击"默认"选项卡"绘图"面板中的"矩形"按钮 ▭，绘制不可见轮廓线，将轮廓线设置为"虚线层"，如图 9-44 所示。

（4）双击右下角图纸名称单元格，在标题栏中输入图纸名称"变频器电气接线原理图"，如图 9-45 所示。

图 9-43　"低压照明配电箱柜"图块　　图 9-44　绘制轮廓线　　图 9-45　标注标题栏

（5）单击"快速访问"工具栏中的"保存"按钮 💾，保存原理图，最终结果如图 9-1 所示。

9.3　绘制 KE-Jetronic 汽油喷射装置电路图

图 9-46 所示为 KE-Jetronic 汽油喷射装置电路图。其绘制思路为：首先设置绘图环境，然

后利用绘图命令绘制主要连接导线和主要电气元件，并将它们组合在一起，最后给图形添加文字注释。

9.3.1 设置绘图环境

在绘制电路图之前，需要进行基本的操作，包括文件的创建、保存、栅格的显示、图形界限的设定及图层的管理等，根据不同的需要，读者选择必备的操作，本实例中主要讲述文件的创建、保存与图层的设置。

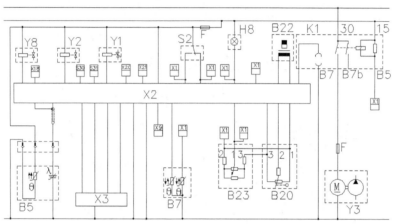

图 9-46　KE-Jetronic 汽油喷射装置电路图

操作步骤如下。

（1）建立新文件。打开 AutoCAD 2022 应用程序，单击"快速访问"工具栏中的"新建"按钮 □，以"无样板打开-公制（M）"建立新文件，将新文件命名为"KE-Jetronic. dwg"并保存。

（2）设置图层。单击"默认"选项卡"图层"面板中的"图层特性"按钮 ，在弹出的"图层特性管理器"选项板中单击"新建图层"按钮 ，新建"连接线层""实体符号层"和"虚线层"3 个图层，各图层的参数设置如图 9-47 所示。设置完毕后，选择"连接线层"图层，然后单击"置为当前"按钮 ，将其设置为当前图层。

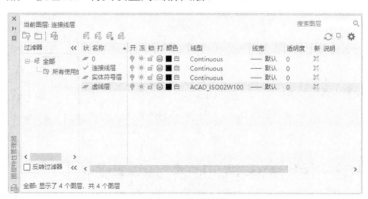

图 9-47　设置图层

9.3.2　绘制电气线路图

电路图的布局与实际线路无关，因此要在保证元件连接正确的情况下，应尽量实现电路图的大方、美观。绘制电气线路图的操作步骤如下。

1．绘制主导线和接线

（1）单击"默认"选项卡"绘图"面板中的"直线"按钮 ∕，绘制长度为 300mm 的直线 1。

（2）单击"默认"选项卡"修改"面板中的"偏移"按钮 ⋶，将直线 1 向下偏移 10mm 得到直线 2，再将直线 2 向下偏移 150mm 得到直线 3。

（3）单击"默认"选项卡"绘图"面板中的"直线"按钮 ∕，绘制长度为 160mm 的直线 4。

（4）单击"默认"选项卡"绘图"面板中的"矩形"按钮 ⬚，在图中适当位置绘制结构图中的主导线和接线模块，尺寸分别为 230mm×15mm 和 40mm×10mm，如图 9-48 所示。

2．添加主要连接导线

通过单击"默认"选项卡"绘图"面板中的"直线"按钮 ∕、"修改"面板中的"偏移"按钮 ⋶ 和"修剪"按钮 ⌁，在第 1 步绘制好的结构图中添加连接导线，如图 9-49 所示。本图对各导线之间的尺寸关系要求并不严格，只要能大体表达各电气元件之间的位置关系即可，可以根据具体情况进行调整。

图 9-48　绘制主导线和接线

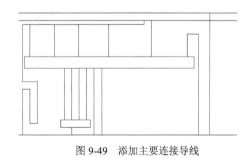

图 9-49　添加主要连接导线

9.3.3　绘制各主要电气元件符号

电路图中实际发挥作用的是电气元件，不同的元件可实现不同的功能，将这些电气元件通过电信号组合起来就能发挥其作用。

操作步骤如下。

1．绘制 λ 探测器符号

（1）单击"默认"选项卡"绘图"面板中的"直线"按钮 ∕，以坐标点（100,30）、（100,57）绘制竖向直线，如图 9-50（a）所示；重复"直线"命令，以坐标点（100,42）、（105,42）绘制水平直线，如图 9-50（b）所示。

（2）单击"默认"选项卡"修改"面板中的"偏移"按钮 ⊆，将图 9-50（b）中的直线 2 向上偏移 2mm 得到直线 3，将直线 3 向上偏移 2mm 得到直线 4，如图 9-50（c）所示。

（3）单击"默认"选项卡"修改"面板中的"拉长"按钮 ✏，将直线 3 和直线 4 分别向右拉长 1mm 和 2mm，如图 9-50（d）所示。

（4）选中直线 3，在"默认"选项卡下"图层"面板中的"图层"下拉列表框中选择"虚线层"选项，将直线 3 移至"虚线层"图层，更改后的效果如图 9-51 所示。

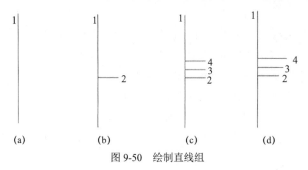

图 9-50　绘制直线组

（5）单击"默认"选项卡"修改"面板中的"镜像"按钮 ⚬，以直线 2、直线 3 和直线 4 作为镜像对象，以直线 1 为镜像线进行镜像操作，如图 9-52 所示。

（6）单击"默认"选项卡"绘图"面板中的"直线"按钮 ✏，在"对象捕捉"与"极轴"绘图方式下，用鼠标捕捉 O 点，以其为起点，绘制一条与水平方向夹角为 60°、长度为 6mm 的倾斜直线 5，如图 9-53 所示。

（7）单击"默认"选项卡"修改"面板中的"拉长"按钮 ✏，将直线 5 向下拉长 6mm，如图 9-54 所示。

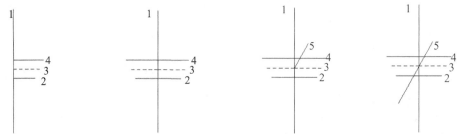

图 9-51　更改图层属性　　　　图 9-52　镜像直线　　　　图 9-53　绘制倾斜直线　　　　图 9-54　拉长倾斜直线

（8）关闭"极轴"功能，在"正交"绘图方式下，单击"默认"选项卡"绘图"面板中的"直线"按钮 ✏，用鼠标捕捉直线 5 的下端点，以其为起点，向左绘制长度为 2mm 的水平直线，如图 9-55 所示。

（9）单击"默认"选项卡"修改"面板中的"修剪"按钮 ✂，以水平直线 2 和直线 4 作为修剪边，选择直线 1 作为要修剪的对象，进行修剪，得到如图 9-56 所示的效果。

（10）单击"默认"选项卡"绘图"面板中的"多行文字"按钮 A，在图形的左上角和右下角分别添加文字 λ 和 t°，得到图 9-57 所示的图形，完成 λ 探测器符号的绘制。

2. 绘制双极开关符号

（1）单击"默认"选项卡"绘图"面板中的"直线"按钮 ✏，以坐标点（50,50）、（58,50）绘制直线 1，如图 9-58 所示。

（2）单击"默认"选项卡"绘图"面板中的"直线"按钮 ⁄，在"对象追踪"和"正交"绘图方式下，捕捉直线 1 的左端点，以其为起点，向下依次绘制直线 2、直线 3 和直线 4，长度分别为 2mm、8mm 和 6mm，如图 9-59 所示。

（3）单击"默认"选项卡"修改"面板中的"偏移"按钮 ⊆，分别将直线 2、直线 3 和直线 4 向右偏移，偏移距离均为 8mm，得到直线 5、直线 6 和直线 7，如图 9-60 所示。

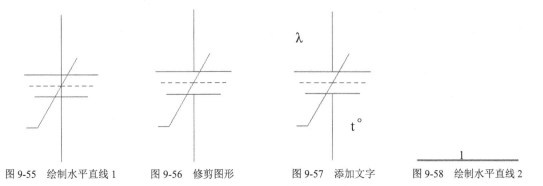

图 9-55　绘制水平直线 1　　　图 9-56　修剪图形　　　图 9-57　添加文字　　　图 9-58　绘制水平直线 2

（4）单击"默认"选项卡"修改"面板中的"旋转"按钮 ↻，选择直线 3，在"对象捕捉"绘图方式下，捕捉 A 点，以其为基点，将直线 3 绕 A 点顺时针旋转 20°，采用相同的方法，将直线 6 绕 B 点顺时针旋转 20°，如图 9-61 所示。

图 9-59　绘制竖直直线　　　　图 9-60　偏移直线　　　　图 9-61　旋转直线

（5）单击"默认"选项卡"绘图"面板中的"直线"按钮 ⁄，在"对象追踪"和"正交"绘图方式下，捕捉 A 点，以其为起点，绘制一条长度为 10.5mm 的水平直线 8，如图 9-62 所示。

（6）单击"默认"选项卡"修改"面板中的"移动"按钮 ✛，在"正交"绘图方式下，将直线 8 先向下平移 3mm，再向左平移 1mm，如图 9-63 所示。

（7）选择直线 8，在"默认"选项卡下"图层"面板中的"图层"下拉列表框中选择"虚线层"选项，将直线 8 移至"虚线层"图层，更改后的效果如图 9-64 所示，完成双极开关符号的绘制。

图 9-62　绘制水平直线 3　　　　图 9-63　平移直线　　　　图 9-64　更改图层属性

3. 绘制电动机（带燃油泵）符号

（1）单击"默认"选项卡"绘图"面板中的"圆"按钮⊙，以（200,50）为圆心，绘制一个半径为 10mm 的圆，如图 9-65 所示。

（2）单击"默认"选项卡"绘图"面板中的"直线"按钮／，在"对象捕捉"和"正交"绘图方式下，以圆心 O 为起点，向上绘制一条长度为 15mm 的竖向直线 1，如图 9-66 所示。

（3）单击"默认"选项卡"修改"面板中的"拉长"按钮／，将直线 1 向下拉长 15mm，如图 9-67 所示。

（4）单击"默认"选项卡"修改"面板中的"复制"按钮 ⁰ᵒᵒ，将前面绘制的圆与直线向右平移 24mm，复制一份，如图 9-68 所示。

图 9-65 绘制圆

图 9-66 绘制竖向直线

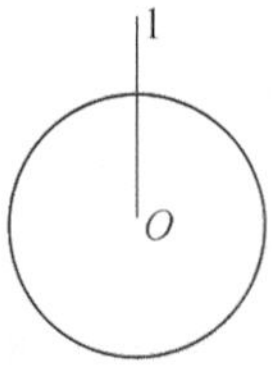

图 9-67 拉长直线

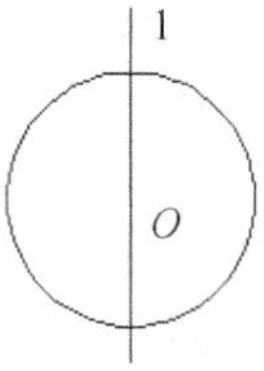

（5）单击"默认"选项卡"绘图"面板中的"直线"按钮／，在"对象捕捉"绘图方式下，捕捉圆心 O 和 P 绘制水平直线 3，如图 9-69 所示。

（6）单击"默认"选项卡"修改"面板中的"偏移"按钮 ⊆，将直线 3 分别向上和向下偏移 1.5mm，得到直线 4 和直线 5，如图 9-70 所示。

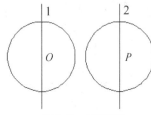
图 9-68 复制图形

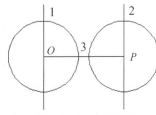
图 9-69 绘制水平直线

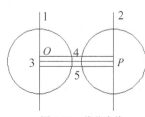
图 9-70 偏移直线

（7）单击"默认"选项卡"修改"面板中的"删除"按钮 ，选择直线 3，将其删除。

（8）单击"默认"选项卡"修改"面板中的"修剪"按钮 ，以圆弧为修剪边，对直线 1、直线 2、直线 4 和直线 5 进行修剪，得到如图 9-71 所示的结果。

（9）单击"默认"选项卡"绘图"面板中的"多边形"按钮⬠，以直线 2 的下端点为上顶点，绘制一个边长为 6.5mm 的正三角形，如图 9-72 所示。

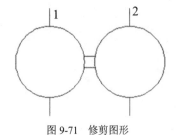
图 9-71 修剪图形

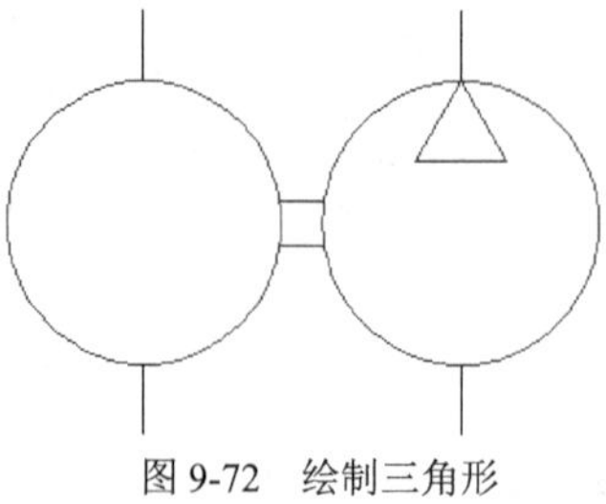

图 9-72 绘制三角形

（10）单击"默认"选项卡"绘图"面板中的"图案填充"按钮▨，❶弹出"图案填充创建"选项卡，如图 9-73 所示，❷选择 SOLID 图案；将三角形的 3 条边作为填充边界，完成三角形的填充，结果如图 9-74 所示。

图 9-73　"图案填充创建"选项卡

（11）单击"默认"选项卡"注释"面板中的"多行文字"按钮 A，在左侧圆的中心输入字母"M"，并在"文字编辑器"选项卡下"格式"面板中单击"下划线"按钮 U，使文字带下划线，设置"文字高度"为 12，如图 9-75 所示，完成带燃油泵的电动机符号的绘制。

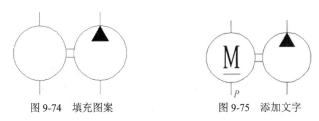

图 9-74　填充图案　　　　　　　　　　图 9-75　添加文字

9.3.4　组合图形

本图涉及的电气元件比较多，种类各不相同。各主要电气元件的绘制方法前面已经介绍过，本节将介绍如何将如此繁多的电气元件插入已经绘制完成的线路连接图中。将各电气元件插入线路图中的方法大同小异，下面以电动机为例介绍插入元件的方法，操作步骤如下。

（1）插入电动机符号。单击"默认"选项卡"修改"面板中的"移动"按钮✛，以图 9-75 所示的电动机符号作为平移对象，捕捉图 9-75 中的点 P，以其为平移基点，捕捉图 9-76 中的点 Q，以其为目标点，将电动机符号移到连接线图中。

（2）平移电动机符号。单击"默认"选项卡"修改"面板中的"移动"按钮✛，将电动机符号向上平移 15mm。

（3）修剪图形。单击"默认"选项卡"修改"面板中的"修剪"按钮✄，以电动机符号左边的圆为剪切边，修剪竖直导线，结果如图 9-77 所示。

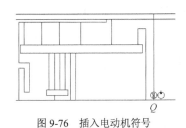

图 9-76　插入电动机符号

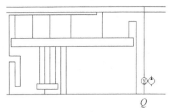

图 9-77　平移并修剪电动机符号

至此，电动机符号的插入工作完成。采用相同的方法，将其他电气元件插入连接线路图中，结果如图 9-78 所示。

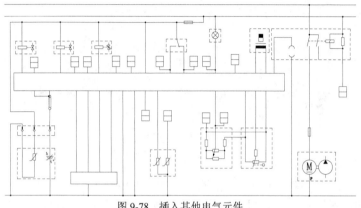

图 9-78　插入其他电气元件

9.3.5　添加注释

对元件的名称一一注释，以方便读者快速读懂图纸。操作步骤如下。

（1）创建文字样式。单击"默认"选项卡"注释"面板中的"文字样式"按钮 A，❶弹出"文字样式"对话框，如图 9-79 所示，❷设置"字体名"为"仿宋_GB2312"，❸"字体样式"为"常规"，❹"高度"为 50，❺"宽度因子"为 0.7，❻然后单击"应用"按钮。

（2）添加注释文字。单击"默认"选项卡"注释"面板中的"多行文字"按钮 A，添加文字注释。添加注释文字后，即完成整张图的绘制，如图 9-46 所示。

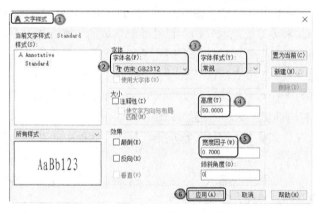

图 9-79　"文字样式"对话框

9.4　上机实验

【练习1】绘制图 9-80 所示的钻床电气设计图。

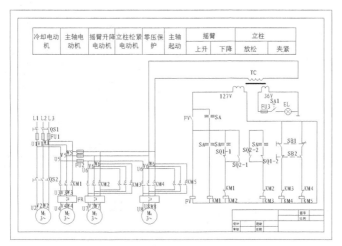

图 9-80　钻床电气设计图

【练习 2】 绘制图 9-81 所示的某发动机点火装置电路图。

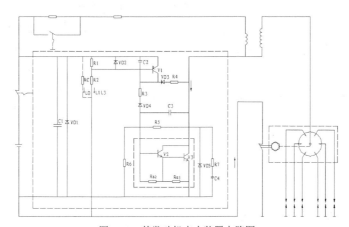

图 9-81　某发动机点火装置电路图

第 10 章

电力电气设计

电能的生产、传输和使用是同时进行的。从发电厂输出的电力，需要经过升压处理后才能够输送给远方的用户。输电电压一般很高，用户一般不能直接使用，高压电要经过变电所变压处理后才能分配给用户使用。由此可见，变电所和输电线路是电力系统重要的组成部分，所以本章将对变电工程图、输电工程图进行介绍，并结合具体的例子来介绍其绘制方法。

10.1 电力电气工程图简介

【预习重点】

☑ 了解电力系统的含义和组成部分。

☑ 了解变电工程图与输电工程图。

电能的生产、传输和使用是同时进行的。发电厂生产的电能，有一小部分供给本厂和附近的用户使用，其余绝大部分都要经过电压升高处理，由高压输电线路送至距离很远的负荷中心，再经过降压变电站将电压降低到用户所需要的电压等级，分配给电能用户使用。由此可知，电能从生产到应用，一般需要 5 个环节，即发电→输电→变电→配电→用电，其中，配电又根据电压等级不同分为高压配电和低压配电。

由各种电压等级的电力线路，将各种类型的发电厂、变电站和电力用户联系起来，形成的一个发电、输电、变电、配电和用电的整体，称为电力系统。变电所和输电线路是联系发电厂和用户的中间环节，起着变换和分配电能的作用。

1. 变电工程及变电工程图

为了更好地了解变电工程图，下面先简要介绍变电工程的重要组成部分——变电所。系统中的变电所，通常按其在系统中的地位和供电范围分成以下几类。

（1）枢纽变电所。枢纽变电所是电力系统的枢纽点，用于连接电力系统高压和中压的几个部分，汇集多个电源，电压为 330～500kV。全所停电后，将引发系统解列现象，甚至会造成系统瘫痪。

（2）中间变电所。高压侧以交换潮流为主，起系统交换功率的作用，或使长距离输电线路分段，一般汇集 2～3 个电源，电压为 220～330kV，同时又降压供给当地用电。这样的变电所主要起中间环节的作用，所以叫做中间变电所。全所停电后，将引起区域网络解列。

（3）地区变电所。高压侧电压一般为 110～220kV，是以对地区用户供电为主的变电所。全所停电后，仅使该地区中断供电。

（4）终端变电所。经降压处理后直接向用户供电的变电所即为终端变电所，在输电线路的终端，接近负荷点，高压侧电压多为 110kV。全所停电后，会给用户用电带来不便。

为了能够准确清晰地表达电力变电工程的各种设计意图，就必须采用变电工程图。简单来说，变电工程图也就是对变电站、输电线路各种接线形式和具体情况的描述。其意义就在于用统一直观的标准来表达变电工程的各方面。

变电工程图的种类很多，包括主接线图、二次接线图、变电所平面布置图、变电所断面图、高压开关柜原理图及布置图等，每种图况各不相同。

2．输电工程及输电工程图

输送电能的线路统称为电力线路。电力线路有输电线路和配电线路之分，由发电厂向电力负荷中心输送电能的线路及电力系统之间的联络线路称为输电线路，由电力负荷中心向各个电力用户分配电能的线路称为配电线路。

输电线路按结构特点分为架空输电线路和电缆输电线路。架空输电线路由于具有结构简单、施工简便、建设费用低、施工周期短、检修维护方便、技术要求较低等优点，得到了广泛的应用。电缆输电线路受外界环境因素的影响小，但需用特殊加工的电力电缆，所以其费用较高，并且其对施工及运行检修的技术要求较高。

目前，我国电力系统广泛采用的是架空输电线路，架空输电线路一般由导线、避雷线、绝缘子、金具、杆塔、杆塔基础、接地装置和拉线这几部分组成。在下面的章节中将分别介绍主接线图、二次接线图、绝缘端子装配图和线路钢筋混凝土杆装配图的绘制方法。

10.2 绘制变电站断面图

绘制图 10-1 所示的断面图。操作步骤如下。

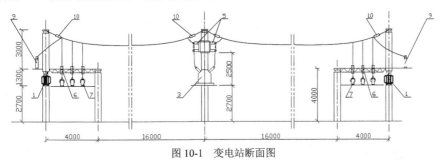

图 10-1　变电站断面图

变电站断面图结构较简单，但是各部分之间的位置关系必须严格按规定尺寸来布置。绘图思路如下。首先设计图纸布局，确定各主要部件在图中的位置，然后分别绘制各杆塔。通过杆塔的位置确定整个图纸的结构，之后分别绘制各主要电气设备，然后把绘制好的电气设备符号安装到对应的杆塔上。最后添加注释和尺寸标注，完成整张图的绘制。

【预习重点】

☑ 了解变电站断面图的绘制思路。

☑ 掌握变电站断面图的绘制技巧。

10.2.1 设置绘图环境

在绘制电路图之前，需要进行基本的操作，包括文件的创建、保存、栅格的显示、图形界限的设定及图层的管理等。

（1）单击"快速访问"工具栏中的"新建"按钮，以"无样板打开-公制（M）"创建一个新的文件，并将其另存为"变电站断面图.dwg"。

（2）选择菜单栏中的"格式"→"图形界限"命令，分别设置图形界限的两个角点坐标，左下角点坐标为（0,0），右上角点坐标为（50 000,90 000），命令行提示与操作如下。

```
命令：_limits
重新设置模型空间界限:
指定左下角点或[开(ON)/关(OFF)] <0.0000,0.0000>:✓
指定右上角点<210.0000,297.0000>:50000,90000✓
```

（3）单击"默认"选项卡"图层"面板中的"图层特性"按钮，打开"图层特性管理器"选项板，设置"连接导线层""轮廓线层""实体符号层"和"中心线层"4 个图层，各图层的颜色、线型及线宽设置如图 10-2 所示。将"轮廓线层"设置为当前图层。

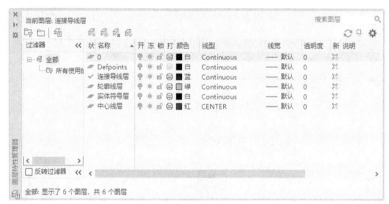

图 10-2　图层设置

10.2.2 图纸布局

电气图中图纸的布局是整个电气图的框架，需要将其分为不同功能的模块，最后按模块划分，填充电气图形。

（1）单击"默认"选项卡"绘图"面板中的"直线"按钮，绘制直线坐标点为（5000,1000）、

（45 000,1000）的水平边界线 1，如图 10-3 所示。

（2）单击"默认"选项卡"修改"面板中的"缩放"按钮 🔲 和"移动"按钮 ✛，将视图调整到易于观察的程度。

图 10-3　绘制水平边界线

（3）单击"默认"选项卡"修改"面板中的"偏移"按钮 ⋐，以直线 1 为起始，依次向下绘制直线 2、直线 3 和直线 4，偏移量分别为 3000mm、1300mm 和 2700mm，如图 10-4 所示。

（4）将"中心线层"设置为当前图层。

（5）单击"默认"选项卡"绘图"面板中的"直线"按钮 ⟋，并启动"对象捕捉"功能，分别捕捉直线 1 和直线 4 的左端点，绘制直线 5。

（6）单击"默认"选项卡"修改"面板中的"偏移"按钮 ⋐，以直线 5 为起始，依次向右绘制直线 6、直线 7、直线 8 和直线 9，偏移量分别为 4000mm、16 000mm、16 000mm 和 4000mm，结果如图 10-5 所示。

图 10-4　绘制水平轮廓线　　　　　　　　图 10-5　图纸布局

10.2.3　绘制杆塔

在前面绘制完成的图纸布局的基础上，在竖直直线 5、直线 6、直线 7、直线 8 和直线 9 的位置分别绘制对应的杆塔。其中，杆塔 1 和杆塔 5，杆塔 2 和杆塔 4 分别关于直线 7 对称。因此，下面只介绍杆塔 1、杆塔 2 和杆塔 3 的绘制过程，杆塔 4 和杆塔 5 可以由杆塔 1 和杆塔 2 镜像得到。

各电气设备的架构如图 10-6 所示。观察可以知道，杆塔 1 和杆塔 5，以及杆塔 2 和杆塔 4 分别关于杆塔 3 对称，所以只需要绘制杆塔 1、杆塔 2 和杆塔 3 左半部分，然后通过镜像即可得到整个图纸架构。

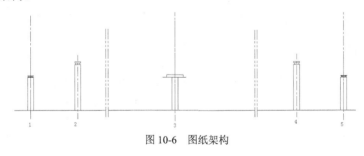

图 10-6　图纸架构

1．绘制杆塔 1

使用"多线"命令绘制杆塔 1，绘制过程如下。

（1）将"实体符号层"设置为当前图层。

（2）选择菜单栏中的"绘图"→"多线"命令，绘制两条竖向直线，命令行提示与操作如下。

命令:_mline

```
当前设置: 对正 = 上, 比例 = 20.00, 样式 = STANDARD
指定起点或[对正(J)/比例(S)/样式(ST)]: S
输入多线比例 <20.00>: 500
当前设置: 对正 = 上, 比例 = 500.00, 样式 = STANDARD
指定起点或[对正(J)/比例(S)/样式(ST)]: J
输入对正类型 [上(T)/无(Z)/下(B)] <上>: Z
当前设置: 对正 = 无, 比例 = 500.00, 样式 = STANDARD
指定起点或[对正(J)/比例(S)/样式(ST)]:
指定下一点:2700
指定下一点或[放弃(U)]: ✓
```

然后，调用"对象捕捉"功能获得多线的起点，移动光标使直线保持竖直，在屏幕上出现如图 10-7 所示的情形，跟随提示在"指定下一点"右面的文本框中输入下一点距离起点的距离 2700mm，然后按 Enter 键，绘制结果如图 10-8 所示。

（3）在"对象追踪"绘图方式下，单击"默认"选项卡"绘图"面板中的"直线"按钮 ，分别捕捉直线 1 和直线 2 的上端点绘制一条水平线，单击"默认"选项卡"修改"面板中的"偏移"按钮 ，以此水平线为起始并依次向上偏移 3 次，偏移量分别为 40mm、70mm 和 35mm，得到 3 条水平直线，如图 10-9 所示。

（4）单击"默认"选项卡"修改"面板中的"偏移"按钮 ，将中心线分别向左、右偏移，偏移量均为 120mm，得到两条竖向直线。

（5）单击"默认"选项卡"修改"面板中的"修剪"按钮 ，修剪掉多余的线段，并将对应直线的端点连接起来，完成杆塔 1 的绘制，如图 10-10 所示。

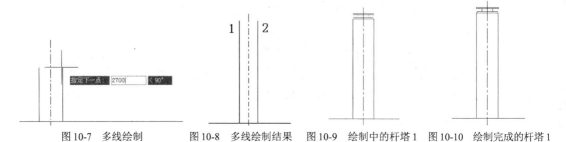

图 10-7 多线绘制　　　图 10-8 多线绘制结果　图 10-9 绘制中的杆塔 1　图 10-10 绘制完成的杆塔 1

2. 绘制杆塔 2

与绘制杆塔 1 类似，只是绘制杆塔 2 时，将步骤 1 中第（2）步多线的中点距离起点的距离设为 3700mm，其他步骤同绘制杆塔 1 完全相同，在此不再赘述。

3. 绘制杆塔 3

（1）利用"对象捕捉"功能，捕捉基点，单击"默认"选项卡"绘图"面板中的"直线"按钮 ，以基点为起点，向左绘制一条长度为 1000mm 的水平直线 1。

（2）单击"默认"选项卡"修改"面板中的"偏移"按钮 ，以直线 1 为起始，绘制直线 2 和直线 3，偏移量分别为 2700mm 和 2900mm，如图 10-11（a）所示。

（3）单击"默认"选项卡"修改"面板中的"偏移"按钮 ，以中心线为起始，绘制直线 4 和直线 5，偏移量分别为 250mm 和 450mm，如图 10-11（b）所示。

（4）更改图形对象的图层属性：选中直线 4 和直线 5，单击"默认"选项卡"图层"面板中的"图层特性"下拉列表框处的"实体符号层"，将其图层属性设置为"实体符号层"。

（5）单击"默认"选项卡"修改"面板中的"修剪"按钮，修剪掉多余的线段，得到的结果如图 10-11（c）所示。

（6）单击"默认"选项卡"修改"面板中的"镜像"按钮，选择图 10-11（c）中的所有图形，以中心线为镜像线，镜像得到如图 10-11（d）所示的结果，即为绘制完成的杆塔 3 的图形符号。

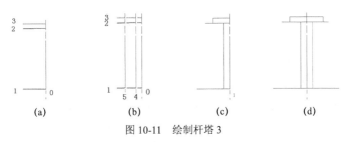

图 10-11　绘制杆塔 3

4．绘制杆塔 4 和杆塔 5

单击"默认"选项卡"修改"面板中的"镜像"按钮，以杆塔 1 和杆塔 2 为对象，以杆塔 3 的中心线为镜像线，镜像得到杆塔 4 和杆塔 5。

10.2.4　绘制各电气设备模块

在绘制图纸的过程中，首先要绘制主要元件备用，在连线绘制过程中，再进行查漏补缺。

1．绘制绝缘子模块

（1）单击"默认"选项卡"绘图"面板中的"矩形"按钮，绘制一个长为 160mm、宽为 340mm 的矩形，如图 10-12（a）所示。

（2）单击"默认"选项卡"修改"面板中的"分解"按钮，将绘制的矩形分解为直线 1、直线 2、直线 3、直线 4。

（3）单击"默认"选项卡"修改"面板中的"偏移"按钮，将直线 2 向右偏移 80mm，得到直线 L。

（4）单击"默认"选项卡"修改"面板中的"拉长"按钮，将直线 L 向上拉长 60mm，拉长后直线的上端点为 O，结果如图 10-12（b）所示。

（5）单击"默认"选项卡"绘图"面板中的"圆"按钮，在"对象捕捉"绘图方式下，捕捉 O 点，绘制一个半径为 60mm 的圆，结果如图 10-12（c）所示，此圆和前面绘制的矩形的一边刚好相切。然后删除直线 L，隔离开关结果如图 10-12（d）所示。

（6）单击"默认"选项卡"块"面板中的"创建"按钮，①弹出"块定义"对话框，如图 10-13 所示。在"名称"文本框中②输入"绝缘子"，③单击"拾取点"按钮，在屏幕上捕捉矩形的左下角，以其为基点，如图 10-14 所示。④单击"选择对象"按钮，对象选择整个绝缘子模块，⑤设置"块单位"为"毫米"，⑥选中"按统一比例缩放"复选框，⑦单击"确定"按钮。

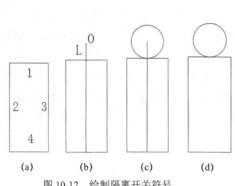

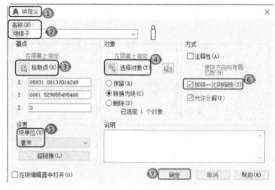

图 10-12　绘制隔离开关符号　　　　　　　　　　图 10-13　"块定义"对话框

（7）单击"默认"选项卡"绘图"面板中的"矩形"按钮 ▭ ，绘制一个长为 900mm、宽为 730mm 的矩形，单击"默认"选项卡"修改"面板中的"分解"按钮 ，将绘制的矩形分解为直线 1、直线 2、直线 3、直线 4。

（8）单击"默认"选项卡"修改"面板中的"偏移"按钮 ，将直线 1 向右偏移 95mm，得到直线 5；将直线 2 向左偏移 95mm，得到直线 6，如图 10-15 所示。

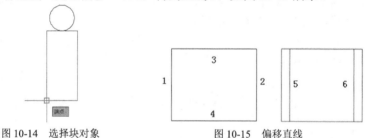

图 10-14　选择块对象　　　　　　　　　　图 10-15　偏移直线

（9）单击"默认"选项卡的"块"面板中的"插入"下拉菜单中"最近使用的块"选项，① 系统弹出"块"选项板，② 选择"当前图形"选项卡，如图 10-16 所示。③ 在"当前图形块"选项组中选择"绝缘子"，④ 勾选"插入点"复选框，⑤ 勾选"统一比例"复选框，旋转角度根据具体情况输入不同的值。一共要插入 4 次，分别以矩形的 4 个角点作为插入点，对于绝缘子 1 和绝缘子 3，旋转角度为 90°，对于绝缘子 2 和绝缘子 4，旋转角度为 270°，结果如图 10-17 所示。

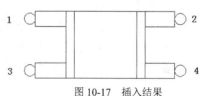

图 10-16　"插入"对话框　　　　　　　　　图 10-17　插入结果

2．绘制高压互感器模块

（1）单击"默认"选项卡"绘图"面板中的"矩形"按钮 ▭，绘制一个长为 236mm、宽为 410mm 的矩形。

（2）单击"默认"选项卡"修改"面板中的"分解"按钮 ▤，将绘制的矩形分解为 4 条直线。然后单击"默认"选项卡"修改"面板中的"偏移"按钮 ⊜，将其中一条竖向直线向中心方向偏移 118mm，得到竖直方向的中心线。单击"默认"选项卡"修改"面板中的"拉长"按钮 ／，将此中心线向上拉长 200mm，向下拉长 100mm。最后选定中心线，单击"默认"选项卡"图层"面板中的"图层特性"下拉列表框处的"中心线层"，将其图层属性设置为"中心线层"，即得到绘制完成的矩形及其中心线，结果如图 10-18（a）所示。

（3）单击"默认"选项卡"修改"面板中的"圆角"按钮 ▔，采用"修剪、角度、距离"模式，对矩形上边两个角倒圆角，上面两个圆角的半径为 60mm，命令行提示与操作如下。

```
命令: _fillet
当前设置: 模式 = 修剪，半径 = 0.0000
选择第一个对象或[放弃(U)/多段线(P)/半径(R)/修剪(T)/多个(M)]: R
指定圆角半径 <0.0000>: 60
选择第一个对象或[放弃(U)/多段线(P)/半径(R)/修剪(T)/多个(M)]:
选择第二个对象，或按住Shift键选择对象以应用角点或[半径(R)]:（选择矩形的上边和左边直线）
```

同上，采用"修剪、角度、距离"模式，对矩形的下边两个角倒圆角，两个圆角的半径均为 80mm，结果如图 10-18（b）所示。

（4）单击"默认"选项卡"修改"面板中的"偏移"按钮 ⊜，将直线 *AC* 向下偏移 40mm，并调用"拉长"命令，将偏移得到的直线分别向两端拉长 75mm，结果如图 10-18（c）所示。

（5）单击"默认"选项卡"绘图"面板中的"圆弧"按钮 ⌒，绘制圆弧，命令行提示与操作如下。

```
命令: _arc
指定圆弧的起点或[圆心(C)]:（捕捉A点）
指定圆弧的第二个点或[圆心(C)/端点(E)]: E
指定圆弧的端点:（捕捉B点）
指定圆弧的中心点(按住Ctrl键以切换方向)或[角度(A)/方向(D)/半径(R)]: R
指定圆弧的半径(按住Ctrl键以切换方向): 80
```

同上，绘制第二段圆弧，起点和端点分别为 *C* 和 *D*，半径也为 80mm，如图 10-18（d）所示。

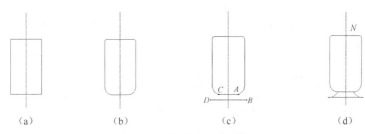

（a）　　　　　（b）　　　　　（c）　　　　　（d）

图 10-18　绘制高压互感器模块

（6）单击"默认"选项卡"绘图"面板中的"直线"按钮 ／，绘制一条长度为 200mm 的竖向直线。以此直线为中心线，单击"默认"选项卡"绘图"面板中的"矩形"按钮 ⬜，分别绘制 3 个矩形，尺寸分别为：矩形 *A*，长 22mm，宽 20mm；矩形 *B*，长 90mm，宽 100mm；矩形 *C*，长 64mm，宽 64mm，如图 10-19（a）所示。

（7）中心线与矩形 *C* 下边的交点为 *M*，中心线与圆角矩形上边的交点为 *N*，单击"默认"选项卡"修改"面板中的"移动"按钮 ✣，以点 *M* 和点 *N* 重合的原则平移矩形 *A*、*B* 和 *C*，平移结果如图 10-19（b）所示。

（8）单击"默认"选项卡"修改"面板中的"偏移"按钮 ⬰，将直线 *BD* 向上偏移 210mm，与圆角矩形的交点分别为点 *M* 和点 *N*。

（9）单击"默认"选项卡"绘图"面板中的"圆弧"按钮 ⟋，采用"起点、端点、角度"模式，绘制圆弧，圆弧的起点和端点分别为 *M* 点和 *N* 点，角度为-270°，绘制完成的高压互感器的图形符号如图 10-19（c）所示。

3．绘制真空断路器模块

（1）将"中心线层"设置为当前图层。单击"默认"选项卡"绘图"面板中的"直线"按钮 ⟋，绘制长度为 1000mm 的直线 1。

（2）将当前图层由"中心线层"切换为"实体符号层"。

（3）启动"正交"和"对象捕捉"绘图方式，单击"默认"选项卡"绘图"面板中的"直线"按钮 ⟋，分别绘制直线 2、直线 3 和直线 4，长度分别为 200mm、700mm 和 500mm，如图 10-20（a）所示。

（4）关闭"正交"绘图方式，单击"默认"选项卡"绘图"面板中的"直线"按钮 ⟋，分别捕捉直线 2 的右端点和直线 3 的上端点，绘制直线 5，如图 10-20（b）所示。

（5）单击"默认"选项卡"修改"面板中的"镜像"按钮 ⚠，选择直线 2、直线 3、直线 4 和直线 5 为镜像对象，选择直线 1 为镜像线做镜像操作。

（6）单击"默认"选项卡"修改"面板中的"拉长"按钮 ⟋，以直线 1 为拉长对象，将直线 1 分别向上和向下拉长 200mm，结果如图 10-20（c）所示。

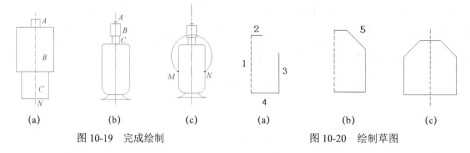

图 10-19　完成绘制　　　　　　　　　图 10-20　绘制草图

（7）单击"默认"选项卡"修改"面板中的"偏移"按钮 ⬰，将中心线向右偏移，偏移量为 350mm，与六边形的倾斜边的交点为 *N*，如图 10-21（a）所示。

（8）单击"默认"选项卡"绘图"面板中的"直线"按钮 ⟋，绘制一条长度为 800mm 的竖向直线，并将此直线图层属性设置为"中心线层"。单击"默认"选项卡"绘图"面板中的"矩形"按钮 ⬜，绘制两个关于中心线对称的矩形 *A* 和 *B*，矩形 *A* 的长和宽分别为 90mm、95mm，矩形 *B* 的长和宽分别为 160mm、450mm，中心线和矩形 *B* 的底边的交点为 *M*，如图 10-21（b）所示。

（9）单击"默认"选项卡"修改"面板中的"移动"按钮 ✛，以点 M 和点 N 重合的原则，捕捉 M 点，以其为平移的基点；捕捉点 N，以其为移动的终点。然后，单击"默认"选项卡"修改"面板中的"旋转"按钮 ↻，以 N 点为基点将矩形旋转-45°。

（10）单击"默认"选项卡"修改"面板中的"镜像"按钮 ⚖，以矩形为镜像对象，以图形的中心镜像线为镜像线，做镜像操作，得到的结果如图 10-21（c）所示。

4．绘制避雷器模块

（1）单击"默认"选项卡"绘图"面板中的"矩形"按钮 ▭，绘制一个长为 220mm、宽 800mm 的矩形，如图 10-22（a）所示。

（2）单击"默认"选项卡"修改"面板中的"分解"按钮 ⬚，将绘制的矩形分解为 4 条直线。

（3）单击"默认"选项卡"修改"面板中的"偏移"按钮 ⊜，将矩形的上、下两边分别向下和向上偏移 90mm，如图 10-22（b）所示。

（4）单击"默认"选项卡"修改"面板中的"偏移"按钮 ⊜，将矩形的左边向右偏移 110mm，得到矩形的中心线。

（5）单击"默认"选项卡"修改"面板中的"拉长"按钮 ⟋，以中心线为拉长对象，将中心线向上拉长 85mm，拉长后中心线的上端点为 O，如图 10-22（c）所示。

（6）单击"默认"选项卡"绘图"面板中的"圆"按钮 ⊙，在"对象捕捉"绘图方式下，捕捉点 O，以其为圆心，绘制一个半径为 85mm 的圆，如图 10-22（d）所示。

（7）选择中心线，单击"默认"选项卡"修改"面板中的"删除"按钮 ✎，或者直接按 Delete 键删除中心线，避雷器模块绘制完成，如图 10-22（d）所示。

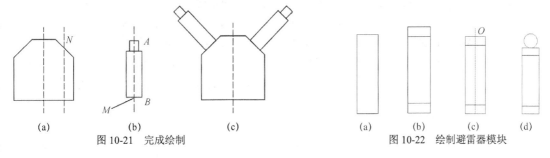

图 10-21　完成绘制　　　　　　　　　　　　图 10-22　绘制避雷器模块

10.2.5　插入电气设备模块

前面已经分别完成了图纸的架构图和各主要电气设备的符号图的绘制，下面将绘制完成的各主要电气设备的符号插入架构图的相应位置，完成基本草图的绘制。

> **注意**
>
> （1）尽量使用"对象捕捉"功能，使得电器符号能够准确定位到合适的位置。
>
> （2）注意调用"缩放"命令，将各图形符号调整到合适的尺寸，保证整张图的整齐和美观。

插入结果如图 10-23 所示。

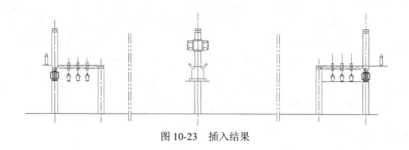

图 10-23　插入结果

10.2.6　绘制连接导线

本节利用"直线"和"圆弧"命令绘制连接导线。

（1）将当前图层从"实体符号层"切换为"连接线层"。

（2）单击"默认"选项卡"绘图"面板中的"直线"按钮 / 和"圆弧"按钮 / 。绘制连接导线。在绘制过程中，可使用"对象捕捉"功能捕捉导线的连接点。

> **注意**
>
> 　在绘制连接导线的过程中，可以使用夹点编辑命令调整圆弧的方向和半径，直到导线的方向和角度达到最佳程度。

打开夹点的步骤如下。

（1）选择"工具"→"选项"命令。

（2）在弹出的"选项"对话框的"选择集"选项卡中选择"显示夹点"。

（3）单击"确定"按钮。以图 10-24（a）中的圆弧为例介绍夹点编辑的方法。

（4）用鼠标拾取圆弧，圆弧上会出现 ■ 的标志，如图 10-24（b）所示。

（5）用鼠标拾取 ■ 标志，按住鼠标左键不放，在屏幕上移动鼠标会发现，被选取的图形的形状在不断变化，利用这样的方法，可以调整导线中圆弧的方向、角度和半径。图 10-24（c）所示即为调整过程中圆弧的情况。

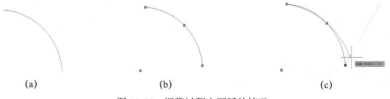

(a)　　　　　　　　　　　(b)　　　　　　　　　　　(c)

图 10-24　调整过程中圆弧的情况

图 10-25 所示即为绘制完成的导线的变电站断面图。

图 10-25　导线的变电站断面图

10.2.7　标注尺寸和图例

利用"线性"和"多行文字"命令标注尺寸和文字。

1. 标注尺寸

（1）单击"默认"选项卡"注释"面板中的"标注样式"按钮，弹出"标注样式管理器"对话框，单击"新建"按钮，弹出"创建新标注样式"对话框。将新样式名称设置为"变电站断面图标注样式"，选择基础样式"ISO-25"，用于"所有标注"。单击"继续"按钮，打开"新建标注样式"对话框，在对话框的"线"选项卡中设置"超出尺寸线"为 50、"起点偏移量"为 50；在"符号和箭头"选项卡中设置"箭头"为倾斜、"箭头大小"为 100；在"文字"选项卡中设置"文字高度"为 300；在"主单位"选项卡中设置"精度"为 0；其他选项卡参数默认，单击"确定"按钮，返回"标注样式管理器"对话框，再单击"置为当前"按钮，将新建的"变电站断面图标注样式"设置为当前使用的标注样式。

（2）单击"默认"选项卡"注释"面板中的"线性"按钮和"连续"按钮，为图形标注尺寸，结果如图 10-26 所示。

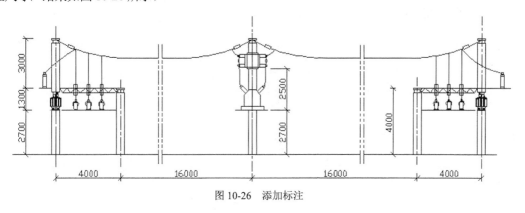

图 10-26　添加标注

2. 标注电气图形符号

（1）单击"默认"选项卡"注释"面板中的"文字样式"按钮或者在命令行中输入 style 命令，弹出"文字样式"对话框。

（2）在"文字样式"对话框中单击"新建"按钮，然后输入样式名"工程字"，并单击"确定"按钮，设置如图 10-27 所示。

（3）在"字体名"下拉列表框中选择"仿宋_GB2312"。

（4）"高度"保持默认值 400。

（5）设置"宽度因子"为 0.7，"倾斜角度"保持默认值 0。

（6）检查预览区文字外观，如果合适，单击"应用"按钮。

（7）单击"默认"选项卡"注释"面板中的"多行文字"按钮 A 或者在命令行中输入 mtext 命令。

（8）调用对象捕捉功能，捕捉"核定"两字所在单元格的左上角点，以其为第一角点，以右下角点为对角点，在弹出的"文字样式"对话框中设置"样式"为"工程字"，对齐方式选择"正中"对齐。

（9）输入文字，单击"确定"按钮。

（10）用同样的方法，输入其他文字。

变电站断面图绘制完成，如图 10-1 所示。

图 10-27　"文字样式"对话框

10.3　绘制电杆安装三视图

绘制图 10-28 所示的电杆安装三视图。操作步骤如下。

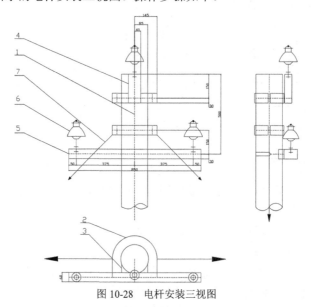

图 10-28　电杆安装三视图

首先根据三视图中各部件的位置确定图纸布局，得到各个视图的轮廓线；然后绘制出图中出现较多的针式绝缘子，将其保存为块；再分别绘制主视图、俯视图和左视图的细节部分，最后进行标注。

图 10-28 中各部件的名称如下。

1——电杆　　　　2——U 形抱箍　　3——M 形抱铁　　4——杆顶支座抱箍

5——横担　　　　6——针式绝缘子　7——拉线

【预习重点】

☑　了解电杆安装三视图的绘制思路。

☑　掌握电杆安装三视图的绘制技巧。

10.3.1　设置绘图环境

先设置电路图的绘图环境，包括文件的创建、保存、设置缩放比例、图形界限的设定及图层的管理等。

1．新建文件

启动 AutoCAD 2022 应用程序，单击"快速访问"工具栏中的"新建"按钮，以"无样板打开-公制（M）"创建一个新的文件，将新文件命名为"电杆安装三视图.dwg"并保存。

2．设置缩放比例

选择菜单栏中的"格式"→"比例缩放列表"命令，①弹出"编辑图形比例"对话框，如图 10-29 所示。②在"比例列表"列表框中选择"1∶4"选项，③单击"确定"按钮，将图纸比例放大 4 倍。

3．设置图形界限

选择菜单栏中的"格式"→"图形界限"命令，设置图形界限的左下角点坐标为（0,0），右上角点坐标为（1700,1400）。

4．设置图层

单击"默认"选项卡"图层"面板中的"图层特性"按钮，打开"图层特性管理器"选项板，设置"连接导线层""轮廓线层""实体符号层""中心线层"4 个图层，各图层的颜色、线型如图 10-30 所示。

图 10-29　"编辑图形比例"对话框

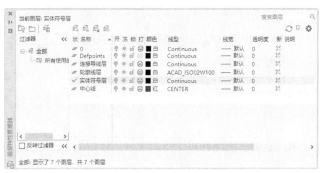

图 10-30　图层设置

10.3.2 图纸布局

该图纸的布局主要包括主视图、俯视图和左视图，它们完整地表达了电杆的安装过程。

1. 绘制水平直线

将"轮廓线层"设置为当前图层，单击"默认"选项卡"绘图"面板中的"直线"按钮 ⁄，单击状态栏中的"正交模式"按钮 ⌐，绘制一条横贯整个图纸的水平直线 1，并使其通过点（200,1400）。

2. 偏移水平直线

单击"默认"选项卡"修改"面板中的"偏移"按钮 ⊂，将直线 1 依次向下偏移 120mm、30mm、30mm、140mm、30mm、30mm、90mm、30mm、30mm、625mm、85mm、30mm 和 30mm，得到 13 条水平直线，结果如图 10-31 所示。

3. 绘制竖向直线

单击"默认"选项卡"绘图"面板中的"直线"按钮 ⁄，绘制一条竖向直线 2，它的起点坐标为（1300,100），终点坐标为（1300,1400）。

4. 偏移竖向直线

单击"默认"选项卡"修改"面板中的"偏移"按钮 ⊂，将直线 2 依次向右偏移 50mm、230mm、60mm、85mm、85mm、60mm、230mm、50mm、350mm、85mm、85mm、60mm 和 355mm，得到 13 条竖直直线，结果如图 10-32 所示。

图 10-31 偏移水平直线　　　　　　　　　图 10-32 偏移竖向直线

5. 修剪直线

单击"默认"选项卡"修改"面板中的"修剪"按钮 ⅓，修剪多余的线，得到图纸布局，如图 10-33 所示。

6. 绘制三视图布局

单击"默认"选项卡"修改"面板中的"修剪"按钮 ⅓ 和"删除"按钮 ⌫，将图 10-33 修剪为图 10-34 所示的 3 个区域，每个区域对应一个视图位置。

10.3.3　绘制主视图

首先利用"修剪"和"删除"命令修剪主视图，得到主视图的轮廓线，然后利用前面学到的知识绘制抱箍固定条等剩余图形，完成主视图绘制。

1．修剪主视图

单击"默认"选项卡"修改"面板中的"修剪"按钮 和"删除"按钮 ，将图 10-34 中的主视图图形修剪为如图 10-35 所示的图形，得到主视图的轮廓线。

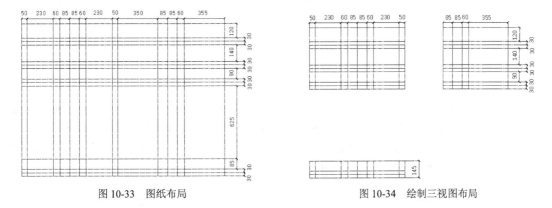

图 10-33　图纸布局　　　　　　　　图 10-34　绘制三视图布局

2．修改图形的图层属性

选择图 10-35 中的矩形 1 和矩形 2，单击"默认"选项卡"图层"面板中的"图层特性"下拉列表框处的"实体符号层"图层，将其图层属性设置为实体层。

> **注意**
> 　　在 AutoCAD 2022 中，更改图层属性的另一种方法为：在图形对象上单击鼠标右键，在弹出的快捷菜单中选择"特性"命令，在弹出的"特性"选项板中更改其图层属性。

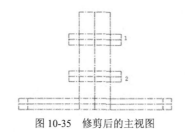

图 10-35　修剪后的主视图

3．绘制抱箍固定条

单击"默认"选项卡"修改"面板中的"偏移"按钮 ，选择矩形 1 的左侧边，向右偏移 105mm，选择矩形 1 的右侧边，向左偏移 105mm。单击"默认"选项卡"修改"面板中的"拉长"按钮 ，将偏移得到的两条竖向直线向上拉长 120mm，将其端点落在顶杆的顶边上。

4. 拉长顶杆

单击"默认"选项卡"修改"面板中的"拉长"按钮 ⁄ ，选择顶杆的两条竖直边，分别向下拉长 300mm，然后利用"圆弧"命令在顶杆下端绘制剖面线，结果如图 10-36 所示。

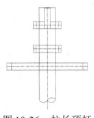

图 10-36　拉长顶杆

5. 插入绝缘子图块

单击"默认"选项卡的"块"面板"插入"下拉菜单中"其他图形中的块"选项，①系统弹出"块"选项板，②插入"绝缘子"图块，③勾选"插入点"复选框，④在"比例"下拉列表中勾选"统一比例"复选框，⑤在"旋转"选项组中将"角度"设置为 0，在绘图区选择添加绝缘子的位置，将图块插入视图，如图 10-37 所示。

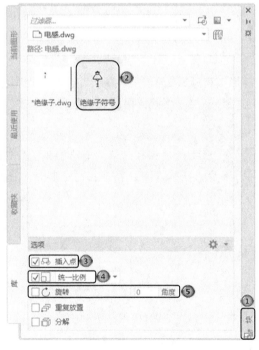

图 10-37　插入"绝缘子"图块

6. 绘制拉线

（1）绘制斜线。单击"默认"选项卡"绘图"面板中的"直线"按钮 ⁄ ，开启"极轴追踪"

和"对象捕捉"模式,捕捉中间矩形的左下交点,以其为直线的起点,绘制一条长度为 400mm,与竖直方向成 135°角的斜线作为拉线。

（2）绘制箭头。绘制一个小三角形,并用 SOLID 图案进行填充。

（3）修剪拉线。单击"默认"选项卡"修改"面板中的"修剪"按钮，修剪拉线。

（4）镜像拉线。单击"默认"选项卡"修改"面板中的"镜像"按钮，以拉线作为镜像对象,以中心线为镜像线进行镜像操作,得到右半部分的拉线,图 10-38 所示为绘制完成的主视图。

10.3.4　绘制俯视图

利用"圆""多段线""镜像""修剪"和"删除"命令绘制俯视图。

1．修剪俯视图轮廓线

单击"默认"选项卡"修改"面板中的"修剪"按钮和"删除"按钮，将图 10-34 中的俯视图图线修剪为如图 10-39 所示的图形,得到俯视图的轮廓线。

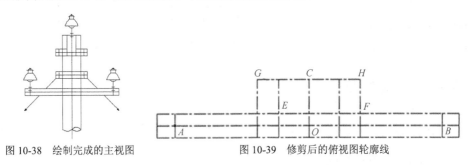

图 10-38　绘制完成的主视图　　　　　图 10-39　修剪后的俯视图轮廓线

2．修改图形的图层属性

选择图 10-39 中的所有边界线,单击"默认"选项卡"图层"面板中的"图层特性"下拉列表框处的"实体符号层"图层,将其图层属性设置为实体层。

3．绘制同心圆

单击"默认"选项卡"绘图"面板中的"圆"按钮，在"对象捕捉"模式下,捕捉图 10-39 中的 A 点,以其为圆心,分别绘制半径为 15mm 和 30mm 的同心圆。将绘制的同心圆向 B 点和 O 点复制,并将复制到 O 点的同心圆适当向上移动。

4．绘制同心圆

单击"默认"选项卡"绘图"面板中的"圆"按钮，在"对象捕捉"模式下,捕捉 C 点,以其为圆心,分别绘制半径为 90mm 和 145mm 的同心圆。

5．绘制直线

以图 10-39 中的 E、F 点为起点,绘制两条与 $R90$ 圆相交的直线。

6．绘制拉线与箭头

单击"默认"选项卡"绘图"面板中的"多段线"按钮，绘制拉线与箭头，命令行提示与操作如下。

```
命令: _pline
指定起点:（捕捉图10-39中的G点）
当前线宽为0.0000
指定下一个点或[圆弧(A)/半宽(H)/长度(L)/放弃(U)/宽度(W)]:（在G点左侧适当位置选取一点）
指定下一点或[圆弧(A)/闭合(C)/半宽(H)/长度(L)/放弃(U)/宽度(W)]: W
指定起点宽度<0.0000>: 30
指定端点宽度<30.0000>: 0
指定下一点或[圆弧(A)/闭合(C)/半宽(H)/长度(L)/放弃(U)/宽度(W)]:（在左侧适当位置单击，确定箭头的大小）
指定下一点或[圆弧(A)/闭合(C)/半宽(H)/长度(L)/放弃(U)/宽度(W)]: ↙
```

7．镜像并修剪图形

单击"默认"选项卡"修改"面板中的"镜像"按钮，以绘制的拉线及箭头为镜像对象，以竖直中心线为镜像线，在 H 点处镜像一个同样的拉线和箭头。单击"默认"选项卡"修改"面板中的"修剪"按钮，修剪图中多余的直线与圆弧，得到图 10-40 所示的俯视图。

10.3.5　绘制左视图

利用"圆弧""矩形""拉长""插入块""修剪"和"删除"命令绘制左视图。

1．修剪左视图轮廓线

单击"默认"选项卡"修改"面板中的"修剪"按钮和"删除"按钮，将图 10-34 中的左视图修剪为如图 10-41 所示的图形，得到左视图的轮廓线。

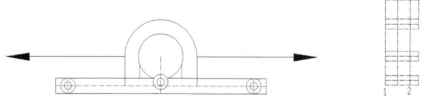

图 10-40　俯视图　　　　　　图 10-41　修剪后的左视图轮廓线图

2．绘制电杆

单击"默认"选项卡"修改"面板中的"拉长"按钮，选择直线 1 和直线 2，分别向下拉长 300mm，形成电杆轮廓线。

3．绘制电杆底端

单击"默认"选项卡"绘图"面板中的"圆弧"按钮，以电杆的两个下端点为圆弧的起点和终点，绘制半径为 50mm 的圆弧 a；采用同样的方法，分别绘制圆弧 b 和圆弧 c，构成电杆的底端。

4．绘制矩形

单击"默认"选项卡"绘图"面板中的"矩形"按钮 ▭，绘制一个长为 55mm、宽为 35mm 的矩形，并利用 wblock 命令保存为"块"。

5．创建矩形块

单击"默认"选项卡的"块"面板中的"插入"下拉菜单中的"最近使用的块"选项，系统弹出"块"选项板，将"矩形块"分别插入图形的适当位置，并通过"矩形"命令绘制长为 47mm、宽为 180mm 的矩形 1 和长为 87mm、宽为 60mm 的矩形 2，如图 10-42 所示。

6．插入图块

单击"默认"选项卡的"块"面板中的"插入"下拉菜单中的"其他图形中的块"选项，系统弹出"块"选项板，创建绝缘子图块。绘制拉线和箭头，得到图 10-43 所示的左视图。

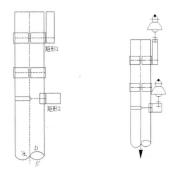

图 10-42　创建矩形块　　图 10-43　左视图

10.3.6　标注尺寸及注释文字

首先设置标注样式，然后利用"线性"和"多行文字"命令标注尺寸和文字说明。

（1）设置标注样式。单击"默认"选项卡"注释"面板中的"标注样式"按钮 ⤢，①弹出"标注样式管理器"对话框，如图 10-44 所示。②单击"新建"按钮，③弹出"创建新标注样式"对话框，如图 10-45 所示，④设置新样式名称为"电杆安装三视图标注样式"，⑤选择基础样式为"ISO-25"，⑥用于"所有标注"。

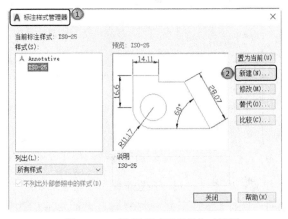

图 10-44　"标注样式管理器"对话框

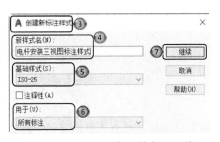

图 10-45　"创建新标注样式"对话框

（2）⑦单击"继续"按钮，打开"新建标注样式"对话框。其中有 7 个选项卡，可对新建的"电杆安装三视图标注样式"的标注样式进行设置。⑧"线"选项卡的设置如图 10-46 所示，⑨设置"基线间距"为 13，⑩"超出尺寸线"为 2.5。在"符号和箭头"选项卡中设置"箭头大小"为 5。

（3）①"文字"选项卡的设置如图 10-47 所示，②设置"文字高度"为 7，③"从尺寸线偏移"为 0.5，④"文字对齐"方式为"ISO 标准"。

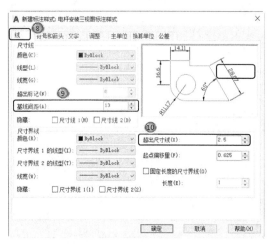

图 10-46　"线"选项卡的设置　　　　　图 10-47　"文字"选项卡的设置

（4）①"调整"选项卡的设置如图 10-48 所示，在"文字位置"选项组中②选中"尺寸线上方，带引线"单选按钮。

（5）①"主单位"选项卡的设置如图 10-49 所示，②设置"精度"为 0，③选择"小数分隔符"中的"."。

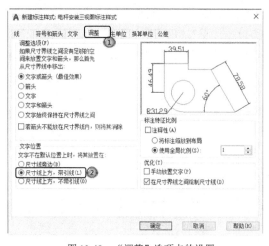

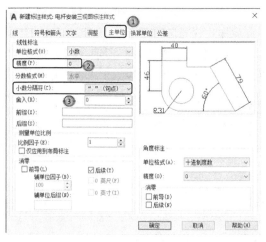

图 10-48　"调整"选项卡的设置　　　　　图 10-49　"主单位"选项卡的设置

（6）"换算单位"和"公差"选项卡不进行设置，单击"确定"按钮，返回"标注样式管理器"对话框，单击"置为当前"按钮，将新建的"电杆安装三视图标注样式"设置为当前使用的标注样式。

（7）单击"默认"选项卡"注释"面板中的"线性"按钮 ⊢⊣，标注尺寸。

（8）单击"默认"选项卡"注释"面板中的"多行文字"按钮 A，标注文字说明，最终结果如图 10-28 所示。

10.4 上机实验

【练习 1】绘制图 10-50 所示的输电工程图。

【练习 2】绘制图 10-51 所示的绝缘端子装配图。

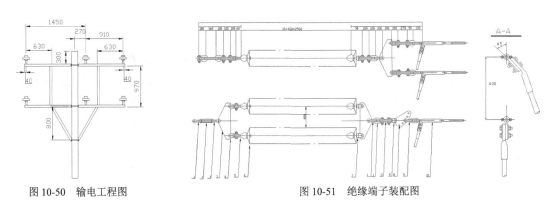

图 10-50 输电工程图 　　　　　　图 10-51 绝缘端子装配图

第11章

控制电气设计

随着电厂生产管理的要求及电气设备智能化水平的不断提高，电气控制系统（ECS）功能得到了进一步扩展，相关的理念也实现了更深层次的延伸。采用通信方式与分散控制系统接口，将 ECS 及电气各类专用智能设备（如微机保护、自动励磁等）作为一个分散控制系统中相对独立的子系统，实现同一平台的监控、管理、维护，即厂级电气综合保护监控。

11.1 控制电气简介

【预习重点】

☑ 了解控制电路的基本内容。
☑ 了解控制电路图的分类及其基本结构。

11.1.1 控制电路简介

从研究电路的角度来看，一个实验电路一般可分为电源、控制电路和测量电路 3 部分。测量电路是事先根据实验方法确定好的，可以把它抽象地用一个电阻 R 来代替，称为负载。根据负载所要求的电压值 U 和电流值 I 即可选定电源，一般电学实验对电源的要求并不高，只要选择电源的电动势 E 略大于 U，即电源的额定电流大于工作电流。负载和电源都确定后，确定控制电路，使负载能获得所需的电压和电流。一般来说，控制电路中电压或电流的变化，都用滑线式可变电阻来实现。控制电路有制流和分压两种最基本的接法，两种接法的性能和特点可由调节范围、特性曲线和细调程度来表征。

一般在安排控制电路时，并不一定要设计最佳方案，只要根据现有的设备设计出既安全又省电，且能满足实验要求的电路即可。设计时一般也不必做复杂的计算，可以边实验边改进。首先根据负载的阻值 R 确定调节的范围和电源电压 U，然后综合比较，决定控制电路的接法，估计细调程度是否足够，最后做初步试验，确定细调是否满足要求，如果不能满足要求，则可以加接变阻器，分段逐级细调。

控制电路可分为开环控制系统和闭环控制系统（也称为反馈控制系统）。其中，开环控制系统包括前向控制、程控（数控）、智能化控制等，如录音机的开、关机，自动录放，程序工作等。闭环控制系统则是反馈控制，受控物理量会自动调整到预定值。

反馈控制是最常用的一种控制电路，下面介绍 3 种常用的反馈控制方式。

（1）自动增益控制 AGC（AVC）：反馈控制量为增益（或电平），用来控制放大器系统中某级（或几级）的增益大小。

（2）自动频率控制 AFC：反馈控制量为频率，用来稳定频率。

（3）自动相位控制 APC（PLL）：反馈控制量为相位，PLL 可实现调频、鉴频、混频、解调、频率合成等。

图 11-1 所示是一种常见的反馈控制系统的模式。

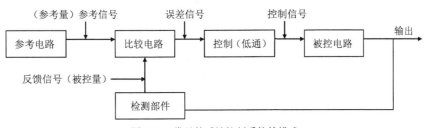

图 11-1　常见的反馈控制系统的模式

11.1.2　控制电路图简介

控制电路大致包括自动控制电路、报警控制电路、开关电路、灯光控制电路、定时控制电路、温控电路、保护电路、继电器控制电路、晶闸管控制电路、电机控制电路、电梯控制电路等。下面对其中几种控制电路的典型电路图进行举例。

图 11-2 所示的电路图是报警控制电路中的一种典型电路图，即汽车多功能报警器电路图。其功能要求为：当系统检测到汽车出现各种故障时进行语音提示报警。

图 11-3 所示的电路图就是温控电路中的一种典型电路图。该电路是由双 D 触发器 CD4013 中的一个 D 触发器组成，电路结构简单，具有

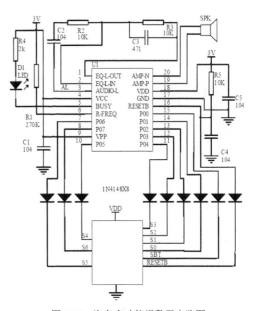

图 11-2　汽车多功能报警器电路图

上、下限温度控制功能。控制温度可通过电位器预置，当超过预置温度后，自动断电。电路中将 D 触发器连接成一个 RS 触发器，以工业控制用的热敏电阻 MF51 作为温度传感器。

图 11-4 所示的电路图是继电器电路中的一种典型电路。图 11-4（a）中，集电极为负，发射极为正，对于 PNP 型管而言，这种极性的电源是正常的工作电压；图 11-4（b）中，集电极为正，发射极为负，对于 NPN 型管而言，这种极性的电源是正常的工作电压。

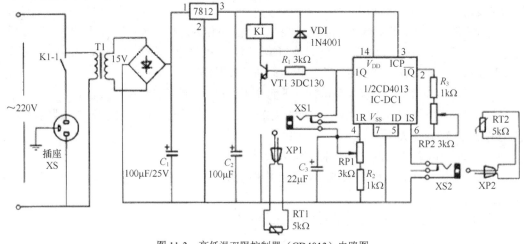

图 11-3 高低温双限控制器（CD4013）电路图

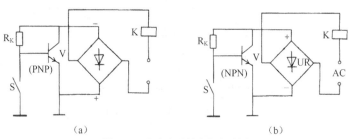

图 11-4 交流电子继电器电路图

11.2 绘制多指灵巧手控制电路图

随着机构学和计算机控制技术的发展，多指灵巧手的研究也获得了长足的进步。由早期的二指钢丝绳传动发展到了仿人手型、多指锥齿轮传动的阶段。本节将详细介绍在 AutoCAD 2022 绘图环境下，如何设计多指灵巧手的控制电路图，如图 11-5 所示。

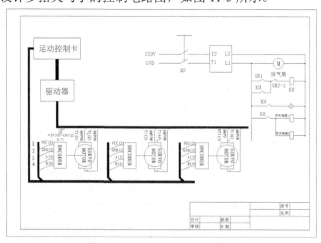

图 11-5 多指灵巧手控制电路图

本灵巧手共有 5 个手指，11 个自由度，由 11 个微小型直流伺服电动机驱动，采用半闭环控制。

11.2.1 半闭环框图的绘制

半闭环监控的是整个系统最终执行环节的驱动环节，对最终执行机构不作监控。半闭环精度较高，控制灵敏度适中，使用广泛。

操作步骤如下。

1．绘制半闭环框图

（1）进入 AutoCAD 2022 绘图环境，设置好绘图环境，新建文件"半闭环框图.dwg"，设置路径并保存。

（2）单击"默认"选项卡"绘图"面板中的"矩形"按钮 □ 、"圆"按钮 ⊙ 和"直线"按钮 ╱，并单击"默认"选项卡"修改"面板中的"修剪"按钮 ✂，按图 11-6 所示绘制并摆放各个功能部件。

（3）单击"默认"选项卡"注释"面板中的"多行文字"按钮 A，为各个功能块添加文字注释，如图 11-7 所示。

图 11-6　各个功能部件　　　　　　　　　图 11-7　为功能块添加文字注释

（4）单击"默认"选项卡"绘图"面板中的"多段线"按钮 ⟍⟍，绘制箭头，按信号流向绘制各元件之间的逻辑连接关系，形成半闭环框图，如图 11-8 所示。

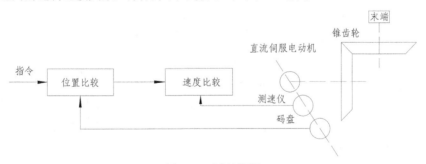

图 11-8　半闭环框图

2．绘制控制系统框图

（1）进入 AutoCAD 2022 绘图环境，新建文件"控制系统框图.dwg"，设置路径并保存。

（2）单击"默认"选项卡"绘图"面板中的"矩形"按钮 □ 和"修改"面板中的"复制"按钮 ⊶，绘制图 11-9 所示的各个功能部件。第一个矩形的长和宽分别为 50mm 和 30mm，表示工业控制计算机模块；第二个矩形的长和宽分别为 70mm 和 30mm，表示十二轴运动控制模块；其余矩形的长和宽均为 20mm，表示驱动器、直流伺服电动机和指端力传感器模块。

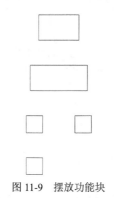

图 11-9　摆放功能块

（3）单击"默认"选项卡"注释"面板中的"多行文字"按钮 **A**，在各个功能块中添加文字注释，如图 11-10 所示。

3．绘制双向箭头

（1）单击"默认"选项卡"绘图"面板中的"多段线"按钮，绘制双向箭头，如图 11-11 所示。

（2）单击"默认"选项卡"修改"面板中的"复制"按钮，生成另外 3 条连接线，完成控制系统框图的绘制，如图 11-12 所示。

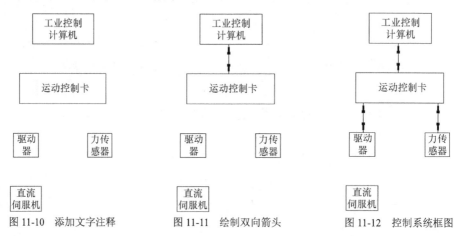

图 11-10　添加文字注释　　　　图 11-11　绘制双向箭头　　　　图 11-12　控制系统框图

11.2.2　低压电气设计

低压电气部分是整个控制系统的重要组成部分，为控制系统提供开关控制、散热、指示和供电等，是设计整个控制系统的基础。

操作步骤如下。

（1）建立新文件。进入 AutoCAD 2022 绘图环境，新建文件"灵巧手控制.dwg"，设置路径并保存。

（2）设置图层。单击"默认"选项卡"图层"面板中的"图层特性"按钮，弹出"图层特性管理器"选项板，新建"低压电气"图层，属性设置如图 11-13 所示。

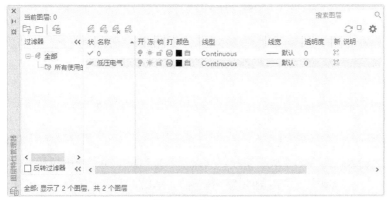

图 11-13　新建图层

（3）设计电源部分，为低压电气部分引入电源。单击"默认"选项卡"绘图"面板中的"多段线"按钮和"修改"面板中的"复制"按钮，绘制电源线，如图 11-14 所示。两条线分别表示火线和零线，低压电气部分为 220V 交流供电。

（4）单击"默认"选项卡"绘图"面板中的"矩形"按钮，绘制长为 50mm、宽为 60mm 的矩形，以其作为空气开关符号；单击"默认"选项卡"修改"面板中的"移动"按钮，将空气开关移动到如图 11-15 所示的位置。

图 11-14　绘制电源线　　　　　　　　　图 11-15　绘制空气开关符号

（5）单击"默认"选项卡"修改"面板中的"分解"按钮，分解多段线；单击"默认"选项卡"修改"面板中的"删除"按钮，删除竖线；单击"默认"选项卡"绘图"面板中的"直线"按钮，绘制手动开关符号，并将竖向直线的线型改为虚线，如图 11-16 所示。

（6）单击"默认"选项卡"注释"面板中的"多行文字"按钮，为控制开关的各个端子添加文字注释，如图 11-17 所示。

图 11-16　绘制手动开关符号　　　　图 11-17　添加文字注释

（7）绘制排风扇。单击"默认"选项卡"绘图"面板中的"直线"按钮，绘制连通火线和零线的导线；按住 Shift 键并单击鼠标右键，在弹出的快捷菜单中选择"中点"命令，捕捉连通导线的中点，以其为圆心，绘制半径为 12mm 的圆，并添加文字说明"排风扇"，如图 11-18 所示。

（8）绘制接触器支路，控制指示灯亮灭，如图 11-19 所示。当开机按扭 SB1 接通时，接触器 KM 得电，触点闭合，维持 KM 得电，达到自锁的目的；当关机按钮常闭触点 SB2-1 断开时，KM 失电。

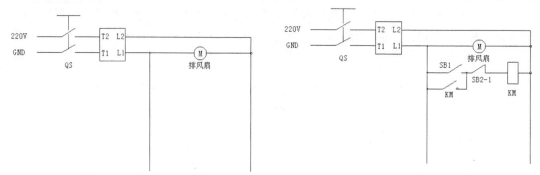

| 图 11-18 绘制排风扇符号 | 图 11-19 绘制接触器支路 |

（9）单击"插入"选项卡"块"面板"插入"下拉列表中的"库中的块"命令，打开"块"选项板。单击"库"选项中的"浏览块库"按钮，弹出"为块库选择文件夹或文件"对话框，以"指示灯.dwg"作为插入的图块，单击"打开"按钮，返回"块"选项板，然后将图块插入适当位置。单击"默认"选项卡"绘图"面板中的"多段线"按钮，绘制连通导线和触点 KM，如图 11-20 所示。当触点 KM 闭合时，开机灯亮。

（10）绘制主控系统供电支路。单击"默认"选项卡"修改"面板中的"复制"按钮，复制导线和电气元件，并修改复制后的图形，设计开关电源，使其为主控系统供电，如图 11-21 所示。当 KM 接通时，开关电源 1 和开关电源 2 得电。

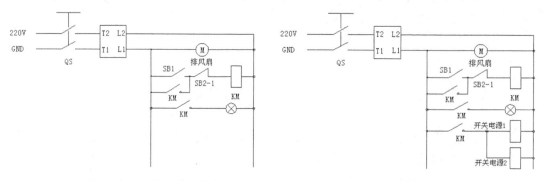

| 图 11-20 绘制开机指示灯符号 | 图 11-21 主控系统供电支路 |

11.2.3 主控系统设计

主控系统分为 3 个部分，每个部分的基本结构和原理相似，这里选择其中的一个部分作为讨论对象。每部分的控制对象为 3 个直流微型伺服电动机，运动控制卡采集码盘返回角度位置信号，给电动机驱动器发出控制脉冲，实现如图 11-8 所示的半闭环控制。

操作步骤如下。

（1）建立新图层。打开"灵巧手控制.dwg"文件，新建"主控电气"图层，图层属性设置如图 11-22 所示。

（2）连接运动控制卡和驱动器单元。在"主控电气"图层中放置运动控制卡和驱动器单元，单击"默认"选项卡"绘图"面板中的"多段线"按钮，将线宽设置为 5mm，绘制它们之间的连接关系，如图 11-23 所示。

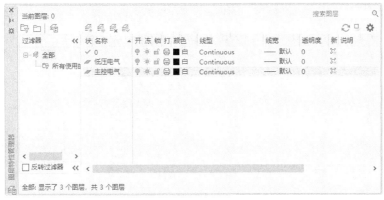

图 11-22　新建图层

（3）绘制直流伺服电动机符号。单击"默认"选项卡"绘图"面板中的"矩形"按钮 ▢，绘制一个长为 30mm、宽为 60mm 的矩形，如图 11-24 所示。

（4）复制矩形。单击"默认"选项卡"修改"面板中的"复制"按钮 ⊕，将第（3）步绘制的矩形向右复制，距离为 60mm，作为编码器符号，如图 11-25 所示。

（5）绘制圆。单击"默认"选项卡"绘图"面板中的"圆"按钮 ⊙，以复制矩形的上边中点为圆心绘制半径为 25mm 的圆，如图 11-26 所示。

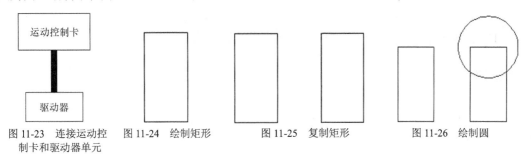

图 11-23　连接运动控制卡和驱动器单元　　图 11-24　绘制矩形　　图 11-25　复制矩形　　图 11-26　绘制圆

（6）移动圆。单击"默认"选项卡"修改"面板中的"移动"按钮 ✛，将第（5）步绘制的圆向下平移 30mm，如图 11-27 所示。

（7）修剪矩形。单击"默认"选项卡"修改"面板中的"修剪"按钮 ✂，把复制得到的矩形以平移后的圆为边界进行修剪，如图 11-28 所示。

（8）绘制引线。单击"默认"选项卡"绘图"面板中的"直线"按钮 ／，用虚线连接编码器和电动机中心；用实线绘制两条电动机正负端引线和 4 条编码器引线，如图 11-29 所示。

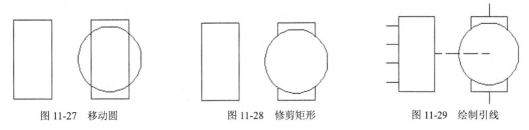

图 11-27　移动圆　　　　　　图 11-28　修剪矩形　　　　　　图 11-29　绘制引线

（9）添加注释。单击"默认"选项卡"注释"面板中的"多行文字"按钮 Ａ，为电动机和编码器添加文字注释，如图 11-30 所示。

（10）添加编号说明。单击"默认"选项卡"注释"面板中的"多行文字"按钮 A，为电动机的各个引线端子编号，并添加文字说明，如图 11-31 所示，完成直流伺服电动机符号的绘制。

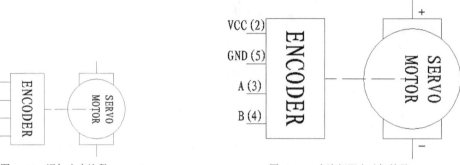

图 11-30　添加文字注释　　　　　　图 11-31　直流伺服电动机符号

（11）创建块。单击"插入"选项卡"块"面板"插入"下拉列表中的"库中的块"命令，打开"块"选项板，将绘制的直流伺服电动机创建为块，以便后面设计系统时调用。

（12）摆放元件。单击"插入"选项卡"块"面板"插入"下拉列表中的"库中的块"命令，打开"块"选项板，插入"直流伺服电动机"图块，按图 11-32 所示摆放 3 台直流伺服电动机。

（13）绘制排线。单击"默认"选项卡"绘图"面板中的"多段线"按钮 ，绘制排线，如图 11-33 所示。

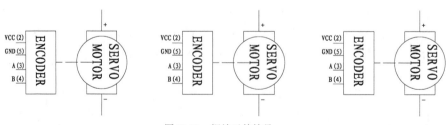

图 11-32　摆放元件符号

（14）连接驱动器和电动机符号。单击"默认"选项卡"绘图"面板中的"直线"按钮 ，用直线连接驱动器与伺服电动机的两端，绘制接地引脚并添加文字注释，如图 11-34 所示。

（15）连接运动控制卡与编码器符号。单击"默认"选项卡"绘图"面板中的"直线"按钮 ，用直线连接运动控制卡与编码器符号，并添加引脚文字标注，如图 11-35 所示。

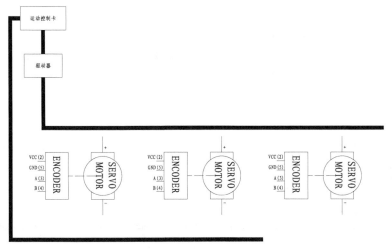

图 11-33 绘制排线

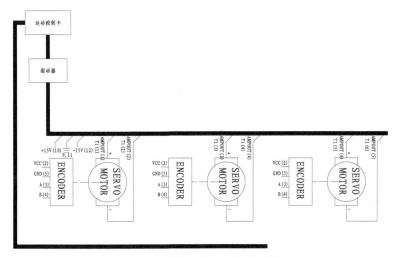

图 11-34 连接驱动器和电动机符号

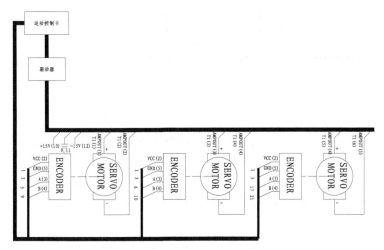

图 11-35 连接运动控制卡和编码器符号

（16）倒角处理。单击"默认"选项卡"修改"面板中的"倒角"按钮，在导线拐弯处进行 45°倒角处理，如图 11-36 所示。

（17）插入图框。选择网盘资源中的"源文件\样板图\A3 样板图.dwt"样板文件并插入，适当调整字体，结果如图 11-37 所示。

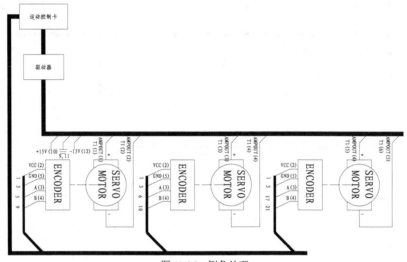

图 11-36　倒角处理

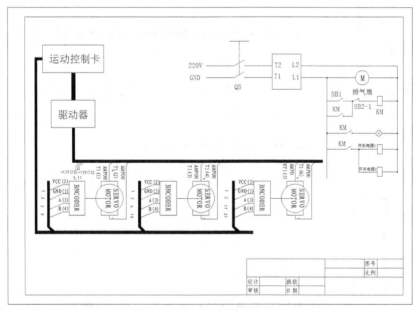

图 11-37　多指灵巧手控制电路图

11.3　绘制车床主轴传动控制电路

图 11-38 所示的 C650 车床主轴传动无触点正反转控制电路控制三相电源实现正反转，共

有 4 组反向并联晶闸管开关。由于笼型电动机启动电流很大，为了限制电流上升率，在电动机启动时串入电抗器 L，启动完毕后由接触器 KM 将其短接。

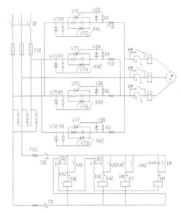

图 11-38　C650 车床主轴传动无触点正反转控制电路

C650 车床主轴传动无触点正反转控制电路的大体绘制思路：合上总电源开关 QF，按正转启动开关 SB2，继电器 KA1 线圈得电吸合并自保，其两对常开触点闭合，晶闸管 VT1～VT4 的门极电路被接通，VT1～VT4 导通，电动机 M 经电抗器 L 正转启动。同时继电器 KA1 的另一对常开触点闭合，使时间继电器 KT 得电吸合，经过适当延时，其常开延时闭合触点闭合，使接触器 KM 得电吸合并自保，其主触头闭合，将电抗器 L 短路，启动完毕。同时接触器 KM 的辅助常闭触点断开，使时间继电器 KT 失电释放。按停止开关 SB1，电动机停转。反转控制与正转控制相似。

绘制本图的大致思路：首先绘制各个元器件图形符号，然后按照线路的分布情况绘制结构图，将各个元器件插入到结构图中，最后添加文字注释完成本图的绘制。

【预习重点】

☑　了解车床主轴传动电路图的基本结构。

☑　掌握水位控制电路图的绘制技巧。

11.3.1　设置绘图环境

参数设置是绘制任何一幅电气图都要进行的预备工作，这里主要设置图层。

1．建立新文件

打开 AutoCAD 2022 应用程序，单击"快速访问"工具栏中的"新建"按钮 □，以"无样板打开-公制（M）"创建一个新的文件，将新文件命名为"C650 车床主轴传动无触点正反转控制电路.dwg"并保存。

2．设置图层

设置以下 3 个图层："连接线层""实体符号层"和"虚线层"，将"实体符号层"设置为当前图层。设置好的各图层的属性如图 11-39 所示。

11.3.2　绘制结构图

本节利用"直线"命令精确绘制线路，以方便后面电气元件的放置。

1．绘制竖直直线

单击"默认"选项卡"绘图"面板中的"直线"按钮 ／，在屏幕上选择合适的位置，以其为起点竖直向下绘制长度为 210mm 的直线 1，如图 11-40（a）所示。

2．偏移直线

单击"默认"选项卡"修改"面板中的"偏移"按钮 ⊆，将图 11-40（a）中的直线 1 依次向右偏移 10mm、10mm、12mm、3mm、86mm、5mm、46mm，得到 7 条竖向直线，结果如图 11-40（b）所示。

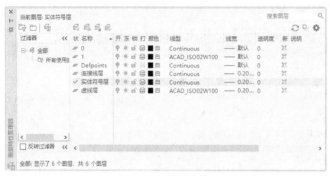

图 11-39 图层设置

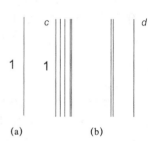

图 11-40 绘制竖向直线

3．绘制水平直线

单击"默认"选项卡"绘图"面板中的"直线"按钮 ╱，连接图 11-40（b）中的 c、d 两点，结果如图 11-41（a）所示。

4．偏移水平直线

单击"默认"选项卡"修改"面板中的"偏移"按钮 ⊆，将图 11-41（a）中的直线 cd 依次向下偏移 10mm、40mm、20mm、20mm、40mm、25mm、55mm，得到 7 条水平直线，结果如图 11-41（b）所示。

5．修剪图形

单击"默认"选项卡"修改"面板中的"修剪"按钮 ▼ 和"删除"按钮 ✐，对图形进行修剪，绘制完成的结构图如图 11-42 所示。

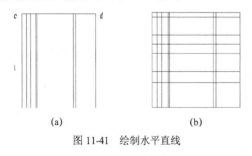

图 11-41 绘制水平直线

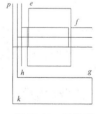

图 11-42 结构图

11.3.3 将元器件符号插入结构图

将绘制好的各图形符号插入线路结构图，注意各图形符号的大小可能存在不协调的情况，用户可以根据实际需要利用"缩放"功能来及时调整。插入过程当中，结合使用"对象追踪""对象捕捉"等功能。

1. 组合图形 1

（1）复制图形。单击"快速访问"工具栏中的"打开"按钮 ▷ ，将"源文件\第 11 章\电气元件"中的二极管图形符号、电阻器图形符号、电容器图形符号、晶闸管图形符号、熔断器图形符号、继电器常开触点图形符号复制到当前绘图环境中，结果如图 11-43 所示。

（2）平移元器件符号。单击"默认"选项卡"修改"面板中的"移动"按钮 ✛，在"对象捕捉"绘图方式下，将各个元器件符号摆放到适当的位置，结果如图 11-44 所示。

图 11-43　元器件图形符号 1　　　　　　　　　　　　　图 11-44　摆放元器件符号

（3）连接元器件符号。单击"默认"选项卡"绘图"面板中的"直线"按钮 ╱，将图 11-44 中的元器件符号连接起来，结果如图 11-45 所示。

2. 组合图形 2

（1）复制图形。单击"快速访问"工具栏中的"打开"按钮 ▷ ，将"源文件\第 11 章\电气元件"中的接触器图形符号、电抗器图形符号、交流电动机图形符号等复制到当前绘图环境中，结果如图 11-46 所示。

图 11-45　连线图 1　　　　　　　　　　　　图 11-46　元器件图形符号 2

（2）平移元器件符号。单击"默认"选项卡"修改"面板中的"移动"按钮 ✛，在"对象捕捉"绘图方式下，将各个元器件符号摆放到适当的位置，结果如图 11-47 所示。

（3）连接元器件符号。单击"默认"选项卡"绘图"面板中的"直线"按钮 ╱，将图 11-47 中的元器件符号连接起来，结果如图 11-48 所示。

3. 组合图形 3

（1）复制图形。单击"快速访问"工具栏中的"打开"按钮 ▷，将"源文件\第 11 章\电气元件"中的总电源开关图形符号、熔断器图形符号复制到当前绘图环境中，结果如图 11-49 所示。

（2）连接元器件符号。单击"默认"选项卡"修改"面板中的"移动"按钮 ✛，在"对象捕捉"绘图方式下，将各个元器件符号摆放到适当的位置。单击"默认"选项卡"绘图"面板中的"直线"按钮 ╱，将图 11-49 中的元器件符号连接起来，结果如图 11-50 所示。

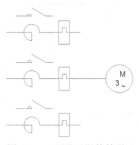
图 11-47 平移元器件符号 1

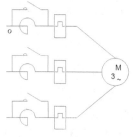
图 11-48 连线图 2

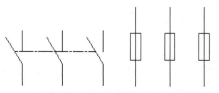
图 11-49 元器件图形符号 3

4．组合图形 4

（1）复制图形。单击"快速访问"工具栏中的"打开"按钮 ，将"源文件\第 11 章\电气元件"中的电容器图形符号、电阻器图形符号复制到当前绘图环境中，结果如图 11-51 所示。

（2）平移元器件符号。单击"默认"选项卡"修改"面板中的"移动"按钮 ，在"对象捕捉"绘图方式下，将各个元器件符号摆放到适当的位置，结果如图 11-52 所示。

（3）连接元器件符号。单击"默认"选项卡"绘图"面板中的"直线"按钮 ，将图 11-52 中的元器件符号连接起来，结果如图 11-53 所示。

图 11-50 连接图 3

图 11-51 元器件图形符号 4

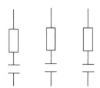
图 11-52 平移元器件符号 2

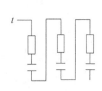
图 11-53 连接图 4

5．组合图形 5

（1）复制图形。单击"快速访问"工具栏中的"打开"按钮 ，将"源文件\第 11 章\电气元件"中的接触器常开触点图形符号、接触器常闭触点、启动按钮图形符号等复制到当前绘图环境中，如图 11-54 所示。

（2）平移元器件符号。单击"默认"选项卡"修改"面板中的"移动"按钮 ，在"对象捕捉"绘图方式下，将各个元器件符号摆放到适当的位置，如图 11-55 所示。

（3）连接元器件符号。单击"默认"选项卡"绘图"面板中的"直线"按钮 ，将图 11-55 中的元器件符号连接起来，结果如图 11-56 所示。

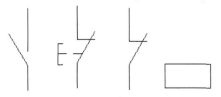
图 11-54 元器件图形符号 5

图 11-55 平移元器件符号 3

图 11-56 连接图 5

6．将组合图形插入结构图

（1）将组合图形 1 插入结构图。单击"默认"选项卡"修改"面板中的"移动"按钮 ，在"对象捕捉"绘图方式下，用鼠标捕捉组合图形 1 中的 q 点（如图 11-45 所示），以 q 点为平移基点，移动鼠标，捕捉图 11-57 结构图中的 e 点，以 e 点为平移目标点，将组合图形 1 平移到结构图中，结果如图 11-57 所示。

单击"默认"选项卡"修改"面板中的"复制"按钮 ，将上步插入的组合图形 1 依次向下复制到 40mm、40mm 和 40mm 处，单击"默认"选项卡"修改"面板中的"修剪"按钮 ，修剪掉多余的直线，结果如图 11-58 所示。

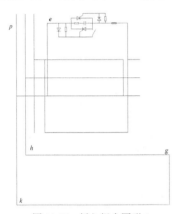
图 11-57　插入组合图形 1

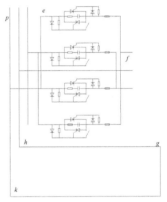
图 11-58　复制组合图形 1

（2）将组合图形 2 插入结构图。单击"默认"选项卡"修改"面板中的"移动"按钮 ，在"对象捕捉"绘图方式下，用鼠标捕捉图 11-48 中组合图形 2 中的 O 点，以 O 点为平移基点，移动鼠标，捕捉图 11-58 结构图中的 f 点，以 f 点为平移目标点，将组合图形 2 平移到结构图中来，单击"默认"选项卡"修改"面板中的"修剪"按钮 ，修剪掉多余的直线，结果如图 11-59 所示。

（3）将组合图形 3 插入结构图。单击"默认"选项卡"修改"面板中的"移动"按钮 ，在"对象捕捉"绘图方式下，用鼠标捕捉图 11-50 组合图形 3 中的 n 点，以 n 点为平移基点，移动鼠标，捕捉图 11-59 结构图中的 p 点，以 p 点为平移目标点，将组合图形 3 平移到结构图中来，结果如图 11-60 所示。

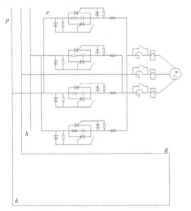
图 11-59　插入组合图形 2

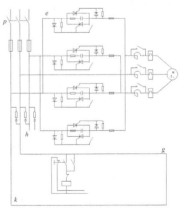
图 11-60　插入组合图形 3

（4）将组合图形 4 插入结构图。单击"默认"选项卡"修改"面板中的"移动"按钮 ，在"对象捕捉"绘图方式下，用鼠标捕捉图 11-53 组合图形 4 中的 t 点，以 t 点为平移基点，移动鼠标，捕捉图 11-60 结构图中的 k 点，以 k 点为平移目标点，将组合图形 4 平移到结构图中来。单击"默认"选项卡"修改"面板中的"移动"按钮✥，将刚插入的组合图形 4 向上平移 110mm，结果如图 11-61 所示。

（5）将组合图形 5 插入结构图。单击"默认"选项卡"修改"面板中的"移动"按钮✥，在"对象捕捉"绘图方式下，用鼠标捕捉图 11-56 组合图形 5 中的 s 点，以 s 点为平移基点，移动鼠标，捕捉图 11-61 中的 h 点，以 h 点为平移目标点，将组合图形 5 平移到结构图中来。单击"默认"选项卡"修改"面板中的"移动"按钮✥，将刚插入的组合图形 5 向右平移 51mm，结果如图 11-62 所示。

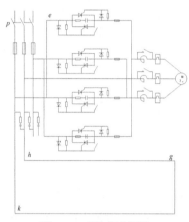

图 11-61　插入组合图形 4

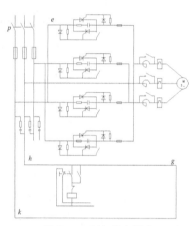

图 11-62　插入组合图形 5

再单击"默认"选项卡"修改"面板中的"复制"按钮❀，将上一步插入的组合图形 5 在其右 40mm 处进行复制，单击"默认"选项卡"修改"面板中的"修剪"按钮✂，修剪掉多余的直线，结果如图 11-63 所示。

7. 将其他图形符号插入结构图

采用相同的方法，单击"默认"选项卡"修改"面板中的"移动"按钮✥，将其他图形符号插入结构图，结果如图 11-64 所示。

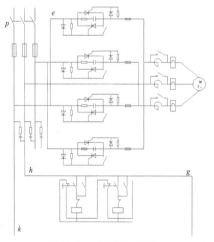

图 11-63　复制组合图形 5

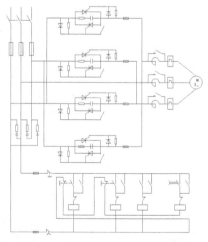

图 11-64　将其他图形符号插入结构图

11.3.4 添加注释

本实例主要对元件的名称一一注释，以方便读者快速读懂图纸。

1．创建文字样式

单击"默认"选项卡"注释"面板中的"文字样式"按钮A，打开"文字样式"对话框，创建一个样式名为"车床主轴传动控制电路图"的文字样式。设置"字体名"为"txt"，"字体样式"为"常规"，"高度"为4，"宽度因子"为0.7。

2．添加注释文字

单击"默认"选项卡"注释"面板中的"文字样式"按钮A，输入几行文字，然后调整其位置，以对齐文字。调整位置时，结合使用"正交"命令。

3．使用文字编辑命令修改文字来得到需要的文字

添加注释文字，完成整张图的绘制，如图 11-38 所示。

11.4 上机实验

【练习 1】绘制图 11-65 所示的恒温烘房电气控制图。

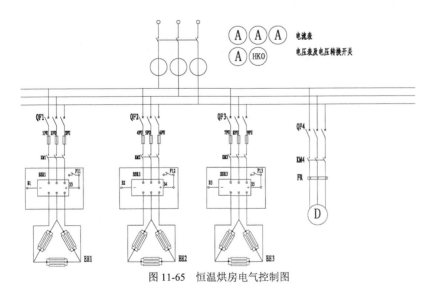

图 11-65 恒温烘房电气控制图

【练习 2】绘制图 11-66 所示的数控机床控制系统图。

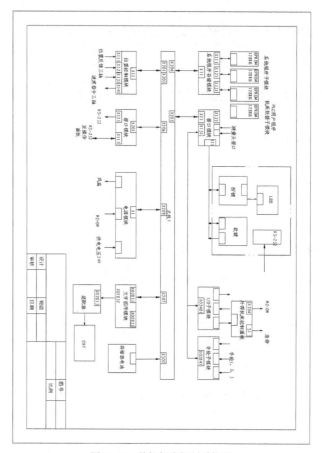

图 11-66　数控机床控制系统图

第12章

通信电气设计

通信工程图是一类较特殊的电气图。它和传统的电气图不同，是新发展起来的一类电气图，主要应用于通信领域。本章将介绍通信系统的相关基础知识，并通过通信工程的实例来帮助读者学习绘制通信工程图的一般方法。

12.1 通信工程图简介

【预习重点】

☑ 了解通信的含义及通信系统工作流程。

通信就是信息的传递与交流。通信系统是传递信息所需的一切技术设备和传输媒介，通信过程如图 12-1 所示。通信工程主要分为移动通信和固定通信，但无论是移动通信还是固定通信，其通信原理都是相同的。通信的核心是交换机，在通信过程中，数据通过传输设备传输到交换机上，在交换机上进行交换，选择目的地，这就是通信的基本过程。

图 12-1　通信过程

通信系统工作流程如图 12-2 所示。

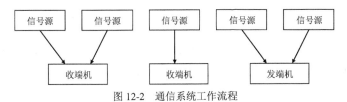

图 12-2　通信系统工作流程

12.2 无线寻呼系统图

在本节中要学习绘制的无线寻呼系统图如图 12-3 所示。先根据需要绘制一些基本图例，然后绘制机房区域示意模块，再绘制设备图形，然后绘制连接线路，最后添加文字和注释，完成图形的绘制。

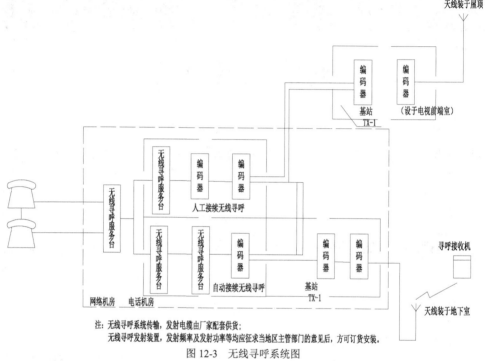

图 12-3　无线寻呼系统图

【预习重点】

☑ 掌握无线寻呼系统图的绘制方法。

12.2.1　设置绘图环境

电路图绘图环境需要进行基本的设置操作，包括文件的创建、保存及图层的管理。

1. 新建文件

启动 AutoCAD 2022 应用程序，单击"快速访问"工具栏中的"新建"按钮，以"无样板打开-公制（M）"创建一个新的文件，将新文件命名为"无线寻呼系统图.dwg"并保存。

2. 设置图层

单击"默认"选项卡"图层"面板中的"图层特性"按钮，在弹出的"图层特性管理器"选项板中新建图层，各图层的颜色、线型、线宽等设置如图 12-4 所示。将"虚线"图层设置为当前图层。

图 12-4　设置图层

12.2.2　绘制电气元件符号

下面简要讲述无线寻呼系统图中用到的一些电气元件符号的绘制方法。

1. 绘制机房区域模块

（1）绘制矩形。单击"默认"选项卡"绘图"面板中的"矩形"按钮 □，绘制一个长为70mm、宽为40mm 的矩形，并将线型比例设置为 0.3，如图 12-5 所示。

（2）分解矩形。单击"默认"选项卡"修改"面板中的"分解"按钮 □，分解矩形。

（3）分隔区域。单击"默认"选项卡"绘图"面板中的"定数等分"按钮 ，将底边划分为 5 等份，用辅助线分隔，如图 12-6 所示。

图 12-5　绘制矩形　　　　　　　　图 12-6　分隔区域

（4）绘制内部区域。单击"默认"选项卡"绘图"面板中的"矩形"按钮 □，绘制 3 个矩形，删除辅助线，如图 12-7 所示。

（5）绘制前端室。单击"默认"选项卡"绘图"面板中的"矩形"按钮 □，在大矩形的右上角绘制一个长为 20mm、宽为 15mm 的小矩形，作为前端室的模块区域，如图 12-8 所示。

2. 绘制设备模块

（1）修改线宽。将"图形符号"图层设置为当前图层，设置"线型"为 ByLayer，"线宽"为 0.3mm。

（2）绘制设备标志框。单击"默认"选项卡"绘图"面板中的"矩形"按钮 □，分别绘制长为 4mm、宽为 15mm 和长为 4mm、宽为 10mm 的矩形，作为设备的标志框，如图 12-9 所示。

（3）添加文字。单击"默认"选项卡"注释"面板中的"多行文字"按钮 A，以刚绘制的标志框为区域，在其中输入文字，如图 12-10 所示。

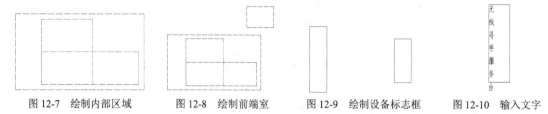

图 12-7　绘制内部区域　　　图 12-8　绘制前端室　　　图 12-9　绘制设备标志框　　　图 12-10　输入文字

（4）可以看到，文字的间距较大，而且没有在正中位置。可以选择文字并单击鼠标右键，在弹出的快捷菜单中选择"特性"命令，❶弹出"特性"选项板，如图 12-11 所示，❷设置"行间距为 1.8，❸设置"文字"下拉列表"对正"为"正中"，修改后的效果如图 12-12 所示。

（5）单击"默认"选项卡"修改"面板中的"复制"按钮，复制绘制的图形并将复制的图形移动到相应的机房区域内，结果如图 12-13 所示。

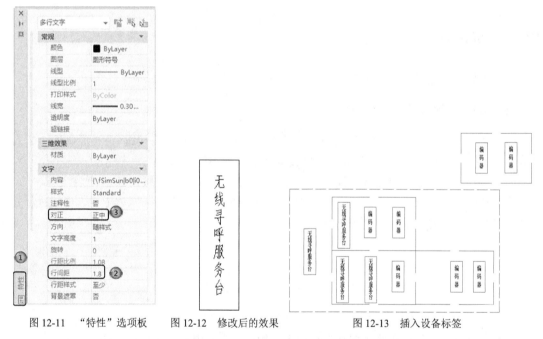

图 12-11　"特性"选项板　　　图 12-12　修改后的效果　　　图 12-13　插入设备标签

（6）插入图块。将"电话"图块插入图形左侧的适当位置，按照同样的方法将"天线"和"寻呼接收机"图块插入图形右侧的适当位置，如图 12-14 所示。

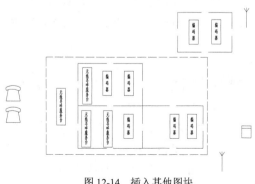

图 12-14　插入其他图块

12.2.3　绘制连接线

将图层转换为"连接线"图层，单击"默认"选项卡"绘图"面板中的"直线"按钮 ╱，绘制设备之间的线路，"电话"模块之间的线路用虚线进行连接，如图 12-15 所示。

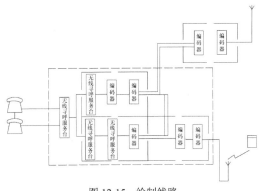

图 12-15　绘制线路

1．创建文字样式

将"注释文字"图层设置为当前图层，单击"默认"选项卡"注释"面板中的"文字样式"按钮 ╱，弹出"文字样式"对话框，创建一个名为"标注"的文字样式。设置"字体名"为"仿宋 GB_2s12"，"字体样式"为"常规"，"宽度因子"为 0.7。

2．添加注释文字

单击"默认"选项卡"注释"面板中的"多行文字"按钮 A，在图形中添加注释文字，完成无线寻呼系统的绘制。

12.3　绘制通信光缆施工图

本节介绍通信光缆施工图的绘制，如图 12-16 所示。首先还是要设计图纸布局，确定各主要部件在图中的位置，然后绘制各种示意图，最后把绘制好的示意图插入布局图的相应位置。

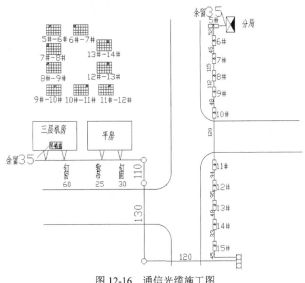

图 12-16　通信光缆施工图

【预习重点】

☑ 掌握通信光缆施工图的绘制方法。

12.3.1 设置绘图环境

通信光缆电路图主要指在公路下铺设的电路示意图，在绘制过程中，需要区别显示出公路线与光缆线。下面首先设置绘图环境。

1．建立新文件

打开 AutoCAD 2022 应用程序，单击"快速访问"工具栏中的"新建"按钮□，以"无样板打开–公制（M）"创建一个新的文件，将新文件命名为"通信光缆施工图.dwg"并保存。

2．设置图层

单击"默认"选项卡"图层"面板中的"图层特性"按钮4、弹出"图层特性管理器"选项板，设置"部件层"和"公路线层"两个图层，并将"部件层"设置为当前图层，设置好的各图层属性如图 12-17 所示。

12.3.2 绘制部件符号

公路下铺设的部件包括井盖符号、光配架、用户机房等，这里单独绘制，方便后期在对应的位置放置。

1．绘制分局示意图

（1）单击"默认"选项卡"绘图"面板中的"矩形"按钮 □，绘制一个长为 20mm、宽为 60mm 的矩形，结果如图 12-18 所示。

（2）单击"默认"选项卡"绘图"面板中的"直线"按钮 ∕，在矩形中绘制两条对角线，结果如图 12-19 所示。

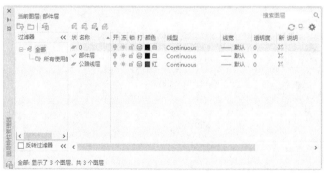

图 12-17　图层设置　　　　图 12-18　绘制矩形　　图 12-19　绘制直线

（3）单击"默认"选项卡"绘图"面板中的"图案填充"按钮▨，选择 SOLID 填充图案，填充两直线相交的部分，结果如图 12-20 所示。

2．绘制井盖示意图

（1）单击"默认"选项卡"绘图"面板中的"矩形"按钮 □，绘制一个长为 30mm、宽为 10mm 的矩形。

（2）单击"默认"选项卡"注释"面板中的"多行文字"按钮 **A**，在矩形内添加文字"小"，将字体的高度设置为 6，结果如图 12-21 所示。

（3）单击"默认"选项卡"修改"面板中的"旋转"按钮 ↻，将图形逆时针旋转 90°，结果如图 12-22 所示，完成井盖示意图的绘制。

3．绘制光配架示意图

（1）单击"默认"选项卡"绘图"面板中的"圆"按钮 ⊙，绘制两个圆，圆的直径均为 10mm，两个圆心之间的距离为 12mm。

（2）单击"默认"选项卡"绘图"面板中的"直线"按钮 ╱，绘制两个圆的切线，结果如图 12-23 所示，完成光配架示意图的绘制。

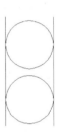

图 12-20　填充图案　　图 12-21　绘制矩形并输入文字　　图 12-22　旋转图形　图 12-23　绘制光配架示意图

4．绘制用户机房示意图

（1）单击"默认"选项卡"绘图"面板中的"矩形"按钮 □，先绘制两个矩形，大矩形的长为 100mm、宽为 60mm，小矩形的长为 40mm、宽为 20mm。

（2）单击"默认"选项卡"注释"面板中的"多行文字"按钮 **A**，在矩形内添加文字"三层机房"和"终端盒"，将它们的"字体高度"分别设置为 10 和 8，结果如图 12-24 所示，完成用户机房示意图的绘制。

5．绘制井内电缆占用位置图

（1）单击"默认"选项卡"绘图"面板中的"矩形"按钮 □，绘制一个长为 10mm、宽为 10mm 的矩形。

（2）单击"默认"选项卡"修改"面板中的"矩形阵列"按钮 ▦，将刚绘制的矩形进行阵列，将行数设置为 4，列数设置为 6，行间距和列间距均设置为 10。

（3）单击"默认"选项卡"绘图"面板中的"圆"按钮 ⊙，绘制 3 个圆，圆的直径均为 5mm，3 个圆的位置如图 12-25 所示。

12.3.3　绘制主图

先将图层更换至"公路线层"，绘制公路线，确定各部件的大概位置，公路线的绘制结果如图 12-26 所示。绘制完公路线后，将已经绘制好的部件添加到公路线中适当的位置，完成图形的绘制。

图 12-24　用户机房示意图

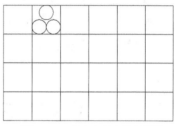

图 12-25　井内电缆占用位置图

图 12-26　公路线

12.4　上机实验

【练习 1】绘制图 12-27 所示的天线馈线系统图。

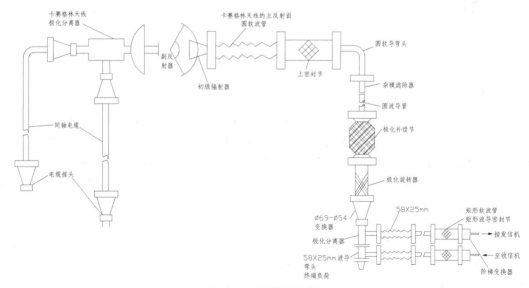

图 12-27　天线馈线系统图

【练习 2】绘制图 12-28 所示的数字交换机系统图。

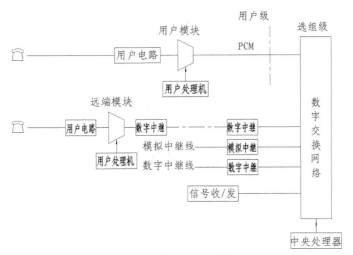

图 12-28 数字交换机系统图

第13章

建筑电气设计

电气设施是建筑中必不可少的一部分，无论是现代工业生产还是日常生活，都与电器设备息息相关。因此，建筑电气工程图就变得极为重要。本章主要以办公楼为例讲述建筑电气平面图、配电平面图、低压配电干线系统图和照明系统图的绘制。

13.1 建筑电气工程图简介

建筑系统电气图是电气工程的重要图纸，是建筑工程的重要组成部分，它提供了建筑内电气设备的安装位置、安装接线、安装方法及设备的有关参数。因为建筑物的功能不同，所以电气图也分为多种，主要包括建筑电气安装平面图、电梯控制系统电气图、照明系统电气图、中央空调控制系统电气图、消防安全系统电气图、防盗保安系统电气图及建筑物的通信、电视系统，防雷接地系统的电气平面图等。

【预习重点】

☑ 了解建筑电气工程图的分类。

建筑电气工程图是应用非常广泛的电气图之一。建筑电气工程图可以表明建筑电气工程的构成规模和功能，详细描述电气装置的工作原理，提供安装技术数据和使用维护方法。由于建筑物的规模和要求不同，建筑电气工程图的种类和图纸数量也不同，常用的建筑电气工程图主要有以下几类。

1. 说明性文件

（1）图纸目录：内容有序号、图纸名称、图纸编号、图纸张数等。

（2）设计说明（施工说明）：主要阐述电气工程设计依据、工程的要求和施工原则、建筑特点、电气安装标准、安装方法、工程等级、工艺要求及有关设计的补充说明等。

（3）图例：即图形符号和文字代号，通常只列出本套图纸中涉及的一些图形符号和文字代号所代表的意义。

（4）设备材料明细表（零件表）：列出该项电气工程所需要的设备和材料的名称、型号、规格和数量，供设计概算、施工预算及设备订货时参考。

2．系统图

系统图是表现电气工程的供电方式、电力输送、分配、控制和设备运行情况的图纸。从系统图中可以粗略地看出工程的概貌。系统图可以反映不同级别的电气信息，如变配电系统图、动力系统图、照明系统图、弱电系统图等。

3．平面图

平面图是表示电气设备、装置与线路平面布置的图纸，是进行电气安装的主要依据。平面图是以建筑平面图为依据，展现电气设备、装置及线路的安装位置、敷设方式等内容的一种图。常用的电气平面图有变配电所平面图、室外供电线路平面图、动力平面图、照明平面图、防雷平面图、接地平面图、弱电平面图等。

4．布置图

布置图是表现各种电气设备和器件的平面与空间的位置、安装方式及其相互关系的图纸。通常由平面图、立面图、剖面图及各种构件详图等组成。一般来说，设备布置图是按三视图原理绘制的。

5．接线图

安装接线图在现场常被称作安装配线图，主要是指用来表示电气设备、电器元件和线路的安装位置、配线方式、接线方法、配线场所特征的图纸。

6．电路图

电路图在现场常被称作电气原理图，主要用来表现某一电气设备或系统的工作原理，是按照各个部分的动作原理图采用分开表示法展开绘制的。通过对电路图的分析，可以清楚地看出整个系统的动作顺序。电路图可以用来指导电气设备和器件的安装、接线、调试、使用与维修。

7．详图

详图是表现电气工程中设备的某一部分的具体安装要求和做法的图纸。

13.2　绘制乒乓球馆照明平面图

本节绘制乒乓球馆照明平面图，如图 13-1 所示。此图的绘制思路为：先绘制轴线和墙线，然后绘制门洞和窗洞，即可完成电气图所需建筑图的绘制，再在建筑图的基础上绘制电路图，其中包括灯具、开关、插座等电器元件，每类元件分别安装在不同的场合。

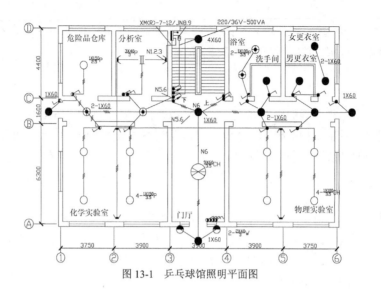

图 13-1　乒乓球馆照明平面图

【预习重点】

☑　了解乒乓球馆照明平面图的绘制思路。

☑　掌握乒乓球馆照明平面图的绘制方法。

【操作步骤】

13.2.1　设置绘图环境

参数设置是绘制任何一幅电气图都要进行的预备工作，这里主要设置图层。

1. 新建文件

启动 AutoCAD 2022 应用程序，单击"快速访问"工具栏中的"新建"按钮 ，以"无样板打开-公制（M）"创建一个新的文件，将新文件命名为"乒乓球馆照明平面图.dwg"并保存。

2. 设置图层

新建图层的名称默认为"图层 1"，将其修改为"轴线层"。单击"轴线层"的色块，❶弹出"选择颜色"对话框，如图 13-2 所示，❷将轴线图层的默认颜色设置为红色。在"图层特性管理器"选项板的"线型"栏中单击鼠标，弹出"选择线型"对话框，如图 13-3 所示。

3. 加载线型

单击"加载"按钮，❶弹出"加载或重载线型"对话框，如图 13-4 所示。

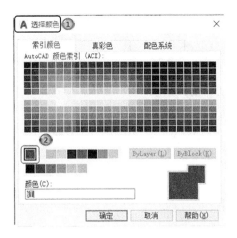

图 13-2　"选择颜色"对话框

图 13-3　"选择线型"对话框

图 13-4　"加载或重载线型"对话框

4．选择线型

在"可用线型"列表框中②选择 CENTER 线型，如图 13-4 所示。单击"确定"按钮，返回"选择线型"对话框。选择刚刚加载的线型，单击"确定"按钮，完成线型设置。

5．设置其他图层

按照相同的方法设置其他图层，如图 13-5 所示，各图层的属性如下所示。

轴线层：设置"颜色"为红色，设置"线型"为CENTER，其他保持默认设置。

元件符号层：设置"颜色"为白色，设置"线型"为Continuous，其他保持默认设置。

文字说明层：设置"颜色"为绿色，设置"线型"为Continuous，其他保持默认设置。

连线层：设置"颜色"为白色，设置"线型"为Continuous，其他保持默认设置。

墙体层：设置"颜色"为白色，设置"线型"为Continuous，其他设置 0.3mm。

尺寸标注层：设置"颜色"为绿色，设置"线型"为Continuous，其他保持默认设置。

标号层：设置"颜色"为绿色，设置"线型"为Continuous，其他保持默认设置。

将"轴线层"设为当前图层，关闭"图层特性管理器"选项板。

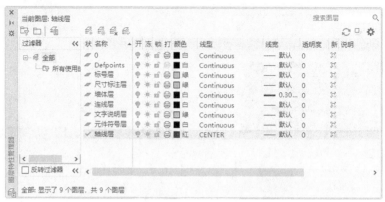

图 13-5　设置其他图层

13.2.2　绘制墙体和楼梯

墙体和楼梯都是建筑的重要组成部分，本节中利用二维绘图和修改命令绘制墙体和楼梯。

1．绘制轴线

单击"默认"选项卡"绘图"面板中的"直线"按钮 ╱，在图中绘制一条长度为 192mm 的水平直线，再绘制一条长度为 123mm 的竖向直线，如图 13-6 所示。

2．偏移轴线

单击"默认"选项卡"修改"面板中的"偏移"按钮 ⊂，将竖向直线依次向右偏移，平移距离分别为 37.5mm、39mm、39mm、39mm、37.5mm，得到 5 条竖向直线，再将水平直线依次向上平移 63mm、16mm、44mm，得到 3 条水平直线结果如图 13-7 所示。

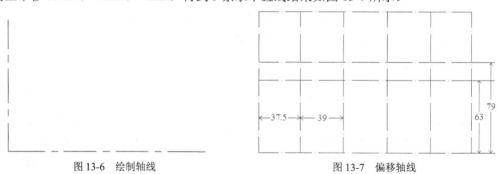

图 13-6　绘制轴线　　　　　　　　　　图 13-7　偏移轴线

3．将"墙体层"设置为当前图层

选择菜单栏中的"格式"→"多线样式"命令，❶打开"多线样式"对话框，如图 13-8 所示。

4．新建多线样式

❷单击"新建"按钮，❸弹出"创建新的多线样式"对话框，如图 13-9 所示。❹在"新

样式名"文本框中输入"240"，⑤ 单击"继续"按钮，⑥ 弹出"新建多线样式"对话框，如图 13-10 所示，在该对话框中设置多线样式的参数。

图 13-8　"多线样式"对话框

继续新建 wall_1 和 wall_2 多线样式，参数设置如图 13-11 所示。

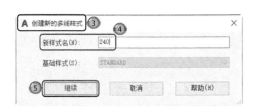

图 13-9　"创建新的多线样式"对话框　　　　　图 13-10　"新建多线样式"对话框

(a)　"wall_1"多线样式参数设置　　　　　(b)　"wall_2"多线样式参数设置

图 13-11　新建多线样式

5. 绘制墙线

选择菜单栏中的"绘图"→"多线"命令，或在命令行中输入 mline 命令，命令行提示与操作如下。

```
命令: _mline
当前设置: 对正 = 上，比例 = 20.00，样式 = STANDARD
指定起点或 [对正(J)/比例(S)/样式(ST)]: ST（设置多线样式）
输入多线样式名或 [?]: 240（多线样式为240）
当前设置: 对正 = 上，比例 = 20.00，样式 = 240
指定起点或 [对正(J)/比例(S)/样式(ST)]: J
输入对正类型 [上(T)/无(Z)/下(B)] <上>: Z（设置对正模式为无）
当前设置: 对正 = 无，比例 = 20.00，样式 = 240
指定起点或 [对正(J)/比例(S)/样式(ST)]: S
输入多线比例 <20.00>: 0.0125（设置线型比例为0.0125）
当前设置: 对正 = 无，比例 = 0.0125，样式 = 240
指定起点或 [对正(J)/比例(S)/样式(ST)]:（选择底端水平轴线的左端点）
指定下一点:（选择底端水平轴线的右端点）
指定下一点或 [放弃(U)]:↙
```

按照相同的方法绘制其他外墙墙线，如图 13-12 所示。

6. 编辑墙线

单击"默认"选项卡"修改"面板中的"分解"按钮，将绘制的多线分解。单击"默认"选项卡"绘图"面板中的"直线"按钮，以距离上边框左端点 7.75mm 处为起点绘制竖直线段，长度为 3mm；以距离左边框上端点 11mm 处为起点绘制水平线段，长度为 3mm，如图 13-13 所示。

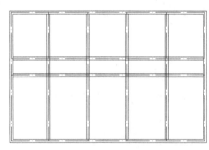

图 13-12　绘制墙线

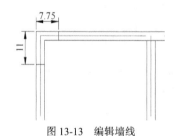

图 13-13　编辑墙线

7. 偏移墙线

单击"默认"选项卡"修改"面板中的"偏移"按钮，对图形进行如下操作。

将绘制的竖直线段向右偏移，并将偏移后的线段再向右偏移，偏移距离分别为 25mm、13.25mm、25mm、14mm、25mm、14mm、25mm、14mm 和 25mm，得到 9 条竖直线段；将绘制的水平线向下偏移，并将偏移后的线段再向下进行偏移，偏移距离分别为 25mm、12mm、10mm、21mm 和 25mm，得到 5 条水平线段。

8．绘制偏移墙线

在多线 2 中间距离左边框 12.75mm 处绘制竖直线段，将绘制的竖直线段向右偏移，并将偏移后的线段再向右进行偏移，偏移距离分别为 15mm、22.5mm、15mm、56mm、10mm、5mm、10mm、19mm、10mm、5mm 和 10mm，得到 11 条竖直线段。

在多线 1 中间距离左边框 6mm 处绘制竖直线段，将绘制的竖直线段向右偏移，并将偏移后的线段再向右进行偏移，偏移距离分别为 20mm、27.5mm、20mm、48mm、20mm、27.5mm 和 20mm，得到 7 条竖直线段，结果如图 13-14 所示。

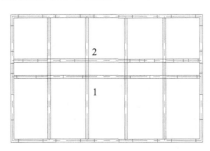

图 13-14　偏移墙线

9．修剪墙线

单击"默认"选项卡"修改"面板中的"修剪"按钮，对墙线进行修剪，如图 13-15 所示。

图 13-15　修剪墙线

10．绘制多段线 wall_1

选择菜单栏中的"绘图"→"多线"命令，命令行提示与操作如下。

输入多线样式名或[?]: wall_1（多线样式为wall_1）

在墙线之间绘制多线，如图 13-16 所示。

11．绘制多段线 wall_2

选择菜单栏中的"绘图"→"多线"命令，命令行提示与操作如下。

输入多线样式名或 [?]: wall_2（多线样式为wall_2）

以墙线的中点为起点，绘制高为 20mm 的多线，如图 13-17 所示。

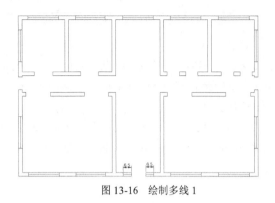

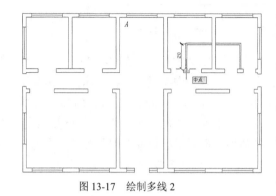

图 13-16 绘制多线 1   图 13-17 绘制多线 2

12. 绘制楼梯

（1）绘制矩形。单击"默认"选项卡"绘图"面板中的"矩形"按钮 □，以图 13-17 中的 *A* 点为起始点，绘制一个长为 4mm、宽为 30mm 的矩形。单击"默认"选项卡"修改"面板中的"移动"按钮 ✛，将矩形向右移动 16mm，然后向下移动 10mm，结果如图 13-18 所示。

（2）偏移矩形。单击"默认"选项卡"修改"面板中的"偏移"按钮 ⊂，将矩形向内侧偏移复制一份，偏移距离为 1mm，结果如图 13-19 所示。

（3）绘制直线。单击"默认"选项卡"绘图"面板中的"直线"按钮 ✏，以矩形右侧边的中点为起点，水平向右绘制长度为 16mm 的直线，如图 13-20 所示；单击"默认"选项卡"修改"面板中的"移动"按钮 ✛，将直线向上移动 14mm，如图 13-21 所示。

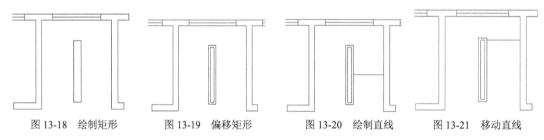

图 13-18 绘制矩形   图 13-19 偏移矩形   图 13-20 绘制直线   图 13-21 移动直线

（4）阵列直线。单击"默认"选项卡"修改"面板中的"矩形阵列"按钮 ▦，将上步绘制的直线进行阵列，将行数设置为 15，列数设置为 2，行间距设置为-2，列间距设置为-20，结果如图 13-22 所示。

13.2.3 绘制元件符号

电路中实际发挥作用的是电气元件，不同的元件实现不同的功能，将这些电气元件组合起来就能发挥出它的作用。

1. 绘制照明配电箱符号

（1）绘制矩形。将"原件符号层"图层设置为当前图层，单击"默认"选项卡"绘图"面板中的"矩形"按钮 □，绘制一个长为 2mm、宽为 6mm 的矩形，如图 13-23 所示。

（2）绘制直线。开启"对象捕捉"模式，捕捉矩形短边的中点，单击"默认"选项卡"绘图"面板中的"直线"按钮 ✏，绘制一条竖向直线，将矩形平分。

（3）填充矩形。单击"默认"选项卡"绘图"面板中的"图案填充"按钮▨，用 SOLID 图案填充图形，如图 13-24 所示。

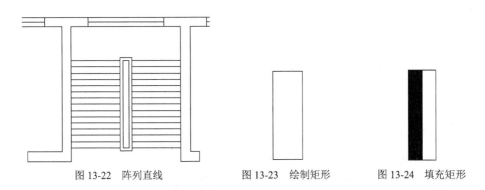

图 13-22 阵列直线   图 13-23 绘制矩形   图 13-24 填充矩形

2. 绘制单极暗装开关与防爆暗装开关符号

（1）绘制圆。单击"默认"选项卡"绘图"面板中的"圆"按钮⊙，绘制半径为 1mm 的圆。

（2）绘制折线。单击"默认"选项卡"绘图"面板中的"直线"按钮 ✏，开启"对象捕捉"和"正交模式"，捕捉圆心，以其为起点，绘制长度为 5mm，且与水平方向成 30°角的斜线。继续单击"默认"选项卡"绘图"面板中的"直线"按钮 ✏，以刚绘制的斜线的终点为起点，绘制长度为 2mm，且与前一条斜线成 90°的另一条斜线，如图 13-25（a）所示。

（3）填充圆形。单击"默认"选项卡"绘图"面板中的"图案填充"按钮▨，用 SOLID 图案填充圆形，如图 13-25（b）所示，完成单极暗装开关符号的绘制。

（4）绘制直线。单击"默认"选项卡"修改"面板中的"复制"按钮 ⊶，将图 13-25（a）所示的图形复制一份，然后单击"默认"选项卡"绘图"面板中的"直线"按钮 ✏，绘制圆的竖向直径，如图 13-26（a）所示。

（5）填充半圆。单击"默认"选项卡"绘图"面板中的"图案填充"按钮▨，用 SOLID 图案填充图 13-26（a）中的右侧半圆形，如图 13-26（b）所示，完成防爆暗装开关符号的绘制。

(a)   (b)   (a)   (b)

图 13-25 绘制单极暗装开关符号   图 13-26 绘制防爆暗装开关符号

3. 绘制单极暗装拉线开关符号

（1）绘制圆。单击"默认"选项卡"绘图"面板中的"圆"按钮⊙，在单极暗装开关的正下方绘制一个半径为 1mm 的圆，然后单击"默认"选项卡"绘图"面板中的"图案填充"按钮▨，用 SOLID 图案填充此圆，如图 13-27（a）所示。

（2）绘制多段线。单击"默认"选项卡"绘图"面板中的"多段线"按钮 ⤴，命令行提示与操作如下。

```
命令: _pline
指定起点:（捕捉圆心）
当前线宽为: 0.0000
指定下一点或 [圆弧(A)/半宽(H)/长度(L)/放弃(U)/宽度(W)]: @3<30
指定下一点或 [圆弧(A)/闭合(C)/半宽(H)/长度(L)/放弃(U)/宽度(W)]: W
指定起点宽度<0.0000>: 1
指定端点宽度<1.0000>: 0
指定下一点或 [圆弧(A)/闭合(C)/半宽(H)/长度(L)/放弃(U)/宽度(W)]: @3<30
指定下一点或 [圆弧(A)/闭合(C)/半宽(H)/长度(L)/放弃(U)/宽度(W)]: ✓
```

完成上述操作，单极暗装拉线开关符号绘制完成，如图 13-27（b）所示。

4．绘制暗装插座符号

（1）绘制直线。单击"默认"选项卡"绘图"面板中的"直线"按钮 ，绘制一条长度为 2mm 的竖向直线，以此直线的端点为起点，绘制两条长度为 3mm，且与水平方向成 30°角的斜线，如图 13-28（a）所示。

（2）偏移直线。单击"默认"选项卡"修改"面板中的"偏移"按钮 ，将竖向直线向左偏移 1mm。

（3）延伸直线。单击"默认"选项卡"修改"面板中的"延伸"按钮 ，以两条斜线为延伸边界，延伸偏移得到的直线，如图 13-28（b）所示。

（4）绘制圆弧。单击"默认"选项卡"绘图"面板中的"三点"按钮 ，以右侧直线的中点为圆心，绘制与左侧直线相切的圆弧，如图 13-28（c）所示。

（5）填充图形。单击"默认"选项卡"绘图"面板中的"图案填充"按钮 ，用 SOLID 图案填充半圆，如图 13-28（d）所示，完成暗装插座符号的绘制。

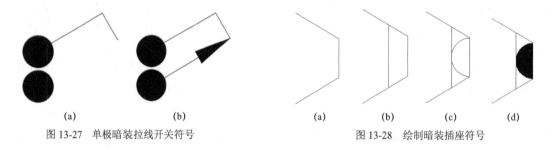

图 13-27　单极暗装拉线开关符号　　　　　图 13-28　绘制暗装插座符号

5．绘制灯具符号

（1）绘制圆。单击"默认"选项卡"绘图"面板中的"圆"按钮 ，绘制半径为 2.5mm 的圆。

（2）偏移圆。单击"默认"选项卡"修改"面板中的"偏移"按钮 ，将绘制的圆向内偏移 1.5mm，结果如图 13-29（a）所示。

（3）绘制直线。单击"默认"选项卡"绘图"面板中的"直线"按钮 ，以圆心为起点水平向右绘制大圆的半径线，如图 13-29（b）所示。

（4）阵列直线。单击"默认"选项卡"修改"面板中的"环形阵列"按钮 ，将绘制的半径线环形阵列 4 份，阵列效果如图 13-29（c）所示。

（5）填充圆。单击"默认"选项卡"绘图"面板中的"图案填充"按钮，用 SOLID 图案填充内圆，如图 13-29（d）所示，完成防水防尘灯符号的绘制。

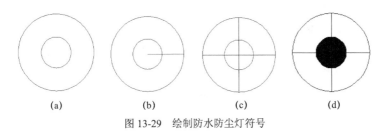

（a）　　　　　　（b）　　　　　　（c）　　　　　　（d）

图 13-29　绘制防水防尘灯符号

（6）绘制其他灯具符号。其他灯具符号的绘制过程在此不再赘述，如图 13-30 所示从左向右依次为普通吊灯、壁灯、球形灯、花灯和日光灯符号。

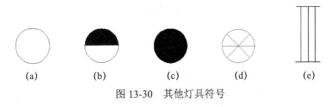

（a）　　　　（b）　　　　（c）　　　　（d）　　　　（e）

图 13-30　其他灯具符号

13.2.4　插入元件符号

本节将详细讲述将元件符号插入乒乓球馆照明平面图中的方法，完成电气元件的布置。

1．插入照明配电箱符号

单击"默认"选项卡"修改"面板中的"移动"按钮，捕捉前面绘制的配电箱端点，以其为移动基准点，如图 13-31 所示，以如图 13-32 所示的 A 点为目标点进行移动，结果如图 13-33 所示。单击"默认"选项卡"修改"面板中的"移动"按钮，将配电箱符号垂直向下移动 1mm，结果如图 13-34 所示。

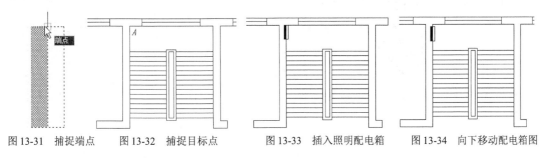

图 13-31　捕捉端点　　　图 13-32　捕捉目标点　　　图 13-33　插入照明配电箱　　　图 13-34　向下移动配电箱图

2．插入单极暗装拉线开关符号

单击"默认"选项卡"修改"面板中的"移动"按钮，插入单极暗装拉线开关符号，插入位置如图 13-35 所示。

3．插入单极暗装开关符号

（1）移动图形。单击"默认"选项卡"修改"面板中的"移动"按钮✛，将单极暗装开关符号插入右下方的墙角位置，如图 13-36 所示。

（2）复制图形。单击"默认"选项卡"修改"面板中的"复制"按钮，将插入的单极暗装开关符号向下垂直复制一份，如图 13-37 所示。

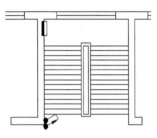
图 13-35　插入单极暗装拉线开关符号

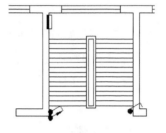
图 13-36　插入单击暗装开关符号

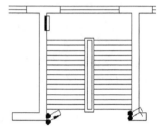
图 13-37　复制图形

（3）绘制直线。单击"默认"选项卡"绘图"面板中的"直线"按钮╱，绘制如图 13-38 所示的折线。

（4）复制单级暗装开关符号。单击"默认"选项卡"修改"面板中的"复制"按钮，将单极暗装开关符号复制到其他位置，如图 13-39 所示。

4．插入防爆暗装开关符号

单击"默认"选项卡"修改"面板中的"移动"按钮✛，将防爆暗装开关符号放置到危险品仓库、化学实验室门旁边和门厅、浴室等位置，效果如图 13-40 所示。

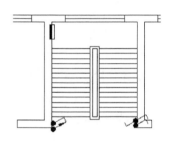
图 13-38　绘制折线

5．插入灯具符号

（1）局部放大图像。单击"视图"选项卡"导航"面板中的"范围"下拉菜单中的"窗口"按钮，局部放大墙线的左上部，如图 13-41 所示。

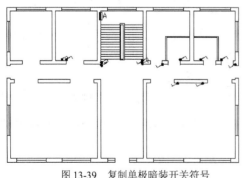
图 13-39　复制单极暗装开关符号

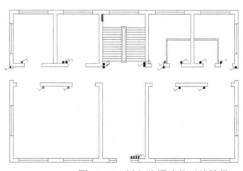
图 13-40　插入防爆暗装开关符号

（2）插入灯具符号 1。单击"默认"选项卡"修改"面板中的"复制"按钮，将日光灯、防水防尘灯、普通吊灯符号放置到如图 13-42 所示的位置。

（3）局部放大图像。单击"视图"选项卡"导航"面板中的"范围"下拉菜单中的"窗口"

按钮 ，局部放大墙线的中下部，如图 13-43 所示。

（4）插入灯具符号 2。单击"默认"选项卡"修改"面板中的"复制"按钮 ，将球形灯、壁灯和花灯图形符号放置到图 13-44 所示的位置。

（5）复制图形。单击"默认"选项卡"修改"面板中的"复制"按钮 ，将球形灯、日光灯、防水防尘灯、普通吊灯、花灯的图形符号进行复制，放置位置如图 13-45 所示。

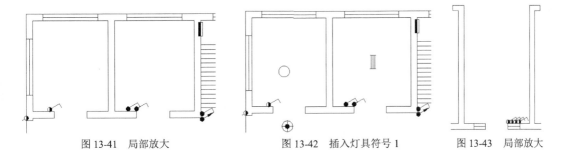

图 13-41　局部放大　　　　　图 13-42　插入灯具符号 1　　　　图 13-43　局部放大

6. 插入暗装插座符号

（1）局部放大图像。单击"视图"选项卡"导航"面板中的"范围"下拉菜单中的"窗口"按钮 ，局部放大墙线的左下部，如图 13-46 所示。

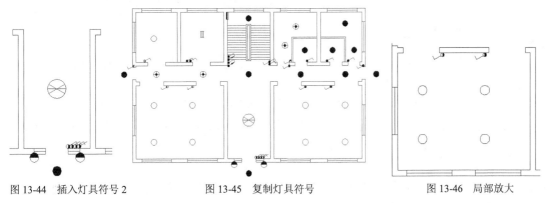

图 13-44　插入灯具符号 2　　　　图 13-45　复制灯具符号　　　　图 13-46　局部放大

（2）插入暗装插座符号。单击"默认"选项卡"修改"面板中的"旋转"按钮 ，将暗装插座符号旋转 90°；然后单击"默认"选项卡"修改"面板中的"复制"按钮 ，将暗装插座符号放置到如图 13-47 所示的中点位置；最后单击"默认"选项卡"修改"面板中的"移动"按钮 ，将插座符号向下移动适当的距离。

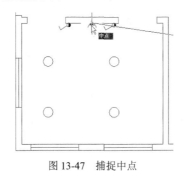

图 13-47　捕捉中点

（3）复制暗装插座符号。单击"默认"选项卡"修改"面板中的"复制"按钮，将暗装插座图形符号复制到目标位置，如图 13-48 所示。

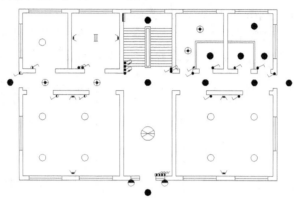

图 13-48　复制暗装插座符号

7．绘制连接线

检查图形可以发现，配电箱旁边缺少一个变压器，配电室缺少一个开关，所以需要将缺少的元器件补齐。单击"默认"选项卡"绘图"面板中的"直线"按钮，连接各个元器件，并且在一些连接线上绘制平行的斜线，表示其相数，效果如图 13-49 所示。

8．绘制并插入标号

（1）绘制圆。将"标号层"设置为当前图层，单击"默认"选项卡"绘图"面板中的"圆"按钮，绘制一个半径为 3mm 的圆。

（2）绘制直线。单击"默认"选项卡"绘图"面板中的"直线"按钮，开启"对象捕捉"和"正交模式"，捕捉圆心，以其为起点，向右绘制长度为 15mm 的直线，如图 13-50（a）所示。

（3）修剪直线。单击"默认"选项卡"修改"面板中的"修剪"按钮，以圆为剪切边，修剪掉圆内的直线。

（4）单击"默认"选项卡"注释"面板中的"多行文字"按钮，在圆的内部添加文字，如图 13-50（b）所示。

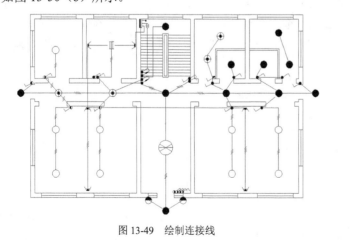

图 13-49　绘制连接线

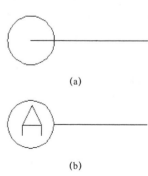

（a）

（b）

图 13-50　绘制横向标号

（5）复制图形。单击"默认"选项卡"修改"面板中的"复制"按钮 ，将横向标号向上复制 3 份，与第一个横向标号的距离分别为 63mm、82mm 和 126mm，如图 13-51 所示。

（6）旋转图形。单击"默认"选项卡"修改"面板中的"旋转"按钮 ，将横向标号逆时针旋转 90°，如图 13-52（a）所示。

（7）修改文字。单击"默认"选项卡"修改"面板中的"删除"按钮 ，删除圆内的字母"A"。单击"默认"选项卡"注释"面板中的"多行文字"按钮 A，在圆的内部填写数字"1"，调整其位置，生成竖向标号，如图 13-52（b）所示。

（8）复制图形。单击"默认"选项卡"修改"面板中的"复制"按钮 ，将竖向标号向右复制 5 份，相邻两符号间的距离分别为 37.5mm、39mm、39mm、39mm 和 37.5mm，如图 13-53 所示。

（9）修改文字。单击"文字"工具栏中的"编辑"按钮 ，修改标号圆圈中的文字，如图 13-54 所示。

（10）插入标号。将"轴线层"设为当前图层，将标号移动至图中与中线对齐的位置，结果如图 13-55 所示。

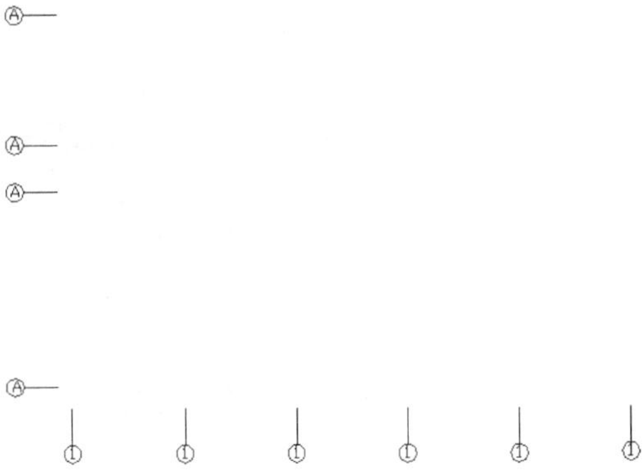

图 13-51　复制横向标号

图 13-52　生成竖向标号

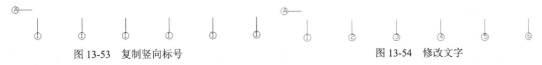

图 13-53　复制竖向标号 　　　　　　　　　　　　　　　　图 13-54　修改文字

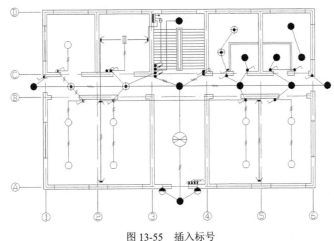

图 13-55　插入标号

13.2.5　添加文字和标注

利用"多行文字"和"线性"标注命令为乒乓球馆照明平面图标注尺寸和文字。

（1）添加文字。将"文字说明层"设为当前图层，单击"默认"选项卡"注释"面板中的"多行文字"按钮 **A**，添加各个房间的文字代号及元器件符号，如图 13-56 所示。

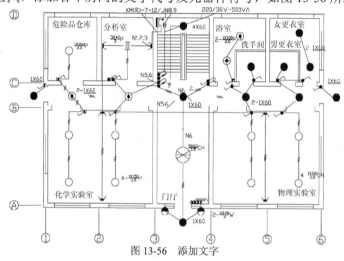

图 13-56　添加文字

（2）添加标注。单击"默认"选项卡"注释"面板中的"标注样式"按钮 ⍁，①系统弹出"标注样式管理器"对话框，如图 13-57 所示。

（3）②单击"新建"按钮，③系统弹出"创建新标注样式"对话框。④在"新样式名"文本框中输入"照明平面图"，⑤将"基础样式"设置为"ISO-25"，⑥在"用于"下拉列表框中选择"所有标注"选项，如图 13-58 所示。

（4）⑦单击"继续"按钮，⑧弹出"新建标注样式"对话框，⑨设置"符号和箭头"选项卡中的选项，如图 13-59 所示。

（5）设置完毕后，单击"确定"按钮，返回"标注样式管理器"对话框，⑩单击"置为当前"按钮，将"照明平面图"样式设置为当前使用的标注样式。

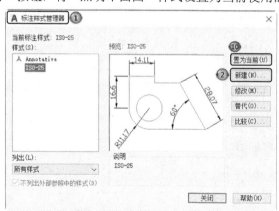

图 13-57　"标注样式管理器"对话框

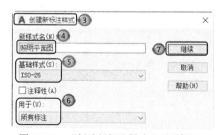

图 13-58　"创建新标注样式"对话框

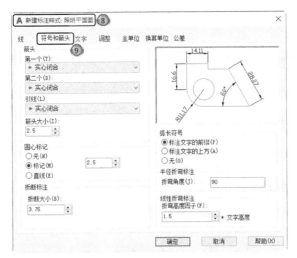

图 13-59　"符号和箭头"选项卡设置

（6）单击"默认"选项卡"注释"面板中的"线性"按钮⊢，标注轴线间的尺寸，完成图形的绘制。

13.3　绘制餐厅消防报警平面图

本节在配电图绘制的基础上，绘制消防报警系统的平面图。消防报警系统属于弱电工程系统，需要利用许多以前的弱电图例。如图 13-60 所示为某单位厨房及餐厅的消防报警平面图。首先绘制建筑结构的平面图，然后绘制一些基本设施，重点介绍消防报警系统的线路和装置的布置和绘制方法。其中将对部分专业知识进行讲解。

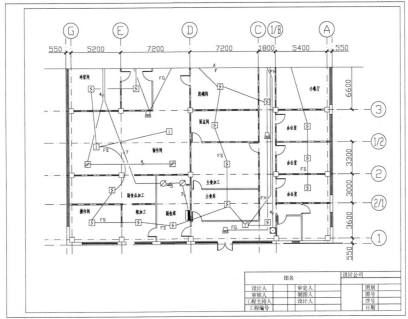

图 13-60　餐厅消防报警平面图

【预习重点】

☑ 掌握餐厅消防报警平面图的绘制思路及方法技巧。

【操作步骤】

13.3.1 绘图准备

首先新建文件并设置图形界限，然后设置图层，再绘制轴线，最后绘制轴线标号。

启动 Auto CAD 2022 应用程序，以"无样板打开–公制（M）"模板新建 CAD 文件，将其命名为"消防报警平面图.dwg"并保存。利用 LIMITS 命令将图形的界限定位在 42 000mm×29 700mm 的范围内。新建"标注""门窗""墙线""弱电""消防""轴线" 6 个图层，并按照图 13-61 所示进行设置。

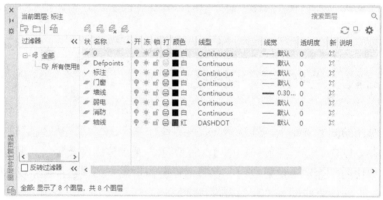

图 13-61 设置图层

将"轴线"图层设置为当前图层，绘制轴线，水平轴线标号分别记为 1、2/1、2、1/2、3，竖直轴线标号分别为 A、1/B、C、D、E、G，间距如图 13-62 所示。然后插入轴线标号，如图 13-63 所示。轴线圆半径为 800mm，将文字高度设置为 800。

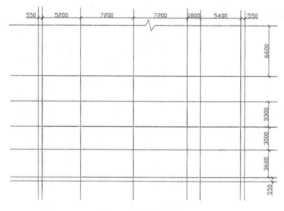

图 13-62 轴线布置

图 13-63 轴线标号

注意

当绘制轴线编号时，有些编号如 1/B、1/2 等，①用高度为 800 的文字，会出现文字宽度太大而不能放入圆内的情况，如图 13-64 所示。这时双击文字，打开"文字编辑器"选项卡，在"格式"面板中，②将"宽度因子"设置为 0.5，如图 13-65 所示。

图 13-64　宽度过大的文字

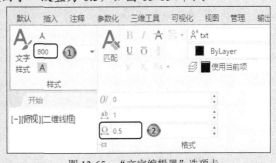

图 13-65　"文字编辑器"选项卡

轴线编号全部被插入，如图 13-66 所示，选择所有轴线，在"特性"选项板处单击鼠标右键，然后将线型比例设置为 100。改变之后，轴线呈点划线的形态，如图 13-67 所示。

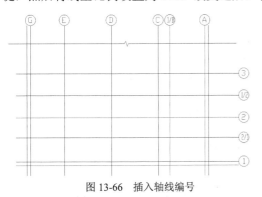

图 13-66　插入轴线编号

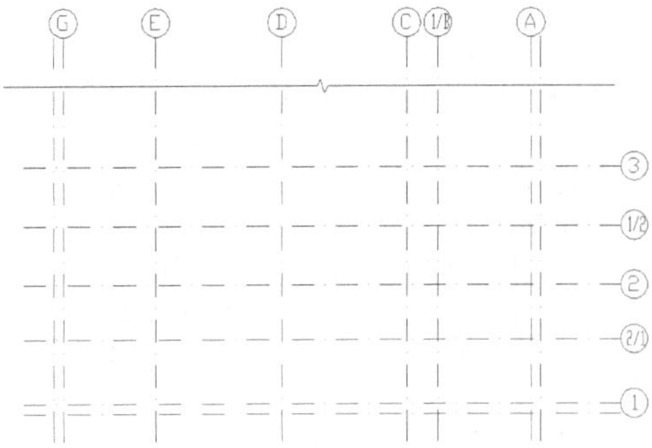

图 13-67　轴线状态

13.3.2　绘制结构平面图

首先根据轴线利用多线绘制墙体，然后插入柱子和门窗，最后利用"多线"命令绘制走线。

1. 绘制墙线

（1）将"墙线"图层设置为当前图层，墙线的绘制和前面相同，利用"多线"命令，改变墙体宽度，进行绘制。注意墙线与轴线的对应关系。

（2）选择菜单栏中的"格式"→"多线样式"命令，打开"多线样式"对话框，单击"新建"按钮，①弹出"创建新的多线样式"对话框，如图 13-68 所示。②在"新样式名"文本框中输入 wq，③单击"继续"按钮，④打开"新建多线样式"对话框，⑤将多线偏移量设置为 150 和-150，

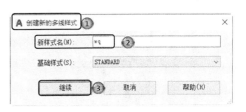

图 13-68　编辑多线名称

如图 13-69 所示，⑥单击"确定"按钮。

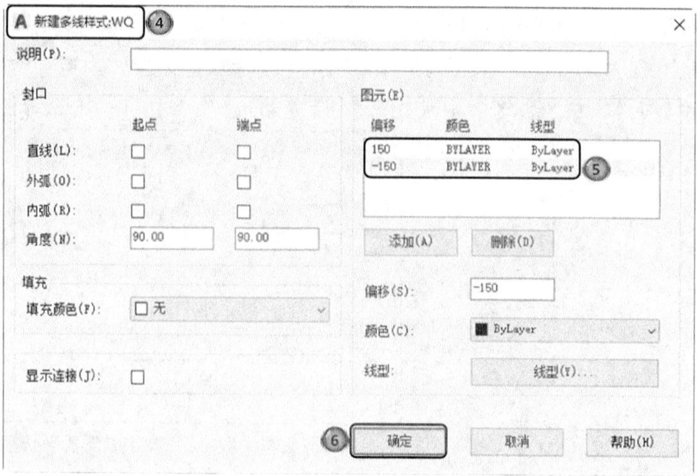

图 13-69 编辑多线偏移量

（3）选择菜单栏中的 "绘图"→"多线"命令，绘制墙线，命令行提示与操作如下。

```
命令: _mline
当前设置: 对正 = 无，比例 = 1.00，样式 = WQ
指定起点或 [对正(J)/比例(S)/样式(ST)]: ST（选择多线样式）
输入多线样式名或 [?]:WQ（输入外墙多线的名称）
当前设置: 对正 = 无，比例 = 1.00，样式 = WQ
指定起点或 [对正(J)/比例(S)/样式(ST)]: J
输入对正类型 [上(T)/无(Z)/下(B)] <无>: B（以多线起点为上端）
当前设置: 对正 = 下，比例 = 1.00，样式 = WQ
指定起点或 [对正(J)/比例(S)/样式(ST)]:（由左向右绘制墙线）
```

结果如图 13-70 所示。

（4）用同样的方法绘制内墙，将内墙的多线偏移量设置为 60 和-60，内墙绘制完成后，如图 13-71 所示。

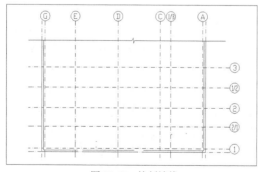

图 13-70 绘制墙线

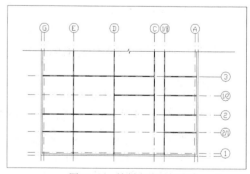

图 13-71 绘制完成后的墙线

2．插入柱子符号

柱子符号的截面大小为 500mm×500mm。插入柱子符号后对墙线进行修剪和延伸操作，完成后如图 13-72 所示。

内墙和外墙的交接处及内墙和内墙的交接处可以通过选择菜单栏中的"修改"→"对象"→"多线"命令来进行修改，也可以通过将多线利用"分解"命令打散，并用"剪切"命令进行修改，前一种方法比较简便。

3．插入门符号

门符号宽度分为 3 种，即 900mm 宽、1000mm 宽、1600mm 宽（大门），门模块如图 13-73 所示。

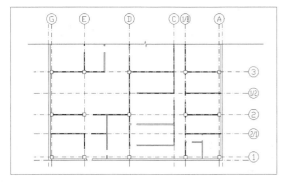

图 13-72 插入柱子符号

图 13-73 绘制门模块

将门符号插入后如图 13-74 所示。

4．绘制走线

窗户和外墙走线的绘制方法与配电图的绘制方法相同，利用多线进行绘制，同样，这时可以设定 3 根墙线，将偏移量分别设置为 60、0 和-60，绘制时将对正方式设置为无，如图 13-75 所示，命令行提示与操作如下。

```
命令:_mline
当前设置: 对正 = 无，比例 = 1.00，样式 = ZX
指定起点或 [对正(J)/比例(S)/样式(ST)]: ST（选取多线样式）
输入多线样式名或 [?]:ZX（输入"走线"多线的名称）
当前设置: 对正 = 无，比例 = 1.00，样式 = ZX
指定起点或 [对正(J)/比例(S)/样式(ST)]: J
输入对正类型 [上(T)/无(Z)/下(B)] <无>: Z（选取多线起点为无）
当前设置: 对正 = 下，比例 = 1.00，样式 = ZX
指定起点或 [对正(J)/比例(S)/样式(ST)]:（以窗户中点为起点进行绘制）
```

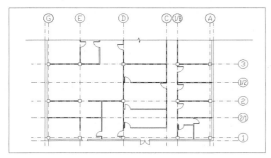

图 13-74 插入门符号

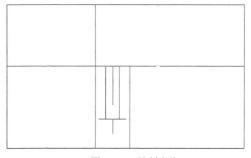

图 13-75 绘制多线

绘制完走线后，结构平面图绘制完成，如图 13-76 所示，然后添加消防报警系统。

13.3.3　绘制消防报警系统

首先绘制弱电符号，然后插入需要的模块，最后利用"直线"命令连接各个符号。

1．绘制弱电符号

本例中，需要用到弱电报警系统的一些图例，由于图例库中未包含这些符号，所以需要自行绘制。需要的图例如图 13-77 所示。绘制完成后可以将这些图例添加到"弱电布置图例"中，以便以后绘图使用。

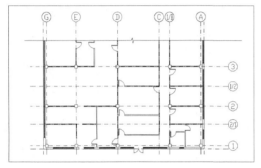

图 13-76　绘制完成的结构平面图

图 13-77　消防报警系统图例

（1）将文件的当前图层转换为"消防"图层，然后绘制"电力配电箱"的图例，如图 13-78 所示，绘制一个 500mm×1000mm 的矩形，捕捉短边中点，以其为起点，绘制中心线。利用"图案填充"命令将右半个矩形填充。

（2）绘制感烟探测器和气体探测器，在图中绘制一个 600mm×600mm 的矩形，然后利用 line 命令在矩形中部绘制一个电符号，如图 13-79 所示。另外再绘制一个同样的矩形，在矩形中心绘制 3 条直线，在直线的交点处绘制一小直径的圆，并利用 hatch 命令进行填充，如图 13-80 所示。

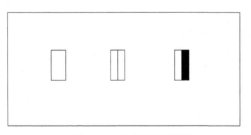

图 13-78　电力配电箱图例

图 13-79　感烟探测器图例

图 13-80　气体探测器图例

（3）利用上述方法，绘制"手动报警按钮＋消防电话插孔"、感温探测器、消火栓按钮和扬声器的图例，如图 13-81～图 13-84 所示。

（4）绘制防火阀图例，在图中绘制一个半径为 300mm 的圆，利用捕捉工具栏和旋转功能，通过圆心绘制一条 45°的斜线，在圆的右下角输入"70℃"，如图 13-85 所示。

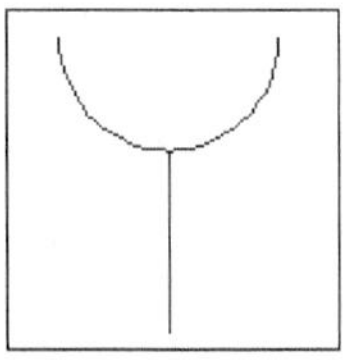

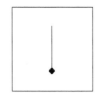

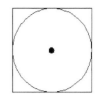

图 13-81　"手动报警按钮＋消防电话插孔"图例　　图 13-82　感温探测器图例　　图 13-83　消火栓按钮图例

（5）将各个符号绘制完成后，将其利用"创建块"命令保存为模块，然后将绘制的模块补充到"弱电布置图例"模块库中，以便以后绘图时调用。

2．插入模块

（1）切换到"餐厅消防报警平面图"文件中，将各个模块插入"消防报警系统平面图"中。注意摆放的位置，如图 13-86 所示。

图 13-84　扬声器图例　　　　图 13-85　防火阀图例

图 13-86　插入模块图

（2）将"弱电"图层设置为当前图层，单击"默认"选项卡"绘图"面板中的"直线"按钮 ∕，绘制线路，利用 break 命令或单击"默认"选项卡"修改"面板中的"打断"按钮 在线路的交叉处断开一条线，断点如图 13-87 所示。

线路插入后的效果如图 13-88 所示。

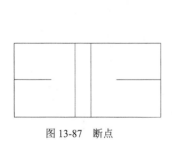

图 13-87　断点

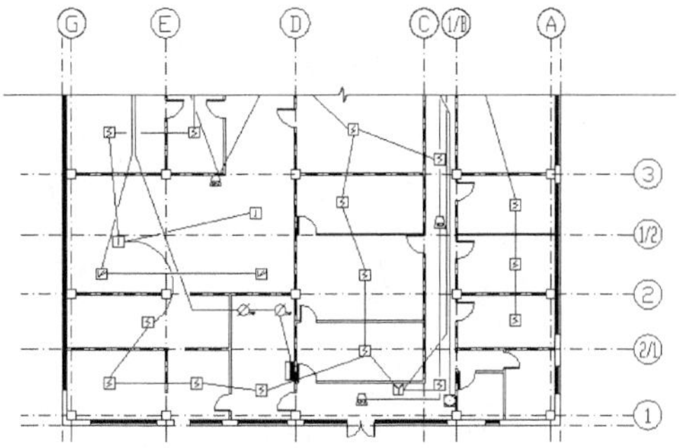

图 13-88　插入线路后的效果

（3）将"标注"图层设置为当前图层，在线路旁边注明线路的名称和编号，名称分别为 FS、FG 和 FH。标注编号时要在线路上绘制一条倾斜的小短线，如图 13-89 所示。

（4）插入编号后，消防报警图例基本完成插入，如图 13-90 所示。注意这里只是平面图的局部，具体绘制过程应按照设计方案绘制。

图 13-89　插入文字编号

图 13-90　插入编号后的消防报警图

13.3.4　尺寸标注及文字说明

电气平面图的尺寸标注和文字说明是绘制电气平面图的重要组成部分，除必须将图中所涉及的设备、元件和线路采用图形符号绘制之外，还要在图形符号旁加标注文字，以说明其功能和特点。

（1）单击"默认"选项卡"注释"面板中的"多行文字"按钮 A，进行文字标注，然后利用连续标注功能进行尺寸标注。其中，设置"文字高度"为 500，"从尺寸线偏移"为 100，"箭头样式"为"建筑标记"，"箭头大小"为 300，"起点偏移量"为 500，标注后的平面图如图 13-91 所示。

（2）绘制 A3 图纸的图幅和图框，大小分别为 42 000mm×29 700mm 和 39 500mm×28 700mm，如图 13-92 所示。

（3）利用"插入块"命令，将"源文件\图库"中的标题栏模块插入图框的右下角，如图 13-93 所示。

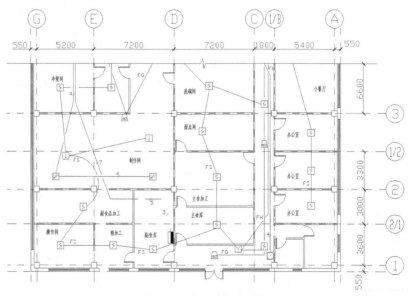

图 13-91　标注后的平面图

图 13-92　绘制图框

图 13-93　插入标题栏

（4）选取所有图形，单击"默认"选项卡"修改"面板中的"移动"按钮 ✥ ，将其移动到图框中，如图 13-94 所示。

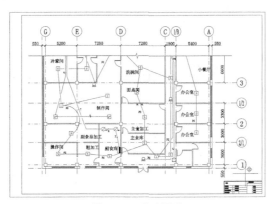

图 13-94　移动图形

注意图形要居中。填写标题栏，完成绘图。最终完成的平面图如图 13-60 所示。

13.4　绘制 MATV 及 VSTV 电缆电视及闭路监视系统图

本节介绍某综合楼 MATV 及 VSTV 电缆电视及闭路监视系统图的绘制方法，如图 13-95 所示。电视系统图和监视系统图的绘制方法类似，这两种图也具有与电气系统图相同的特点，即重复图形比较多，因此阵列和复制的应用十分重要。本节将绘制某综合楼的 MATV 及 VSTV 电缆电视系统图和其闭路监视系统图。某综合楼的楼层包括地上 10 层、地下 2 层，绘制过程可以分为 3 个阶段，第一阶段为绘制地下 2 层的图，第二阶段为绘制地上 1～5 层的图，第三阶段为绘制地上 6～10 层的图。这里进一步学习阵列和复制的应用，并且可以进一步扩充"弱电布置图例"模块库的内容。

【预习重点】

☑　掌握 MATV 及 VSTV 电缆电视及闭路监视系统图的绘制思路及方法技巧。

图 13-95　MATV 及 VSTV 电缆电视及闭路监视系统图

【操作步骤】

13.4.1　设置绘图环境

参数设置是绘制任何一幅电气图都要进行的预备工作，这里主要设置图层、图框和轴线。

1．新建文件

启动 AutoCAD 2022 应用程序，单击"快速访问"工具栏中的"新建"按钮□，以"无样板打开-公制（M）"创建一个新的文件，将新文件命名为"MATV 及 VSTV 电缆电视及闭路监视系统图.dwg"并保存。

2．设置图层

将图层分为"标注""设备""图签""线路"和"轴线"5 个图层，如图 13-96 所示。

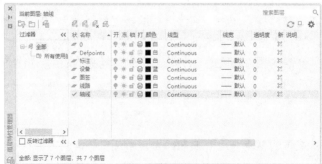

图 13-96　设置图层

3．绘制图框和轴线

（1）将"轴线"图层设置为当前图层，绘制一个 350mm×250mm 的矩形，作为绘图的界限，如图 13-97 所示。

（2）在界限框中绘制轴线。本图分为两个部分，第一部分为 MATV 及 VSTV 电缆电视系统图；第二部分为闭路监视系统图。因此将图框分为两个部分，首先将线型颜色设置为灰色，即在"特性"下拉菜单中单击"对象颜色"，在其弹出的下拉菜单"索引颜色"一行中选择"颜色 8"，以区分辅助线和绘图线，利用 line 命令以矩形的长边的中点为起点向上绘制一条直线，将图分为两个部分，如图 13-98 所示。

图 13-97　绘制绘图界限框　　　　　　　　　　图 13-98　分割绘图区域

（3）利用 divide 命令将底边左半部分分为 5 等份，并用辅助线分割，如图 13-99 所示。

（4）利用 line 命令绘制楼层线。本建筑为地上 10 层、地下 2 层，所以需要绘制包括设备层在内的 13 根楼层线，楼层间距取 15mm，设备层和 1 层的间距取 10mm，如图 13-100 所示。

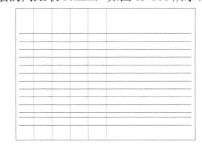

图 13-99　分割绘图区　　　　　　　　　　图 13-100　绘制楼层线

13.4.2　绘制 MATV 及 VSTV 电缆电视系统图

首先绘制第 10 层的图例、分支线及总线，其他层可以通过阵列或复制完成。然后绘制电视前端室，最后标注文字。

1．绘制图例

（1）将"设备"图层设置为当前图层，绘制"放大器"。首先利用 polygon 命令绘制一个正三角形，然后在三角形的顶点和底边中心分别引出直线，以此为走线，如图 13-101 所示。将绘制的图形保存为"放大器"模块，并保存到"弱电布置图例"模块库中。

（2）绘制分支线。首先绘制一个小圆，然后在小圆底部绘制直线，以其为导线，如图 13-102 所示。将绘制的图形保存为"分支线"模块。

（3）从"弱点布置图例"模块库中调入"二路分配器"和"二路分支器"模块，如图 13-103 所示。

图 13-101　绘制放大器　　　　图 13-102　绘制分支线　　　　图 13-103　"二路分配器"和"二路
　　　　　　　　　　　　　　　　　　　　　　　　　　　　　　　　　　　　分支器"模块

（4）将"二路分支器"和"分支线"模块组合，形成新的"二路分支线"和"四路分支线"模块，如图 13-104 所示。

（5）按照图 13-105 所示，绘制"终端电阻"模块。

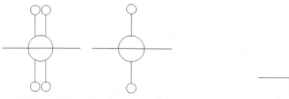

图 13-104　"二路分支线"模块和"四路分支线"模块　　　　图 13-105　"终端电阻"模块

2．绘制分支线

（1）将当前图层转换为"轴线"图层，在图框的第 3 个分支区域内绘制辅助线，然后将其 4 等分，如图 13-106 所示。

（2）将图层转换为"设备"图层，将刚绘制的"四路分支线"模块和"终端电阻"模块分别插入左端点和第四等分点，利用 copy 命令复制"四路分支线"，连续复制两次，如图 13-107 所示。注意调整模块的比例，使其适合图形的大小。

（3）绘制完成一个小区隔的设备后，可以利用"矩形阵列"命令将其他区隔的图形绘制出来。首先要进行修改，然后绘制第 10 层的图形。选中刚插入的"四路分支线"和"终端电阻"模块，将行数设置为 1，列数设置为 3，列间距设置为 35，如图 13-108 所示。

（4）修改最右边的区隔内的图形，即用二路分支器代替最后一个四路分支器。插入二路分支器时，为了定位方便，可以先插入，再将四路分支器删除。修改效果如图 13-109 所示。

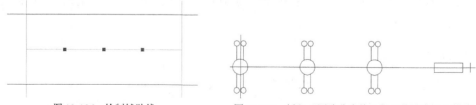

图 13-106　绘制辅助线　　　　图 13-107　插入"四路分支线"和"终端电阻"模块

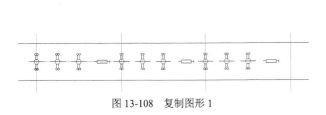

图 13-108　复制图形 1

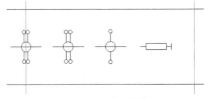

图 13-109　修改模块

（5）将模块修改后便完成了第 10 层模块的插入，图形如图 13-110 所示。

（6）第 10 层模块绘制完成后，将第 10 层的模块复制到其他各层，继续利用 arrayrect 命令操作。将行数设置为 5，列数设置为 1，行间距设置为-15，阵列命令完成后，结果如图 13-111 所示。

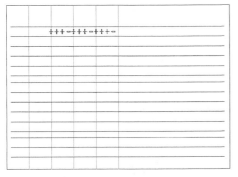

图 13-110　插入第 10 层模块

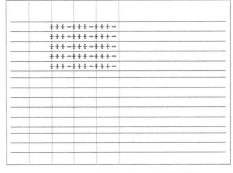

图 13-111　复制 6～10 层设备模块

由于所要复制的图形位于图幅的上侧，所以行偏移应设置为负数。同理，在进行列的复制时默认为向左复制时值为负，向右复制时值为正。

本楼 6～10 层的设备模块是相同的，因此阵列命令仅设置为 5 行，-2～5 层的设备模块将在下面另行绘制。

（7）绘制 1～5 层的设备模块。首先从第 6 层中复制一个单元格的设备模块，如图 13-112 所示。

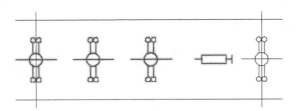

图 13-112　复制模块

（8）将步骤（7）中复制的设备模块复制到第 5 层相应的单元格中，复制时可以以左边缘的中心点为基点进行复制，或者在命令行中输入"@0,-25"，即可将其复制到正确的位置，如图 13-113 所示，命令行提示与操作如下。

```
命令: _copy
选择对象: 指定对角点: 找到 4 个（选择图形）
选择对象: ✓
当前设置: 复制模式 = 多个
指定基点或 [位移(D)/模式(O)] <位移>:
指定第二个点或 [阵列(A)] <使用第一个点作为位移>:@0,-25
指定第二个点或 [阵列(A)/退出(E)/放弃(U)] <退出>:✓
```

（9）利用"阵列"命令绘制第 1～5 层的设备模块。选中第 5 层的设备模块，然后利用 array 命令复制模块，行数设置为 5，列数设置为 1，行偏移设置为-15，单击"确定"按钮，复制完成后的效果如图 13-114 所示。

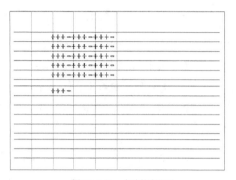

图 13-113　复制图形 2　　　　　　　　　　图 13-114　复制完成后的效果

（10）将第 4、第 5 层的设备模块复制到右侧的单元格中，然后进行修改，如图 13-115 所示。

（11）利用 copy 命令将第 5 层右侧单元格内的设备模块复制到-1 层和-2 层，如图 13-116 所示。

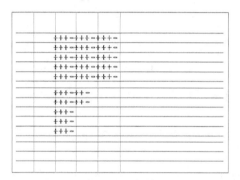
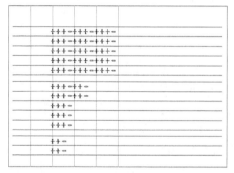

图 13-115　复制图形 3　　　　　　　　　　图 13-116　复制图形 4

（12）各层的分支线上的模块基本插入完毕，继续绘制分支线。分支线路同样可以先绘制一层，利用 arrayrect 或 copy 命令进行复制。首先在第 10 层进行绘制。将"线路"图层设为当前图层，利用 line 命令进行绘制，将各个单元格中的元件用直线连接，如图 13-117 所示。

图 13-117　绘制线路 1

（13）在图 13-117 中的左下方绘制一条折线，如图 13-118 所示。

（14）利用 offset 命令将折线复制，间距设置为 1mm，如图 13-119 所示。注意此时为了选择复制的方向，要关闭"对象捕捉"功能。

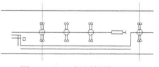

图 13-118　绘制折线 1　　　　　　　　　　图 13-119　复制折线 2

（15）利用 trim 和 expen 命令修剪和延伸折线，并补齐其余线路，最后结果如图 13-120 所示。

（16）打开图层管理菜单，将"设备"图层关闭，如图 13-121 所示。

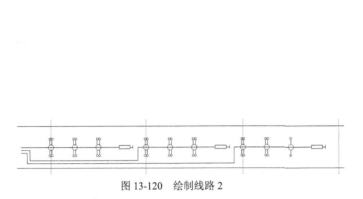

图 13-120　绘制线路 2

图 13-121　关闭"设备"图层

（17）选择所有的线路，如图 13-122 所示。利用"矩形阵列"命令进行复制，将行数设置为 5，列数设置为 1，行偏移设置为 15，复制后的图形如图 13-123 所示。

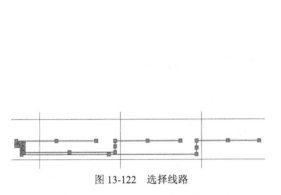

图 13-122　选择线路

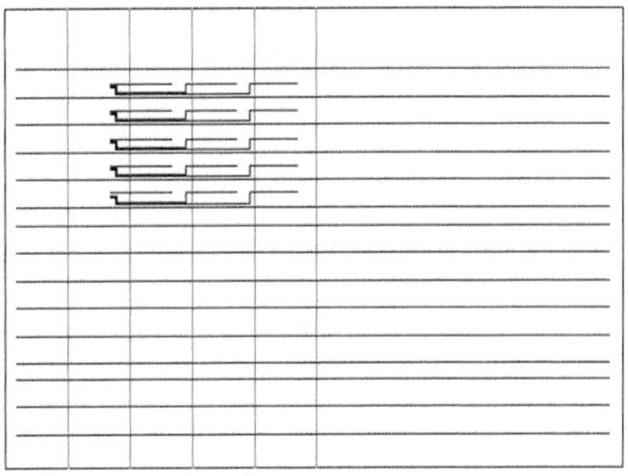

图 13-123　复制线路

（18）将"设备"图层复原，用同样的方法绘制其他各层的线路，绘制完成后的效果如图 13-124 所示。

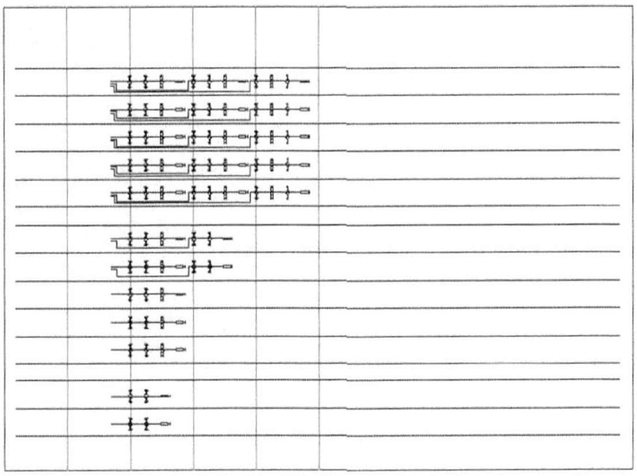

图 13-124　绘制完成后的效果

3．绘制总线

（1）在第一、第二分隔列内绘制 4 条竖向直线，间距分别为10mm、5mm、10mm，如图 13-125 所示。

（2）将当前图层转换为"设备"图层，绘制层分配、分支器箱。首先绘制一个 15mm×3mm 的矩形，然后在其中输入文字。将文字的字体设置"仿宋体"，"高度"设置为 1.5，如图 13-126 所示。

（3）利用 block 命令将其保存为模块，插入第 10 层的分支线左端点，利用 arrayrect 命令将其复制到各层分支线端点处，如图 13-127 所示。

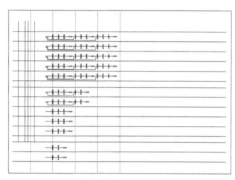

图 13-125　绘制总线

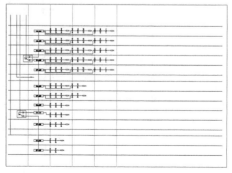

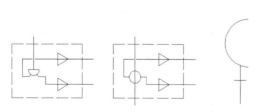

图 13-126　层分配、分支器箱　　　　　　　　　图 13-127　插入各层的层分配、分支器箱

（4）绘制两种"放大器箱"模块及"天线"模块，如图 13-128 所示。具体做法比较简单，在此不再赘述。

（5）将"放大器箱"模块分别插入第 7 层和第 2 层，并修改总线布置，如图 13-129 所示。

图 13-128　"放大器箱"模块及"天线"模块　　　　　图 13-129　插入"放大器箱"模块

4．绘制电视前端室

（1）绘制大小分别为 40mm×8mm 和 10mm×3mm 的两个矩形，然后在其中分别输入相应文字，如图 13-130 所示。

图 13-130　绘制两个矩形

（2）改变线型，加载虚线 ISO dash 线型，用其绘制一个大小为 80mm×15mm 的矩形，线型比例设置为 0.3。再将刚绘制的设备模块移动到其中，并插入"天线"模块。最终结果如图 13-131 所示。

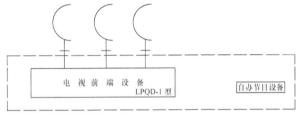

图 13-131　电视前端室

（3）选中电视前端室的所有图形，将其移动到主干线的顶端，如图 13-132 所示。

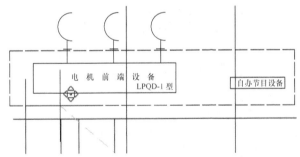

图 13-132　插入电视前端室图形

（4）将总线延长并修改，与电视前端室相连，最终图形如图 13-133 所示。

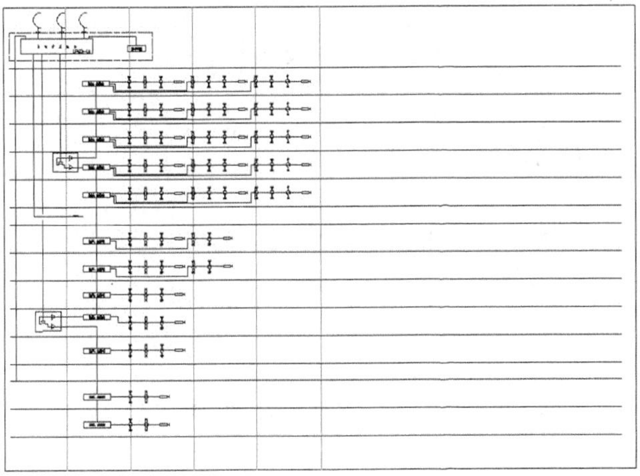

图 13-133　最终图形

5．文字标注

（1）将"标注"图层设置为当前图层，打开"文字样式"对话框，将文字样式修改为"样式1"。然后在各个总线的位置添加文字标注。下面以电视前端室的标注方法为例进行讲解。单击"默认"选项卡"注释"面板中的"标注样式"按钮，将"箭头"设置为"建筑标记"，将"箭头大小"设置为2。

（2）沿电视前端室的天线底部进行连续标注，如图13-134所示。

（3）利用 explode 命令分解标注，删除标注文字，并利用 line 命令在图形左侧延长出一条标注线，将文字样式设置为"样式1"，利用 text 命令输入标注文字，如图13-135所示。

标注所有文字后的图形如图13-136所示。

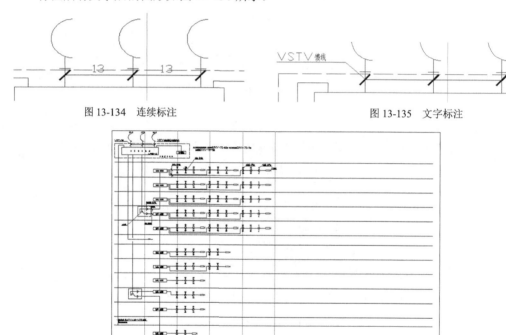

图 13-134　连续标注　　　　　　　　　　　　　　　　图 13-135　文字标注

图 13-136　标注文字后的图形

13.4.3　绘制闭路监视系统图

首先绘制第10层的图例和分支模块，其他层可以利用"阵列"或"复制"命令完成。然后绘制控制器模块，最后标注文字。

1．绘制图例

绘制"打印机""显示器""录像机"等模块，如图13-137所示。

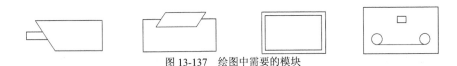

图 13-137　绘图中需要的模块

2. 绘制分支模块

将"电视摄像机"模块插入图框的右半部分的第 10 层中，采用与 13.4.2 节同样的方法，利用"阵列"和"复制"等命令将其复制到其他各层，如图 13-138 所示。

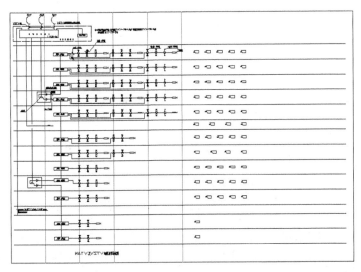

图 13-138　插入"电视摄像机"模块

3. 绘制主线

（1）将"线路"图层设置为当前图层，在刚插入的各层"电视摄像机"模块的右边，利用 line 命令绘制垂直的总线，由地下 2 层贯通到顶层，如图 13-139 所示。

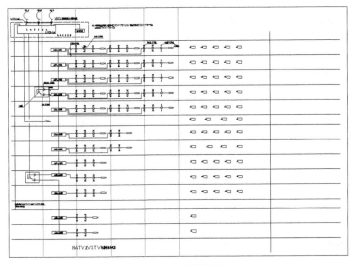

图 13-139　绘制总线 1

（2）在顶楼处将总线与"电视摄像机"模块用水平线路相连，即连接分支线，如图 13-140 所示。

（3）将分支线连接好后，用"复制"和"阵列"命令将图中的分支线复制到以下的各层，并按照摄像机数目的不同进行调整。可以利用移动等功能，将各层皆按照图 13-140 所示的方式进行连接。

（4）单击"默认"选项卡"特性"面板中的"线型"下拉列表，选择"其他"，打开"线型管理器"，加载需要的点划线。在线型中加载 ISO dash 线型，如图 13-141 所示。

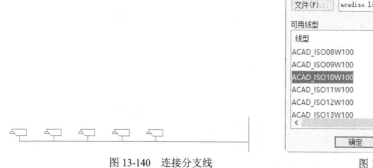

图 13-140　连接分支线

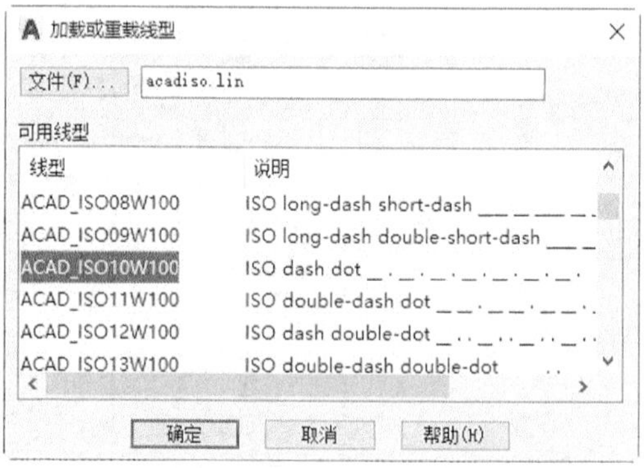

图 13-141　加载点划线线型

（5）关闭"线型管理器"，将点划线设置为当前线型，用 line 命令绘制第 3～5 层的另外一条主线路，如图 13-142 所示。

（6）在有两个分支线路接入的"电视摄像机"底部绘制如图 13-143 所示的摄像机驱动器，进行复制。

4．绘制控制器模块

监视系统的核心就是其控制模块，需单独绘制。

（1）将当前线型设定为加载的 ISO dash 线型，即虚线，将当前图层设置为"设备"图层。在 1～3 层中图形右侧空白处，单击"默认"选项卡"绘图"面板中的"矩形"按钮 ▭，绘制一个 70mm×60mm 的矩形，并利用 line 命令截断其中的楼层线，如图 13-144 所示。

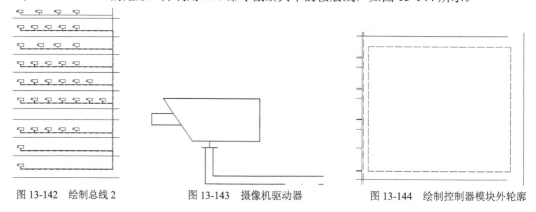

图 13-142　绘制总线 2

图 13-143　摄像机驱动器

图 13-144　绘制控制器模块外轮廓

（2）在矩形的中心绘制一个 60mm×10mm 的矩形，并且将开始时绘制的"显示器""录像机"等模块插入适当的位置，如图 13-145 所示。单击"默认"选项卡"绘图"面板中的"直线"

按钮 ，绘制控制器内部的线路，注意中间矩形上部的左侧小矩形用点划线绘制其连接的线路。绘制完成后的效果如图 13-146 所示。

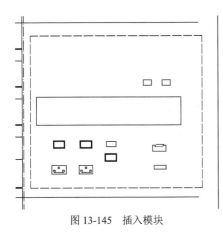

图 13-145　插入模块

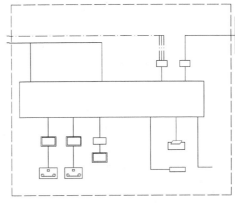

图 13-146　模块内线路绘制完成后的效果

5. 文字标注

（1）将"标注"图层设置为当前图层，文字的"高度"设置为 1.5，字体设置为"仿宋-GB2312"。这里可以将相同的文字进行"复制"和"阵列"操作，这样可以节省绘图步骤和时间。标注之后的效果如图 13-147 所示。

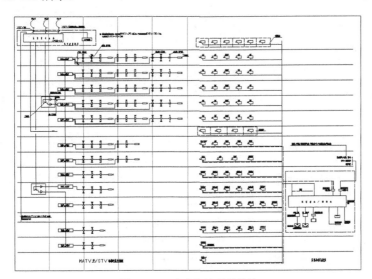

图 13-147　文字标注后的效果

（2）在各个层线的右端插入层号，如图 13-148 所示。

（3）删除多余的辅助线，在绘图区空白处单击鼠标右键，在弹出的快捷菜单中选择"快速选择"命令，①弹出"快速选择"对话框，②在"特性"列表框中选择"颜色"，在"值"下拉列表框中③选择"颜色 8"，如图 13-149 所示。④单击"确定"按钮后，效果如图 13-150 所示。

（4）按 Delete 键或者输入 delete 命令将辅助线和部分图形删除，删除后图形如图 13-151 所示，图形绘制基本完成。

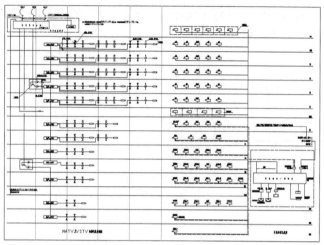

图 13-148　插入层号

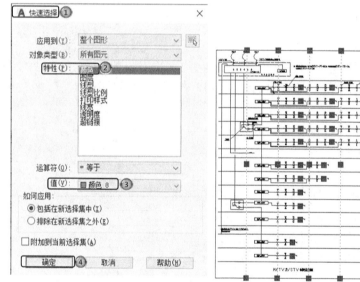

图 13-149　"快速选择"对话框

图 13-150　选择辅助线后的图形

图 13-151　基本完成绘制的图形

13.4.4　插入图签

首先绘制 A3 图纸的图幅和图框，然后插入标题栏，最后将所有图形移动到图框中并填写标题栏。

（1）将当前图层转换到"图签"图层，然后绘制 A3 图纸的图幅和图框，大小分别为 420mm×297mm 和 395mm×287mm，如图 13-152 所示。

（2）打开"图库"，插入标题栏模块，如图 13-153 所示。

（3）选择所有图形，将其移动到图框中，移动的方法同上，这里不再赘述，移动后，填写标题栏，完成绘图，如图 13-95 所示。

图 13-152　绘制图幅和图框

图 13-153　插入标题栏

13.5　绘制餐厅消防报警系统图和电视、电话系统图

本节将详细讲解餐厅消防报警系统图及电视、电话系统图的绘制方法，同时讲述相关的知识。电气系统图的绘制有一个普遍的特点，就是重复的图形较多，且多为分层、分块绘制。可以利用等分的方法进行绘制。消防报警系统图和其他电气系统图相似，应分层进行绘制，而且需要复制的部分较多。结合"等分"和"复制"命令不仅可以使绘图更加简便，而且可使图形更整洁、清晰。餐厅共分两层，绘制时分为两个部分，即消防报警系统图和电视、电话系统图，如图 13-154 所示。

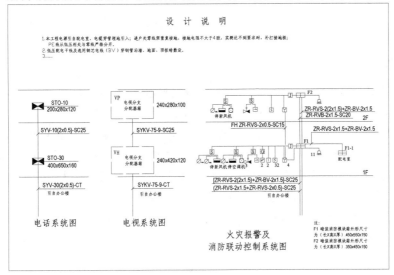

图 13-154　餐厅消防报警系统图和电视、电话系统图

【预习重点】

☑ 掌握餐厅消防报警系统图和电视、电话系统图的绘制思路及方法技巧。

【操作步骤】

13.5.1 绘图准备

绘图准备包括：新建文件，设置图层，利用"矩形"命令规定绘图区域，将绘图区域分成3个部分。

1．设置图层

以无样板模式建立新文件，将文件保存为"餐厅消防报警系统图和电视、电话系统图.dwg"，打开"图层特性管理器"选项板，设置图层。本图为系统图，所涉及的图形样式较少，仅建立"标注""墙线""线路""设备""消防"和"轴线"6个图层，并利用颜色区分不同的层，如图13-155所示。

图 13-155　设置图层

2．绘制轴线

绘制时，使用 A3 图纸，即图框大小为 395mm×287mm，按照 1mm 为一个绘图单位的原则，用一个大小为 350mm×250mm 的矩形规定绘图区域，将"轴线"图层设置为当前图层，单击"默认"选项卡"绘图"面板中的"矩形"按钮 ▢，绘制一个大小为 350mm×250mm 的矩形，如图 13-156 所示。本图包括 3 个部分，分别是火灾报警及消防联动控制系统图、电视系统图和电话系统图，因此可以根据图形的大小将图形分为 3 个部分。单击"默认"选项卡"修改"面板中的"分解"按钮 ⬚，将矩形分解，单击"默认"选项卡"绘图"面板中的"定数等分"按钮 ⚎，将底边等分为 4 份，如图 13-157 所示。

在矩形的第一、第二等分点上，绘制两条竖直的辅助线，如图 13-158 所示。将矩形分为 3 个部分，分别进行绘制。

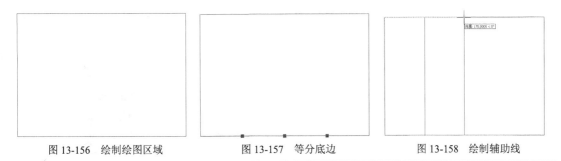

图 13-156 绘制绘图区域　　　　图 13-157 等分底边　　　　图 13-158 绘制辅助线

注意

在绘制直线时，由于等分点不容易捕捉到，可以打开捕捉工具栏，即选择菜单栏中的"工具"→"工具栏"→AutoCAD→"对象捕捉"命令，打开"对象捕捉"工具栏，如图 13-159 所示，在绘制直线时，先输入 line 命令，再单击"对象捕捉"工具栏中的 ▫ 按钮，即可捕捉到刚才利用 divede 命令等分的等分点，如图 13-160 所示。另外，可以事先打开窗口下面的"正交"按钮，这样有助于绘制垂直线。

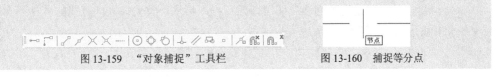

图 13-159 "对象捕捉"工具栏　　　　图 13-160 捕捉等分点

13.5.2 绘制电话系统图

本节利用二维绘图和"修改"命令绘制电话系统图。

1. 绘制层线

（1）在图中定位楼层的分界线。本楼为 2 层的餐厅，单击"默认"选项卡"绘图"面板中的"直线"按钮 ╱，绘制 3 条水平线，分别表示底面、一层楼盖和二层楼盖。间距分别为 50mm 和 30mm，如图 13-161 所示。

（2）单击"默认"选项卡"块"面板中的"创建"按钮 ⌐ᵪ，将楼层线沿着竖直的分隔线截断，如图 13-162 所示。

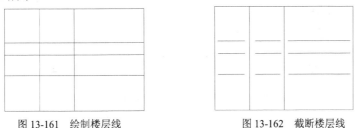

图 13-161 绘制楼层线　　　　　　图 13-162 截断楼层线

2. 插入设备

（1）将"线路"图层设为当前图层，在左侧区域内绘制一条竖向直线，如图 13-163 所示。注意直线稍稍偏向左边，因为要在直线的右边添加文字标注。

（2）转换到"设备"图层，利用"插入块"命令，插入"交接箱"模块，如图 13-164 所示。

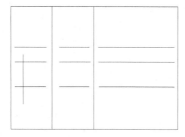

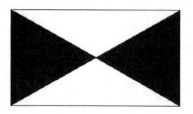

图 13-163　绘制电话系统线路　　　　　　图 13-164　插入"交接箱"模块

（3）在图形的左一区域，单击"默认"选项卡"绘图"面板中的"定数等分"按钮，将竖向直线分为 4 等份，将"交接箱"模块以中点为基点插入直线的第一和第三等分点，可以按照图幅大小调节模块比例，如图 13-165 所示。

3．文字标注

（1）将当前图层设为"标注"图层，然后插入标注，首先在竖向直线的 4 个等分点处绘制 4 条水平线，如图 13-166 所示。

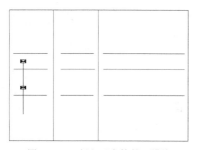

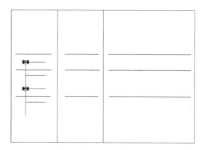

图 13-165　插入"交接箱"模块　　　　　　图 13-166　插入标注线

（2）单击"默认"选项卡"注释"面板中的"文字样式"按钮，①打开"文字样式"对话框，②单击"新建"按钮，③默认名称为"样式 1"，然后在下面的"字体名"下拉列表框中④选择 Arial Narrow 字体，⑤将文字"高度"设置为 6，⑥单击"应用"按钮，便创建了需要的字体，如图 13-167 所示。

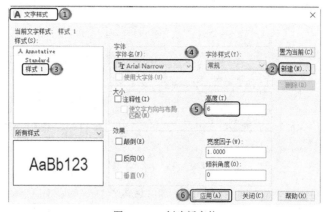

图 13-167　创建新字体

（3）单击"默认"选项卡"注释"面板中的"多行文字"按钮 **A**，标注文字，可以利用复制等功能简化操作，这里不再赘述，结果如图 13-168 所示。

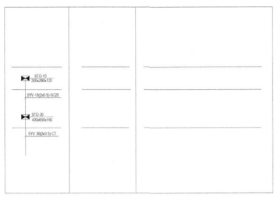

图 13-168　插入文字标注

（4）在第二条和第四条标注线与垂直线相交处，应插入一条与水平线夹角为 45°的倾斜线，打开"文字样式"对话框，新建一种文字样式，默认为"样式 2"，在"字体"下拉列表框中选择"仿宋_GB2312"，然后将当前字体切换为"样式 2"，将文字"高度"设置为 3，单击"确定"按钮。在最后一条标注线下输入中文，如图 13-169 所示。

（5）打开"文字样式"对话框，建立"样式 3"，文字的字体仍然用"仿宋-GB2312"，将文字"高度"设置为 6，然后插入标题，如图 13-170 所示。

> **注意**
>
> 文字标注比较烦琐，用户可以利用复制的方法，将一行文字复制到另一处，然后双击，打开"文字编辑"对话框，进行修改，这样可以提高效率。

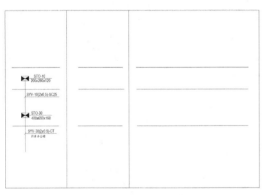

图 13-169　插入中文标注

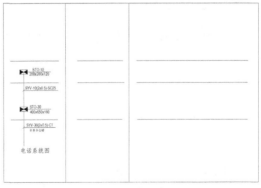

图 13-170　插入标题

13.5.3　绘制电视系统图

电视系统图和电话系统图类似，但是需要在绘制过程中学习一下多行文字的输入。

（1）将电话系统图的图形复制到图框中的第二个区域内，删除"交接箱"模块和文字标注，如图 13-171 所示。

（2）单击"默认"选项卡"特性"面板中的"线型"下拉列表，选择"其他"选项，打开"线型管理器"对话框，单击"加载"按钮，将 ISO dash 线型加载到"线型管理器"中，然后关闭"线型管理器"对话框。将"设备"图层设置为当前图层，将 ISO dash 线型设置为当前线型，然后在图中绘制一个大小为 40mm×25mm 的矩形，并将其移动到线路的上端点和第二等分点，如图 13-172 所示。

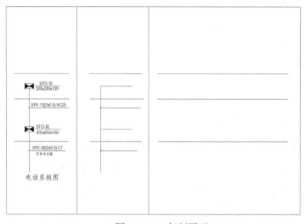

图 13-171　复制图形

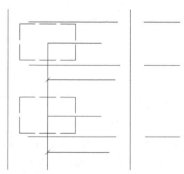

图 13-172　绘制矩形

（3）利用 trim 命令将矩形内部的线截断，将文字样式设置为"样式 2"，单击"默认"选项卡"注释"面板中的"多行文字"按钮 A，提示输入指定左上角点和右下角点，此时，系统出现"文字编辑器"选项卡和多行文字编辑器，如图 13-173 所示，输入文字。

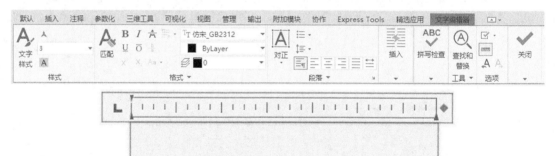

图 13-173　"文字编辑器"选项卡和多行文字编辑器

此时命令行提示与操作如下。

```
命令: _mtext
当前文字样式:"样式 2"　当前文字高度:3
指定第一角点：（选择矩形左上角）
指定对角点或 [高度(H)/对正(J)/行距(L)/旋转(R)/样式(S)/宽度(W)]:（选择矩形右下角）
（输入文字，输入后单击"确定"按钮）
```

（4）按照上述方法，输入文字标注。注意，不同类型的文字要用不同的样式，输入后的效果如图 13-174 所示。

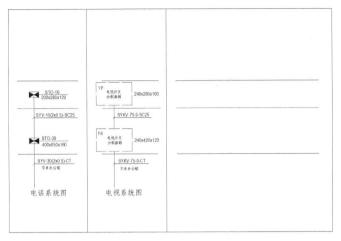

图 13-174　输入文字后的电视系统图

13.5.4　绘制火灾报警及消防联动控制系统图

电视系统图和电话系统图类似，所以可以将电视系统图复制到消防报警图区域，然后插入暗装消防模块箱，最后绘制消防线和其他设备。

1．复制图形

（1）按照上面绘制电视系统图的方法，将电话系统图复制到图框的右侧区域，然后删除"交接箱"模块和文字标注，如图 13-175 所示。

（2）将"线路"图层设置为当前图层，延长直线上端，然后利用 offset 命令对其进行偏移，间距为 2mm，如图 13-176 所示。

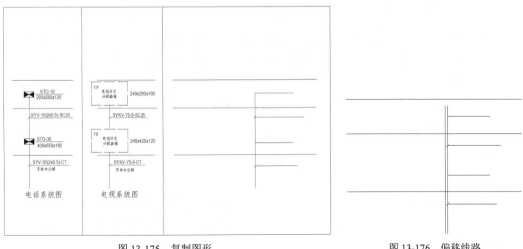

图 13-175　复制图形　　　　　　　　　　　　图 13-176　偏移线路

2．插入"暗装消防箱"模块

（1）将"设备"图层设置为当前图层，单击"默认"选项卡"绘图"面板中的"矩形"按

钮 □ ，绘制一个大小为 8mm×4mm 的矩形，利用中点捕捉的功能，分别连接其长边与短边的中位线，如图 13-177 所示。

（2）单击"默认"选项卡"块"面板中的"创建"按钮 □，将步骤（1）中绘制的图形保存为模块，命名为"暗装消防箱"。

（3）将"暗装消防箱"模块插入两条平行的垂直线路端点和第二等分点的上部，如图 13-178 所示。

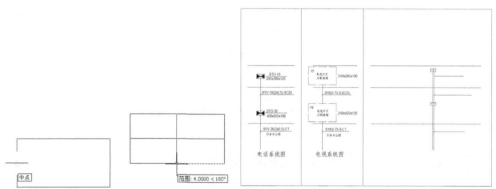

图 13-177　绘制"暗装消防箱"模块　　　　图 13-178　插入"暗装消防箱"模块

> **注意**
> 由于消防箱和平行线的位置不易确定，这时可以在平行线的端点和第二等分点的上部分别添加一条水平的直线，利用"中点捕捉"命令进行定位。

（4）单击"默认"选项卡"修改"面板中的"修剪"按钮 ，将模块箱内多余的线条修剪掉。

3．绘制"检修阀"和"水流指示器"模块

（1）切换到"线路"图层，在"暗装消防箱"模块处分别向两边引出两条水平线，如图 13-179 所示。在二层的"模块箱"处左侧的水平线上绘制 4 条竖直短线，在右侧的水平线端点添加一条竖直短线，如图 13-180 所示。

图 13-179　插入水平线路　　　　　　　图 13-180　绘制竖直线路

（2）切换到"设备"图层，添加各个消防装置。首先从"弱电布置图例"模块库中调入以下模块，如图 13-181 所示。

（3）补充几个模块库中没有的模块。首先绘制"检修阀"模块，打开"暖通与空调图例"模块库，然后调入"截止阀"模块，如图 13-182 所示。然后单击"默认"选项卡"修改"面板中的"分解"按钮 ，将其分解，删除两端的直线，如图 13-183 所示。

图 13-181　调入的模块

图 13-182　"截止阀"模块

图 13-183　分解模块

（4）单击"默认"选项卡"绘图"面板中的"图案填充"按钮，填充右侧三角形，如图 13-184 所示，最后，在其中上方绘制一个小矩形，并用直线将矩形与中心连接，如图 13-185 所示。单击"默认"选项卡"块"面板中的"创建"按钮，将绘制的图形保存为"检修阀"模块。

（5）单击"默认"选项卡"块"面板中的"插入"下拉菜单中"库中的块"选项，将"水流指示器"图块插入图中，如图 13-186 所示。

图 13-184　填充三角形

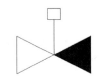
图 13-185　绘制"检修阀"

图 13-186　插入"水流指示器"图块

4．绘制"监控"模块

（1）单击"默认"选项卡"绘图"面板中的"矩形"按钮，绘制一个大小为 4mm×4mm 的矩形。①打开"文字样式"对话框，②创建一个新型字体"样式 4"，③将"字体"设置为"Times New Roman"，④文字"高度"设置为 3，如图 13-187 所示。

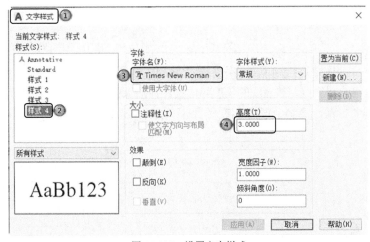
图 13-187　设置文字样式

（2）单击"默认"选项卡"注释"面板中的"多行文字"按钮，在刚绘制的矩形中填充标识，如图 13-188 所示。并单击"默认"选项卡"块"面板中的"创建"按钮，将绘制的矩形保存为模块。

（3）模块绘制完成后，将各个模块摆放在如图 13-189 所示的位置。然后单击"默认"选项卡"绘图"面板中的"直线"按钮，将元件与主线路相连，连接时可以打开"捕捉"工具栏，利用"中点"及"交点"捕捉功能进行摆放，同时打开窗口下方的"正交"功能，以便绘制水平及竖直线路。

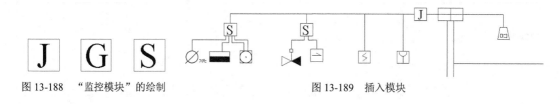

图 13-188　"监控模块"的绘制　　　　　　　　　　　图 13-189　插入模块

5. 绘制分支线路

> **注意**
>
> 绘制分支线路需要一定的技巧，这里要用到"等分"命令、"镜像"命令及点的捕捉功能。

（1）将"线路"图层设置为当前图层，单击"默认"选项卡"修改"面板中的"分解"按钮，分解"集线箱"S 模块，单击"默认"选项卡"绘图"面板中的"定数等分"按钮，将矩形底边等分为 8 份，如图 13-190 所示。单击"默认"选项卡"绘图"面板中的"直线"按钮，在第一个等分点处绘制一条分支线路，可以单击"捕捉到节点"按钮，捕捉等分点，如图 13-191 所示。

（2）单击"默认"选项卡"修改"面板中的"镜像"按钮，将第一条分支线路镜像，镜像的参考线为矩形的中心线，如图 13-192 所示。

图 13-190　等分底边　　　　图 13-191　绘制分支线路　　　　图 13-192　镜像分支线路

（3）利用同样的方法，绘制中心的两条分支线路，如图 13-193 所示。

（4）利用直线的定位点调整直线的长度和位置，并插入模块，如图 13-189 所示。

（5）用同样的方法，绘制一层的设备及线路，最终结果如图 13-194 所示。

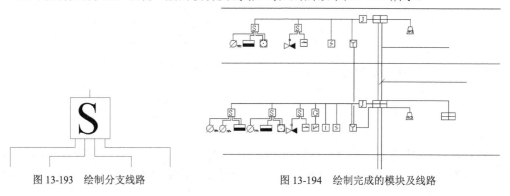

图 13-193　绘制分支线路　　　　　　　图 13-194　绘制完成的模块及线路

13.5.5　文字标注

用绘制电视、电话系统图过程中的方法进行文字标注。简便起见，可以将电视、电话系统图中的部分标注复制到此图合适的位置，然后进行修改。应用字体的形式如下。

线路标注——样式 1

元件标注——样式 4

线路中文标注——样式 2

标题——样式 3

注释——样式 2

标注后的效果如图 13-195 所示。

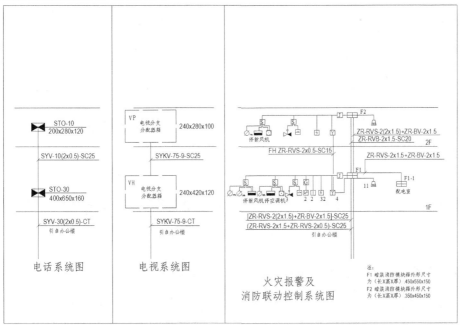

图 13-195　插入文字标注后的效果

删除图框的分隔线，然后在顶部空白处添加设计说明，最终效果如图 13-154 所示。

13.6　上机实验

【练习 1】绘制图 13-196 所示的办公楼配电平面图。

1．目的要求

通过本次练习，重点掌握办公楼配电平面图设计的详细绘制方法。

2．操作提示

（1）设置绘图环境。

（2）图纸布局。

（3）绘制柱子、墙体及门窗。

（4）绘制楼梯及室内设施。

（5）绘制配电干线设施。

（6）标注尺寸及文字说明。

（7）生成图签。

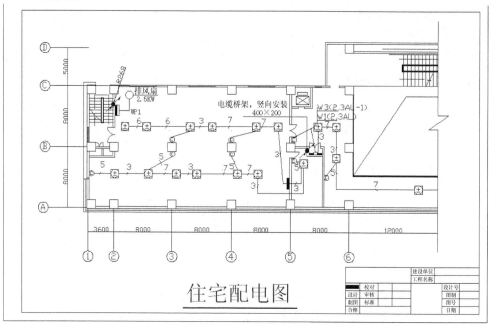

图 13-196　办公楼配电平面图

【练习 2】绘制图 13-197 所示的某建筑物消防安全系统图。

1．目的要求

通过本次练习，重点掌握建筑物消防安全系统图的详细绘制方法。

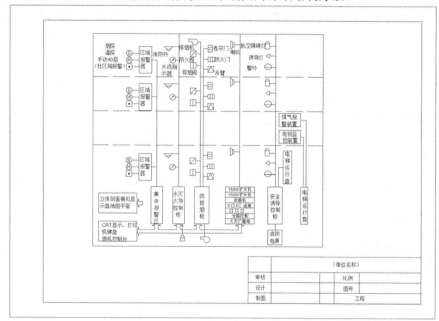

图 13-197　某建筑物消防安全系统图

2．操作提示

（1）设置绘图环境。

（2）图纸布局。

（3）绘制各个元件和设备。

（4）标注文字。

（5）生成图签。